全国中级注册安全工程师职业资格考试配套辅导用书

安全生产专业实务习题集

煤 矿 安 全

（2022版）

全国中级注册安全工程师职业资格考试配套辅导用书编写组　编

应急管理出版社

·北　京·

图书在版编目（CIP）数据

安全生产专业实务习题集.煤矿安全：2022版/全国中级注册安全工程师职业资格考试配套辅导用书编写组编.--北京：应急管理出版社，2022

全国中级注册安全工程师职业资格考试配套辅导用书

ISBN 978-7-5020-9363-1

Ⅰ.①安⋯ Ⅱ.①全⋯ Ⅲ.①煤矿—矿山安全—资格考试—习题集 Ⅳ.①X931-44 ②TD7-44

中国版本图书馆 CIP 数据核字（2022）第 078985 号

安全生产专业实务习题集（煤矿安全） 2022 版

（全国中级注册安全工程师职业资格考试配套辅导用书）

编　　者	全国中级注册安全工程师职业资格考试配套辅导用书编写组
责任编辑	尹忠昌　唐小磊　田　苑
责任校对	赵　盼
封面设计	卓义云天
出版发行	应急管理出版社（北京市朝阳区芍药居 35 号　100029）
电　　话	010-84657898（总编室）　010-84657880（读者服务部）
网　　址	www.cciph.com.cn
印　　刷	北京玥实印刷有限公司
经　　销	全国新华书店
开　　本	787mm×1092mm $1/16$　印张　$17\frac{1}{2}$　字数　415 千字
版　　次	2022 年 6 月第 1 版　2022 年 6 月第 1 次印刷
社内编号	20220700　　　　　　　　　定价　49.00 元

版权所有　违者必究

本书如有缺页、倒页、脱页等质量问题，本社负责调换，电话：010-84657880

编 写 说 明

1. 鉴于 2022 版全国中级注册安全工程师职业资格考试辅导教材（简称 2022 版教材）修订幅度较大，涉及相关技术、法规、标准等内容，为让广大考生全面系统地掌握 2022 版教材内容、熟悉考试题型、巩固学习成果，我们组织行业专家和专业的教师队伍，对"全国中级注册安全工程师职业资格考试配套辅导用书"进行了修订。

2. 新修订的"全国中级注册安全工程师职业资格考试配套辅导用书"（简称 2022 版配套辅导用书）依旧采用习题集、真题详解与考前模拟、考点速记 3 个系列类别，满足考生差别化需求的同时互为补充。

3. 习题集按章节编写习题，根据修订内容和题目设置合理化目标，增加并改编了大量题目，同时将 2019—2021 年 3 年的真题分散编入各章（节），各章（节）真题比例一目了然；真题详解与考前模拟包括 2019—2021 年 3 年的真题试卷以及多套精心编写的模拟试卷，非常适合在冲刺复习阶段进行模拟自测、查缺补漏；考点速记针对知识点进行了补充和完善，内容更加全面，适合随身携带、随时学习。

4. 习题集、真题详解与考前模拟中的习题与解析均参考了最新的法规、标准及 2022 版教材内容。考虑到真题题目的时效性，历年真题仍按考试当年适用的法规、标准以及当年的教材进行解析。请考生在做历年真题时注意知识的更新。

5. 2022 版配套辅导用书内容更新较多、题目解析详细，适合考生在考试复习各阶段学习使用。但由于时间仓促，书中仍可能有疏漏之处，恳请读者批评指正！

编 者

2022 年 6 月

目　　次

第一章　煤矿安全基础知识 …………………………………………………………… 1
第二章　煤矿通风 ……………………………………………………………………… 6
第三章　矿井瓦斯灾害治理 …………………………………………………………… 15
第四章　防灭火技术 …………………………………………………………………… 23
第五章　防治水技术 …………………………………………………………………… 32
第六章　顶板灾害防治技术 …………………………………………………………… 38
第七章　粉尘防治 ……………………………………………………………………… 43
第八章　机电运输安全技术 …………………………………………………………… 49
第九章　露天煤矿灾害防治技术 ……………………………………………………… 58
第十章　矿山救护 ……………………………………………………………………… 62
第十一章　煤矿安全类案例 …………………………………………………………… 65
参考答案与解析 ………………………………………………………………………… 151

第一章 煤矿安全基础知识

单项选择题（每题的备选项中，只有1个最符合题意）

1. 在地质历史发展的过程中，含碳物质沉积形成的基本连续的大面积含煤地带称为（ ）。
   A. 煤矿　　　　　　　　　　　B. 煤海
   C. 煤田　　　　　　　　　　　D. 煤层
2. 在矿区内，划归给一个矿井开采的那一部分煤田称为（ ）。
   A. 煤区　　　　　　　　　　　B. 井田
   C. 采区　　　　　　　　　　　D. 矿区
3. 井田划分的原则不包括（ ）。
   A. 充分利用自然等条件
   B. 合理规划矿井开采范围，处理好相邻矿井之间的关系
   C. 要与矿井开采能力相适应
   D. 曲线的境界划分
4. 井田开拓方式种类很多，按井筒（硐）形式分为平硐开拓、斜井开拓、（ ）和综合开拓。
   A. 垂直开拓　　　　　　　　　B. 水平开拓
   C. 立井开拓　　　　　　　　　D. 平硐—斜井开拓
5. 下列井工煤矿采煤方法中，属于壁式体系采煤法的是（ ）。
   A. 综合机械化采煤　　　　　　B. 房式采煤
   C. 房柱式采煤　　　　　　　　D. 巷柱式采煤
6. 井工煤矿采煤方法虽然种类较多，但归纳起来，按照采煤工作面布置方式不同，基本上可以分为（ ）两大体系。
   A. 房柱采矿法和空场采矿法　　B. 一次采全高和分层开采
   C. 壁式和柱式　　　　　　　　D. 普通机械化和综合机械化开采
7. 采用（ ）采矿时，为维持回采进路良好的稳定性，必须掌握回采进路周围岩体中的应力分布、回采顺序对进路的影响，以便采取相应的维护措施。
   A. 单层崩落法　　　　　　　　B. 无底柱分段崩落法
   C. 充填采矿法　　　　　　　　D. 有底柱崩落法
8. 在条件合适时，山岭、丘陵地区的矿井通常优先采用平硐开拓方式。平硐开拓方式的特点是（ ）。
   A. 开拓运输环节多，运输设备多，费用较高

B. 不受埋藏深度、煤层厚度、煤层倾角等条件制约
C. 施工条件复杂，开拓速度慢，建井周期长
D. 巷道布置灵活，生产系统简单，投资成本低

9. 为了进行矿井开采，在地下开掘的井筒、巷道和硐室的总称为矿井巷道。以下巷道不是按空间位置和形状划分的是（　　）。
   A. 垂直巷道　　　　　　　　　　B. 倾斜巷道
   C. 水平巷道　　　　　　　　　　D. 开拓巷道

10. 在山岭和丘陵地区，往往在矿井地面工业场地标高以上埋藏有相当储量的煤炭。开采这部分煤炭最简单、经济的开拓方式就是（　　）。
    A. 平硐开拓　　　　　　　　　　B. 斜井开拓
    C. 立井开拓　　　　　　　　　　D. 综合开拓

11. 井田开拓方式种类很多，按井筒（硐）形式分为平硐开拓、立井开拓、斜井开拓和综合开拓。下图属于（　　）。

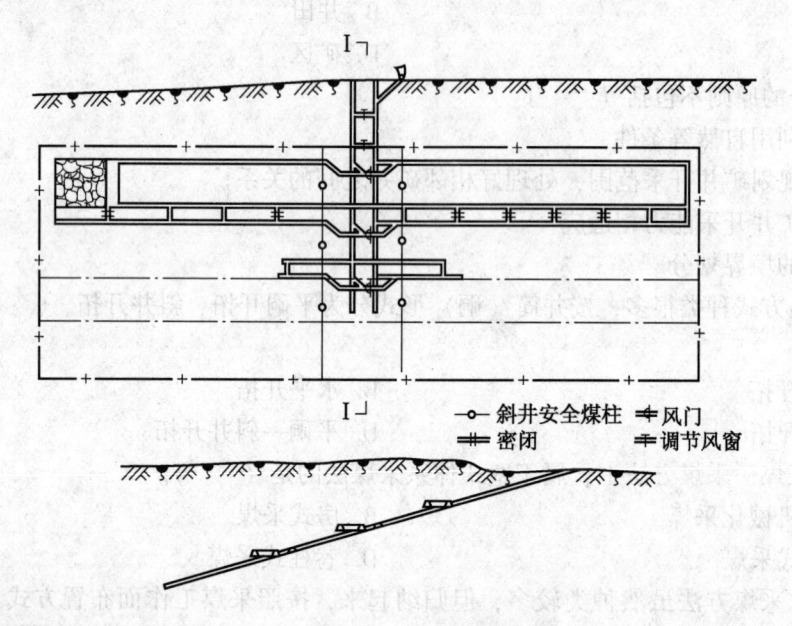

    A. 平硐开拓　　　　　　　　　　B. 斜井开拓
    C. 立井开拓　　　　　　　　　　D. 综合开拓

12. 具有井筒长度短、提升速度快、提升能力大及管线敷设短、通风阻力小、维护容易等优点，但井筒掘进施工技术要求高，开凿井筒所需设备和井筒装备复杂，井筒掘进速度慢，基建投资大，此开拓方式是（　　）。
    A. 平硐开拓　　　　　　　　　　B. 斜井开拓
    C. 立井开拓　　　　　　　　　　D. 综合开拓

13. 通常情况下，一个矿井的主、副井都是同一种井硐形式。然而，有时常因某些条件的限制，采用同种井硐形式会带来技术上的困难或影响矿井的经济效益。在这种情况下，主、副井可采用不同的井硐形式，称为（　　）。

A. 平硐开拓 B. 斜井开拓
C. 立井开拓 D. 综合开拓

14. 采煤方法是指采煤系统和采煤工艺的综合及其在时间、空间上的相互配合。不同采煤工艺与采区内相关巷道布置的组合，构成了不同的采煤方法。从地面将掩盖在矿体上部的表土及部分的两盘围岩剥除掉，直接把有用矿物开采出来，其采掘后形成的空间敞露于地表，此采矿方法称之为（　　）。
    A. 地下开采 B. 爆破开采
    C. 机械开采 D. 露天开采

15. 煤矿开采过程中将采煤工作面各工序所用方法、设备及其在时间、空间上的相互配合称为（　　）。
    A. 采煤工艺 B. 开采方法
    C. 采空区处理 D. 采煤系统

16. 在一定时间内，按照一定的顺序完成回采工作各项工序的过程，称为采煤工艺（回采工艺）过程。以下各项不属于采煤主要工序的是（　　）。
    A. 破煤 B. 支护
    C. 采空区处理 D. 通风

17. 在一定时间内，按照一定的顺序完成回采工作各项工序的过程，称为采煤工艺（回采工艺）过程。下图中 e 代表采煤工艺过程中的（　　）。

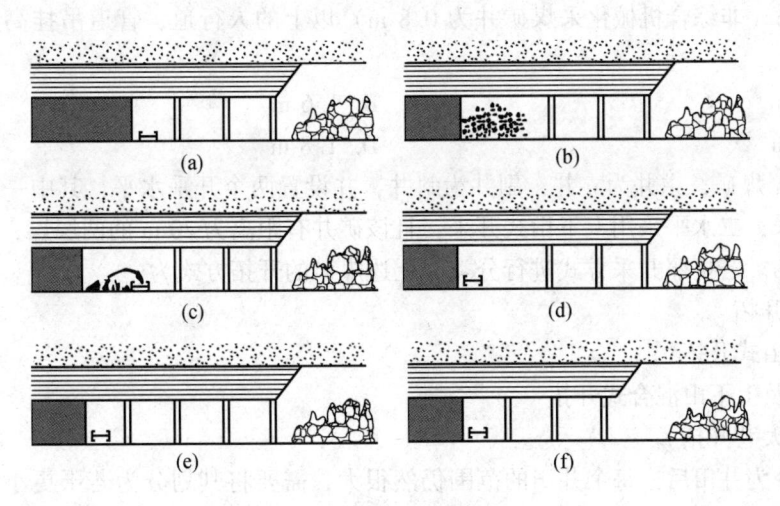

    A. 破煤 B. 支护
    C. 采空区处理 D. 运煤

18. 矿井采煤工作面良好的安全状况及工作环境，是保障现代化矿井安全高效的重要因素。当前大多数老矿井由于采掘时间增长，煤炭资源临近枯竭，开采深度越来越大，实际采煤作业面的客观环境也在不断变化，呈现出复杂走向趋势。不仅地质岩层构造越来越复杂，且在狭小的现场作业空间还要克服温度高、视线差、机械设备多等因素，这给采煤工作面的安全管理带来了极大挑战。下列措施中，不属于采煤工作面安全管理措施的是（　　）。

A. 加强职工安全管理意识

B. 健全安全管理制度

C. 采用先进的安全技术设备

D. 强调工作面纪律管理

19. 煤矿开采的对象是条件各异的煤炭资源，开采技术随煤层赋存情况不同而有很大的差异，所以要提前做好采区设计。山西省某县新建煤矿要做采区设计，下列选项不属于其设计依据的是（　　）。

A. 采区的地质特征、地质构造状况和煤层赋存条件

B. 煤矿瓦斯含量、涌水量、煤质软硬

C. 相邻县小时煤矿采区的开采情况

D. 设计的参考系数

20. 开采地下矿藏之前，须按合理的采区巷道布置，开凿一定数量的井筒、巷道，通达矿床或煤层；如围岩不稳，还须进行支护。这项作业称为井巷掘进与支护，也称井巷工程。井巷根据围岩坚固程度、矿山压力、巷道的服务年限、用途及支护方式等因素，采用拱形、梯形和矩形3种断面形状。下列巷道宜采用矩形或梯形形状的是（　　）。

A. 回采巷道　　　　　　　　B. 开拓巷道

C. 运输大巷　　　　　　　　D. 平硐

21. 新建矿井、生产矿井新掘运输巷的一侧，从巷道道碴面起（　　）的高度内，必须留有宽1 m（非综合机械化采煤矿井为0.8 m）以上的人行道，管道吊挂高度不得低于1.8 m。

A. 1.5 m　　　　　　　　　B. 1.6 m

C. 1.7 m　　　　　　　　　D. 1.8 m

22. 某井工A煤矿，主井为立井，副井为斜井，并设置两个开采水平，其中一水平采用上山式开采，二水平采用上下山式开采，且该矿井有距离为20 m的两层煤，采用了集中大巷开拓。若按照开采方式进行分类，上述煤矿的开拓方式为（　　）。

A. 综合开拓

B. 上下山式开拓

C. 上山及上下山混合式开拓

D. 集中大巷开拓

23. 煤田划分为井田后，每个井田的范围仍然很大，需要将其划分为若干更小的部分。下列关于井田再划分的说法，正确的是（　　）。

A. 开采倾角很大的煤层时，可直接将井田划分为盘区或带区

B. 阶段表示的是布置在某一标高水平面上的巷道，如阶段大巷

C. 井田内水平和阶段的开采顺序，一般是先采下部水平和阶段，后采上部水平和阶段

D. 上下两阶段分界的水平面，称为水平

24. 下列关于采煤方法及工艺的说法，正确的是（　　）。

A. 综合机械化采煤用单体液压支柱支护顶板并隔离采空区

B. 在采场内根据煤层的自然赋存条件和采用的采煤机械，按照一定顺序完成采煤工作

· 4 ·

面各道工序的方法及其相互配合叫作采煤方法
C. 采煤在煤房中进行，煤柱留下不采，称为房柱式采煤法
D. 按照采煤工作面的推进方向与煤层走向的关系，壁式体系采煤法可分为走向长壁采煤法和倾斜长壁采煤法

25. 矿井巷道按巷道服务范围及其用途，可分为开拓巷道、准备巷道和回采巷道。下列井巷中，属于准备巷道的是( )。
    A. 采区石门　　　　　　　　　　B. 采区车场
    C. 区段回风平巷　　　　　　　　D. 开切眼

26. 某煤矿计划进行采区设计，在总工程师的领导下，组内人员对采区设计的步骤进行了讨论，其认为进行采区设计的步骤有：①掌握设计依据，明确设计任务；②酝酿方案，编制设计方案；③深入现场，调查研究；④编制采区设计；⑤设计方案审批；⑥采区设计的实施与修改。下列正确的采区设计顺序为( )。
    A. ①③②⑤④⑥　　　　　　　　B. ①②④③⑤⑥
    C. ③①②⑤④⑥　　　　　　　　D. ③①②④⑤⑥

27. 某煤矿在设计巷道断面时，充分考虑了不同地点的地质情况，其中某采区内区段运输平巷 3123 围岩压力小，顶板平整无断层等构造带，另一采区的区段回风平巷 3177 顶板松软破碎且围岩压力大，则在选择适宜的巷道断面时，正确的是( )。
    A. 巷道 3123 和 3177 的断面均适宜采用折线形
    B. 巷道 3123 断面可采用折线形，3177 巷道断面采用曲线形
    C. 巷道 3123 断面可采用曲线形，3177 巷道断面采用折线形
    D. 巷道 3123 和 3177 的断面均必须采用折线形

28. 【2019年真题】某煤业集团为了避免高温、高湿气候环境损害职工的身体健康，提高工人的劳动效率，对其下属的甲、乙、丙、丁 4 个矿井进行了矿井气候条件测定，其结果见下表。根据《煤矿安全规程》，必须缩短工人的工作时间并给予高温保护待遇的矿井是( )。

矿井名称	甲	乙	丙	丁
采煤工作面空气温度/℃	27	25	26	28
机电硐室空气温度/℃	29	30	28	27

A. 甲、乙　　　　　　　　　　　B. 乙、丙
C. 甲、丁　　　　　　　　　　　D. 乙、丁

第二章 煤矿通风

单项选择题（每题的备选项中，只有1个最符合题意）

1. 煤矿井下的有害气体主要是由（　　）、CO_2、H_2S、NO_2、H_2、NH_3 气体组成。
   A. CO
   B. CH_4、SO_2
   C. SO_2、CO
   D. CO、CH_4、SO_2

2. 《煤矿安全规程》规定，矿井有害气体 H_2S 允许浓度为（　　）。
   A. 0.00066%
   B. 0.00067%
   C. 0.006%
   D. 0.0065%

3. 煤矿工人在井下工作时，需要一个适宜的空气条件。因此，《煤矿安全规程》对此有明确的规定，采掘工作面的进风流中，O_2 浓度不低于（　　），CO_2 的浓度不超过0.5%。
   A. 20%
   B. 28%
   C. 25%
   D. 18%

4. 煤矿工人在井下工作时，通常认为最适宜的井下空气温度是（　　），较适宜的相对湿度为50%~60%。
   A. 15~20 ℃
   B. 15~25 ℃
   C. 10~25 ℃
   D. 10~20 ℃

5. 根据进出风井筒在井田相对位置不同，矿井通风方式可分为（　　）。
   A. 中央式、混合式和区域式
   B. 对角式、混合式
   C. 中央式、对角式和混合式
   D. 中央式、对角式、混合式和区域式

6. 矿井通风系统是指向矿井各作业地点供给新鲜空气，排除污浊空气的通风网络、通风动力装置和通风控制设施的总称。根据局部通风机工作方式的不同，矿井通风方式分为（　　）。
   A. 中央式、对角式和混合式
   B. 抽出式、压入式和混合式
   C. 中央并列式和中央分列式
   D. 两翼对角式和分区对角式

7. 通风网络中各分支的基本连接形式有（　　），不同的连接形式具有不同的通风特性和安全效果。
   A. 串联
   B. 并联
   C. 角联
   D. 串联、并联、角联

· 6 ·

8. 矿用通风机按结构和工作原理不同可分为轴流式通风机和离心式通风机两种；按服务范围不同可分为（　　）。
   A. 主要通风机、局部通风机
   B. 辅助通风机、局部通风机
   C. 主要通风机、辅助通风机
   D. 主要通风机、辅助通风机和局部通风机

9. 局部风量调节是指在采区内部各工作面之间、采区之间或生产水平之间的风量调节。风量调节的方法有（　　）。
   A. 降阻调节法
   B. 降阻调节法、增阻调节法
   C. 增压调节法
   D. 增阻调节法

10. 当矿井或一翼总风量不足或者过盛时，需要调节总风量，即调整主要通风机的工况点，采取的措施主要是（　　）。
    A. 改变通风机的工作特性
    B. 改变通风网络总风阻
    C. 改变主要通风机的工作特性，改变矿井通风网络总风阻
    D. 增加通风机的数量

11. 在矿井通风中，矿井主要通风机有（　　）通风机。
    A. 离心式、轴流式
    B. 离心式
    C. 轴流式
    D. 抽出式

12. 在煤矿采区内的主要通风构筑物有（　　）等。
    A. 风桥、风门
    B. 挡风板、风门
    C. 风桥、挡风墙和风门
    D. 风门

13. 局部通风机通风是向井下局部地点通风最常用的方法。局部通风机的通风方式有压入式、抽出式和混合式。采用压入式通风的，局部通风机应安装在距离掘进巷道口（　　）。
    A. 5 m 以外的进风侧
    B. 10 m 以外的进风侧
    C. 5 m 以外的回风侧
    D. 10 m 以外的回风侧

14. 地下矿山工作面风量，按井下同时工作的最多人数计算时，每人每分钟供风量不少于（　　）。
    A. 4 m³   B. 3 m³

C. 2 m³　　　　　　　　　　　D. 1 m³

15. 矿井机械通风是为了向井下输送足够的新鲜空气，稀释有毒有害气体，排除矿尘，保持良好的工作环境。根据主要通风机的工作方法，通风方式可分为（　　）。
    A. 中央式、对角式、混合式
    B. 抽出式、压入式、压入—抽出联合式
    C. 主要通风机、辅助通风机、局部通风机
    D. 绕道式、引流式、隔离式

16. 某高瓦斯大型矿井投产时，在矿井工业广场内布置有主斜井及副斜井，在距离工业广场 2 km 井田上部边界的中间布置回风立井。矿井生产初期，新鲜风流从主斜井及副斜井进入，污风从回风立井抽出。该矿井通风方式为（　　）。
    A. 中央并列式
    B. 中央分列式
    C. 两翼对角式
    D. 混合式

17. 矿山通风机按其服务范围分类，不包括（　　）。
    A. 局部通风机　　　　　　　B. 辅助通风机
    C. 主要通风机　　　　　　　D. 离心式通风机

18. 矿井必须采用机械通风，必须安装 2 套同等能力的主要通风机装置，其中 1 套作为备用，备用通风机必须能在（　　）内开动。
    A. 10 min　　　　　　　　　B. 15 min
    C. 20 min　　　　　　　　　D. 25 min

19. 矿井总回风巷或一翼回风巷中瓦斯或二氧化碳浓度超过（　　）时，必须立即查明原因，进行处理。
    A. 0.5%　　　　　　　　　　B. 0.75%
    C. 1%　　　　　　　　　　　D. 1.25%

20. 地下矿山漏风是指通风系统中风流沿某些细小通道与回风巷或地面发生渗漏的（　　）现象。
    A. 短路　　　　　　　　　　B. 断路
    C. 断相　　　　　　　　　　D. 过负荷

21. 新安装的主要通风机投入使用前，必须进行 1 次通风机性能测定和试运转工作，以后每 5 年至少进行（　　）次性能测定。
    A. 1　　　　　　　　　　　　B. 2
    C. 3　　　　　　　　　　　　D. 4

22. 《煤矿安全规程》中对常见有害气体的安全标准做了明确的规定，下列关于矿井有害气体最高允许浓度的说法中，正确的是（　　）。
    A. 二氧化氮（NO_2）的最高允许浓度为 0.0066%
    B. 硫化氢（H_2S）的最高允许浓度为 0.0066%
    C. 一氧化碳（CO）的最高允许浓度为 0.00024%

D. 二氧化硫（SO_2）的最高允许浓度为 0.0005%

23. 某煤炭集团公司为提高工人的工作条件，对所辖煤矿进行了气候条件抽查工作，调查结果如下：①A 煤矿采用锚杆支护的综掘工作面的空气温度为28 ℃；②B 煤矿采用放顶煤开采的工作面空气温度为 31 ℃；③C 煤矿某机电硐室的空气温度为 33 ℃；④D 煤矿采用金属拱形支护的炮掘工作面空气温度为 29 ℃。根据《煤矿安全规程》的规定，下列说法，正确的是（　　）。

    A. B 煤矿中的开采工作面在继续工作期间必须缩短工作人员的工作时间，并给予高温保健待遇
    B. D 煤矿的炮掘工作面必须停止工作
    C. A 煤矿综掘工作面必须缩短超温地点工作人员的工作时间，并给予高温保健待遇
    D. C 煤矿中的机电硐室必须停止工作

24. 某井工煤矿进入到深部开采阶段，为降低矿井的摩擦阻力，该矿组织通风等技术人员对各项方案进行了探讨。下列所提出的建议中，不能降低摩擦阻力的是（　　）。

    A. 断面积相同时，尽量选用矩形或梯形断面
    B. 在锚喷巷道掘进中尽量采用光面爆破
    C. 在通风中，要尽量使总回风流晚汇合
    D. 应保证有足够大的井巷断面积

25. 克服通风阻力的能量或压力叫通风动力，在一个有高差的闭合回路中，由于两侧空气柱的密度不等，而在回路中形成的压差，称为自然风压。下列关于自然风压的影响因素及其变化规律的说法，正确的是（　　）。

    A. 自然风压与矿井的深度有关，而与空气的温度无关
    B. 对于浅井，夏季可能会出现负的自然风压
    C. 在山区应尽可能增大进回风井井口标高差，并使进风井口布置在阳面，回风井口布置在阴面
    D. 主要通风机工作对自然风压没有影响

26. 某矿井在采用压入式局部通风时，对局部通风机应安装在距离掘进巷道口的距离和位置的说法，正确的是（　　）。

    A. 在回风巷道内，距离掘进巷道口 5 m 以外
    B. 在回风巷道内，距离掘进巷道口 10 m 以外
    C. 在进风巷道内，距离掘进巷道口 5 m 以外
    D. 在进风巷道内，距离掘进巷道口 10 m 以外

27. A 煤矿的 2 号煤层属于突出煤层，2021 年该矿在 2 号煤层掘进上山时，结合各种局部通风方式的特点，通风区对采用的局部通风方式等进行了论证，提出了以下观点：①该巷道的局部通风可以采用抽出式通风，以提高排烟、排瓦斯速度；②该巷道必须采用压入式通风；③局部通风采用压抽混合式时，必须保证压入式通风机的吸风口与抽出式风筒的吸风口在 10 m 以上；④局部通风应采用抽出式，并且使用柔性风筒。依据《煤矿安全规程》的规定，上述观点正确的是（　　）。

    A. ③　　　　　B. ①　　　　　C. ④　　　　　D. ②

28. 通风方法包含抽出式、压入式和压入—抽出联合式等方法。下列关于各通风方法的说法，正确的是（　　）。

   A. 采用抽出式通风时，需要在主要进风道安设风门等通风设施

   B. 采用抽出式通风时，主要通风机停止运转，短时间内可防止瓦斯从采空区涌出

   C. 开采煤田下部水平且瓦斯严重、地面塌陷区分布较广的矿井宜采用压入式通风

   D. 当矿井火区危害比较严重，严禁采用压入式通风

29. 某煤矿中的巷道a、巷道b和巷道c为并联关系，各巷道内位能差相等且巷道内无局部通风机等通风动力，则关于上述三条巷道的通风阻力（h）、风量（Q）、风阻（R）及等积孔（A）的说法，正确的是（　　）。

   A. 通风阻力：$h_并=h_a+h_b+h_c$
   B. 风量：$Q_并=Q_a=Q_b=Q_c$
   C. 等积孔：$A_并=A_a+A_b+A_c$
   D. 风阻：$R_并=R_a=R_b=R_c$

30. 某煤矿中的两个采煤工作面正常通风时的平面布置图如下所示，某日通风区人员发现BC段巷道中的风流发生了反向，通风区组织技术人员进行了分析。下列分析结论中，不可能导致BC段巷道中风流发生反向的是（　　）。

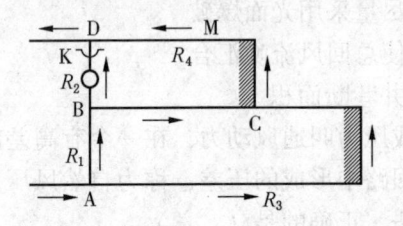

   A. 刷扩 AB 段巷道断面

   B. CD 段中回风平巷的堆积材料过多

   C. K 处的风门未关闭

   D. 刷扩 AC 段中的进风巷道

31. 矿井需要的风量应当按照《煤矿安全规程》等要求进行计算。下列关于各用风点风量计算的说法，正确的是（　　）。

   A. 矿井风量按井下同时工作的最多人数计算，供给风量为每人不得少于$3\ m^3/min$

   B. 采煤工作面的最低风速不得低于 0.15 m/s

   C. 掘进半煤岩巷道的最低允许风速为 0.15 m/s

   D. 掘进煤巷的最高允许风速为 4 m/s

32. 矿井及采掘工作面需要的风量应按照相关要求进行计算和验算，满足井下通风的要求。下列关于 A 煤矿各用风点风量计算的做法中，正确的是（　　）。

   A. A 煤矿需要的风量按不同要求分别计算后，选取其中的最小值进行风量验算

   B. 使用煤矿用防爆型柴油动力装置机车运输的矿井，按平均车辆数增加$4\ m^3/(min·kW)$的配风量

   C. A 煤矿在采煤工作面风量计算中考虑了"使用炸药量"这一因素

   D. A 煤矿根据自身实际条件规定每 6 年修订 1 次风量计算方法

33. B 煤矿某采区内有并联的两条巷道a、b，2021 年 1 月 8 日通风区人员在井下巡查时发

现 b 巷道中的风量不足，并立即进行了上报，该矿井拟采取多种方法增加 b 巷道中的风量。下列做法中，适宜的方法是（　　）。

A. 在 a 巷道中安设调节风窗

B. 增加主要通风机的风量

C. 在井下安设辅助通风机以增加 b 巷道的风量

D. 扩大 a 巷道的断面

34. 某煤矿采用轴流式主要通风机进行通风，2020 年 1 月开始进入到深部开采，需要增加矿井的总风量，该矿井拟采取的下列措施中能够增加矿井总风量的是（　　）。

A. 在各浅部采区增加调节风窗

B. 增大主要通风机的叶片安装角

C. 在最小通风阻力路线上降低风阻

D. 减小主要通风机的转速

35. 下列用于测量矿井空气湿度的仪器是（　　）。

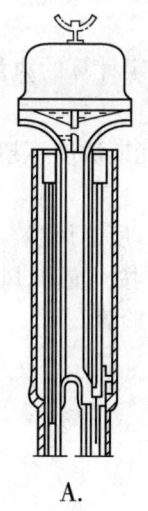

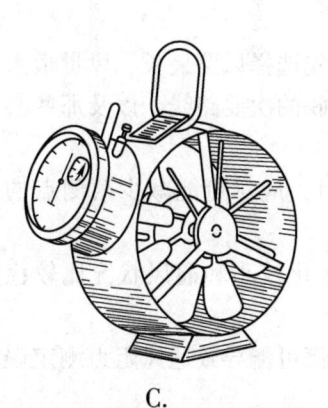

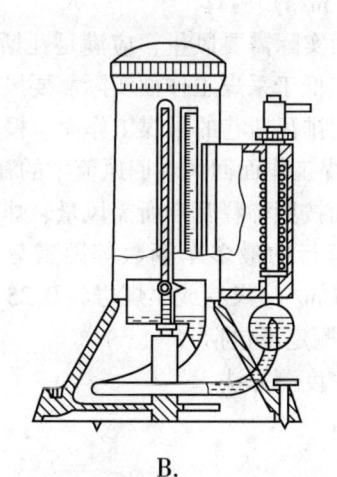

A.

B.

C.

D.

36. 对矿井通风设备的选择描述错误的是（　　）。

A. 矿井每个风井必须装设两套同等能力的主通风设备，其中一套运转，一套备用
B. 在实际工作中，确定通风机的实际工况点主要通过通风机的工作特性曲线和阻力曲线
C. 主要通风机输入功率小于 200 kW 时，宜选用同步电动机
D. 在矿井通风困难时期、自然风压和风机作用相反时，需要的风机风压为最高值

37. 下列不属于矿井通风设计依据一项是（　　）。
A. 矿区降雨量、最高洪水位、涌水量、地下水文资料
B. 井田断层分布状况
C. 煤层自然发火倾向，发火周期
D. 矿井瓦斯抽采技术

38. 关于矿井需风量的计算说法正确的是（　　）。
A. 采煤工作面按照瓦斯涌出量、进风流温度、使用炸药量、工作人员数量、巷道中同时运行的最多车辆数分别计算，取其最大值，最后按照最低风速（0.35 m/s）和最高风速（5 m/s）验算
B. 备用工作面实际需要风量，应满足瓦斯、二氧化碳、气象条件等规定计算的风量，且最少不应低于采煤工作面实际需要风量的 60%
C. 布置有专用排瓦斯巷的采煤工作面，根据专用排瓦斯巷回风流中的瓦斯浓度不超过 2.5%、采煤工作面回风巷回风流中的瓦斯浓度不超过 1% 计算
D. 掘进工作面按照稀释瓦斯所需风量、炸药量、同时工作的最多人数、所需风量、巷道中同时运行的最多车辆数等因素分别计算，取其最大值，最后按照最低风速（岩巷 0.15 m/s，煤巷或半煤岩巷 0.25 m/s）和最高风速（6 m/s）验算

39. 矿井自然风压测定不包括（　　）。
A. 分段平均密度测算法
B. 简略测算法
C. 等值法
D. 停主要通风机测定风量测算法

40. 关于通风阻力的测定内容描述不正确的是（　　）。
A. 选择测定路线和测点时，若为全矿井阻力测定，则首先选择风路最长、风量最大的干线为主要测量路线，然后再决定其他若干条与之并联的次要路线，以及那些必须测量的局部阻力区段
B. 用压差计在主要运输巷和主要回风巷测定通风阻力时，应尽可能减少两测点的长度，以减少分段测定的积累误差和缩短测定时间
C. 用气压计法测定通风阻力最好选在天气晴朗、气压变化较小和通风状况比较稳定（井下风门开关不频繁）的时间内进行
D. 仪器测定精度、读数、测点标高、采掘通风的变化等都可能导致通风阻力测定误差的出现

41. 井下通风设施分为两类，一类是引导风流的设施，另一类是隔断风流的设施。依据《煤矿安全规程》等相关规定，下列关于通风设施的说法，正确的是（　　）。

A. 风硐中的风速不能超过 20 m/s
B. 风门属于引导风流的通风设施
C. 开采突出煤层时，工作面回风侧不得设置调节风量的设施
D. 在不允许风流通过也不允许行人或行车的巷道应设置风门

42. 某煤矿于 2021 年 1 月 16 日计划 3121 开切眼与 3121 回风平巷贯通，掘进方式采用综合机械化掘进。依据《煤矿安全规程》的规定，下列关于巷道贯通及矿井通风的做法，错误的是（　　）。
   A. 改变全矿井通风系统时编制的安全措施由该矿技术负责人审批
   B. 开切眼与回风平巷相距 50 m 前停止一个工作面的作业
   C. 贯通过程中，每天检查一次停掘工作面风筒的完好状况
   D. 巷道贯通时，由专人在现场统一指挥

43. 【2021 年真题】某矿井总回风巷的风量为 5000 m³/min，主要通风机出风口的风量为 5500 m³/min。该矿井的外部漏风率是（　　）。
   A. 11%　　　　B. 10%　　　　C. 9.5%　　　　D. 9.1%

44. 【2021 年真题】某矿井煤层埋藏深度 500~580 m，有 1 号煤层和 2 号煤层两个可采煤层，层间距为 20 m，矿井采用全负压通风，上部 1 号煤层已开采完毕。关于 2 号煤层的采煤工作面进风量与回风量（包括抽采）关系的说法，正确的是（　　）。
   A. 回风量小于进风量　　　　B. 回风量等于进风量
   C. 回风量大于进风量　　　　D. 回风量与进风量无关

45. 【2021 年真题】甲、乙风路为并联风路，其中甲风路风量达不到计划风量，乙风路风量远大于计划风量。为实现按需分配风量的目的，下列调节风量的做法中，正确的是（　　）。
   A. 在甲风路增设调节风窗　　　　B. 在乙风路增设调节风窗
   C. 在乙风路进行扩帮　　　　D. 增加全矿井通风风量

46. 【2021 年真题】矿井通风阻力测定地点的选择与测段的确定，直接关系到摩擦阻力系数测算的准确性。关于通风阻力测定地点选择和测段确定的说法，正确的是（　　）。
   A. 测点间的距离和风量均较大，压差不低于 20 Pa
   B. 测点应布置在局部阻力物前方 2 倍巷宽处
   C. 测点应布置在局部阻力物后方 6 倍巷宽处
   D. 测点应选择在风流不稳定的区域

47. 【2020 年真题】根据通风阻力定律，计算巷道的摩擦阻力系数需测定巷道的摩擦阻力、风量和几何参数。关于通风阻力测定要求的说法，正确的是（　　）。
   A. 测点选择在断面不变、支护形式一致的巷道
   B. 测段的长度尽可能短
   C. 用风表测定断面平均风速和气压计测压应分步进行
   D. 在局部阻力物前布置测点时，距离不得小于巷道宽度的 2 倍

48. 【2020 年真题】矿井自然风压是由于空气热温状态的变化，在矿井中产生的一种自然通风动力。不属于矿井自然风压影响因素的是（　　）。

A. 矿井主要通风机的转速　　　　　　B. 地面气候
C. 井筒断面积　　　　　　　　　　　D. 井下空气温度和湿度

49.【2020年真题】两条或两条以上的通风巷道，在某一点分开，又在另一点汇合，其中间没有交叉巷道，这种巷道结构叫并联通风网络。关于并联通风网络特征的说法，错误的是（　　）。
A. 总风压等于任一分支的风压
B. 并联的风路越多，等积孔越大
C. 总风阻等于各分支风阻之和
D. 总风量等于各分支风量之和

50.【2020年真题】《煤矿安全规程》对煤矿各类井巷的风流速度作了限定。下列工作地点中，允许最低风速为 0.15 m/s 的是（　　）。
A. 采煤工作面　　　　　　　　　　　B. 煤巷掘进工作面
C. 半煤岩巷掘进工作面　　　　　　　D. 岩巷掘进工作面

51.【2020年真题】一台风机的吸风口连接到另一台风机的出风口上，同时运转，这种工作方式称为风机串联。关于风机串联运行的说法，正确的是（　　）。
A. 风压特性曲线相同的风机串联工作效果好
B. 风机串联不适用于因风阻大而风量不足的巷道
C. 串联合成特性曲线与工作风阻曲线相匹配，增风效果差
D. 风机串联只适用岩石巷道局部通风

52.【2019年真题】某矿井一采区的无分支独立进风巷 L 被均匀的分为 a、b、c 三段，断面形状分别为半圆拱形、矩形和梯形，三段巷道的断面积相等。关于通风阻力、风阻、风量及等积孔的说法，正确的是（　　）。
A. 用 h 表示通风阻力，则 $h_a = h_b = h_c$
B. 用 R 表示风阻，则 $R_a = R_b = R_c$
C. 用 Q 表示风量，则 $Q_a = Q_b = Q_c$
D. 用 A 表示等积孔，则 $A_a = A_b = A_c$

53.【2019年真题】某生产矿井开采区域不断扩大，为满足安全生产要求，该矿拟采取以下措施增加矿井总风量：①增加主要通风机的转速；②扩大矿井总回风巷的巷道断面；③降低矿井巷道的摩擦阻力系数；④减小轴流式主要通风机叶片安装角。上述拟采取的措施中，不能增加矿井总风量的是（　　）。
A. ①　　　　　B. ②　　　　　C. ③　　　　　D. ④

第三章 矿井瓦斯灾害治理

单项选择题（每题的备选项中，只有1个最符合题意）

1. 矿井瓦斯是各种气体的混合物，其成分是很复杂的，它含有甲烷、二氧化碳、氮气和数量不等的重烃以及微量的稀有气体等，但主要成分是（　　）。
   A. 甲烷 B. 二氧化碳
   C. 氮气 D. 一氧化碳

2. 众所周知，煤矿事故每年造成的人员伤亡和财产损失巨大，矿井自然灾害包括水、火、瓦斯、塌方、粉尘、突出、地热等，直接威胁、吞噬着矿工的生命，其中瓦斯灾害最为严重。下列选项中，不是煤矿中瓦斯主要来源的是（　　）。
   A. 开采过程中产生 B. 采空区
   C. 邻近的煤层 D. 运输巷道

3. 每年矿井灾害都会造成大量的人员伤亡和财产损失。矿井灾害因素中，瓦斯造成的灾害最为突出。瓦斯是多种有毒有害气体的混合体，具有独特的性质。下列选项中，不属于瓦斯造成的灾害是（　　）。
   A. 造成工人窒息
   B. 引起瓦斯爆炸
   C. 中毒事故
   D. 酿成瓦斯燃烧事故

4. 煤层瓦斯含量的多少主要取决于保存瓦斯的条件，而不是生成瓦斯量的多少；也就是说不仅取决于煤的变质程度，而更主要的是取决于储存瓦斯的地质条件。下列选项中，不属于影响煤层瓦斯含量的主要因素是（　　）。
   A. 煤层的埋藏深度，煤层和围岩的透气性
   B. 煤层倾角、煤层露头水文地质条件
   C. 地质构造、煤化程度、煤系地层的地质史
   D. 瓦斯的游离特性

5. 根据矿井相对瓦斯涌出量、矿井绝对瓦斯涌出量、工作面绝对瓦斯涌出量和瓦斯涌出形式，矿井瓦斯等级划分为高瓦斯矿井、低瓦斯矿井和煤与瓦斯突出矿井。下列描述中，属于低瓦斯矿井的是（　　）。
   A. 矿井相对瓦斯通出量为 8 m^3/t；矿井绝对瓦斯涌出量为 38 m^3/min；矿井任一掘进工作面绝对瓦斯涌出量不大于 2.5 m^3/min；矿井任一采煤工作面绝对瓦斯涌出量为 4 m^3/min
   B. 矿井相对瓦斯涌出量为 10 m^3/t；矿井绝对瓦斯涌出量为 42 m^3/min；矿井任一掘进

工作面绝对瓦斯涌出量大于 4 m³/min；矿井任一采煤工作面绝对瓦斯涌出量为 6 m³/min

C. 矿井相对瓦斯通出量为 8 m³/t；矿井绝对瓦斯涌出量为 42 m³/min；矿井任一掘进工作面绝对瓦斯涌出量不大于 2.5 m³/min；矿井任一采煤工作面绝对瓦斯涌出量为 6 m³/min

D. 矿井相对瓦斯通出为 12 m³/t；矿井绝对瓦斯涌出量为 38 m³/min；矿井任一掘进工作面绝对瓦斯涌出量不大于 2.5 m³/min；矿井任一采煤工作面绝对瓦斯涌出量为 4 m³/min

6. 矿井瓦斯等级，是根据矿井（　　）划分的。
   A. 相对瓦斯涌出量
   B. 相对瓦斯涌出量和瓦斯涌出形式
   C. 绝对瓦斯涌出量
   D. 相对瓦斯涌出量、绝对瓦斯涌出量和瓦斯涌出形式

7. 煤体是一种复杂的多孔性固体，包括原生孔隙和运动形成的大量孔隙和裂隙，形成了很大的自由空间和孔隙表面。煤层中瓦斯赋存有两种状态：游离状态和（　　）。
   A. 自由状态　　　　　　　　B. 固定状态
   C. 吸附状态　　　　　　　　D. 半固定状态

8. 瓦斯压力是衡量煤层瓦斯含量大小的一个重要指标，也是抽放瓦斯和防止煤与瓦斯突出的重要依据之一。下列选项中，不属于瓦斯压力测定的方法是（　　）。
   A. 直接测定法
   B. 利用瓦斯压力梯度间接计算
   C. 利用原煤瓦斯含量间接计算
   D. 利用通风量间接计算

9. 《煤矿安全规程》中规定一个矿井中只要有一个煤（岩）层发现瓦斯，该矿井即为（　　），必须依照矿井瓦斯等级进行管理。
   A. 瓦斯矿井　　　　　　　　B. 突出矿井
   C. 高瓦斯矿井　　　　　　　D. 涌出矿井

10. 矿井瓦斯涌出量是指矿井生产过程中，单位时间内从煤层本身以及围岩和邻近层涌出的各种瓦斯量的总和。瓦斯涌出量分为绝对瓦斯涌出量和相对瓦斯涌出量两种。下列因素中，不是影响矿井瓦斯涌出量的主要因素是（　　）。
    A. 煤层和围岩的瓦斯含量
    B. 开采规模
    C. 采区通风系统
    D. 巷道温度

11. 采用负压通风（抽出式）的矿井，风压越高，瓦斯涌出量就越（　　）；而采用正压通风（压入式）的矿井，风压越高，瓦斯涌出量就越（　　）；这主要是风压与瓦斯涌出压力相互作用的结果。
    A. 大、大　　　　　　　　　B. 大、小

C. 小、大　　　　　　　　　　　　D. 小、小

12. 开采深度越深，煤层瓦斯含量越（　　），瓦斯涌出量越（　　）；开拓与开采范围越大，瓦斯涌出的暴露面积越（　　），其涌出量也就越（　　）；在其他条件相同时，产量高的矿井，其瓦斯涌出量一般较大。

   A. 高、大；大、大　　　　　　　B. 高、小；大、小
   C. 低、大；大、大　　　　　　　D. 低、小；大、小

13. 当大气压力突然降低时，瓦斯涌出的压力就（　　）风流压力，就破坏了原来的相对平衡状态，瓦斯涌出量就会增（　　）；反之，瓦斯涌出量变小。因此，当地面大气压力突然下降时，必须百倍警惕，加强瓦斯检查与管理；否则，可能造成重大事故。

   A. 高于、大
   B. 高于、小
   C. 低于、大
   D. 低于、小

14. 在高温作用下，一定浓度的瓦斯与空气中的氧气会发生激烈复杂的氧化反应，生成二氧化碳和水，并放出大量的热，而这些热量又能够使生成的二氧化碳和水蒸气迅速膨胀，从而形成高温、高压并以极高的速度（每秒可达数百米）向外冲击的冲击波，同时伴有声响，这就形成了瓦斯爆炸。瓦斯的爆炸浓度范围是（　　）。

   A. 5%～15%　　　　　　　　　　B. 5%～16%
   C. 5%～17%　　　　　　　　　　D. 5%～18%

15. 在地应力和瓦斯（含二氧化碳）的共同作用下，破碎的煤和瓦斯由煤体内突然喷出到采掘空间的现象叫煤与瓦斯突出。按动力现象的力学特征可分为突出、压出和倾出。下列突出属于大型突出的是（　　）。

   A. 每次突出喷出 80 t 瓦斯量
   B. 每次突出抛出 300 t 煤岩量
   C. 每次突出喷出 700 t 瓦斯量
   D. 每次突出抛出 1000 t 煤岩量

16. 绝大多数的突出，在突出发生前都有预兆，没有预兆的突出是极少数。突出预兆可分为有声预兆和无声预兆。下列选项中，属于有声预兆的是（　　）。

   A. 煤层层理紊乱，煤变软、变暗淡、无光泽
   B. 压力突然增大，煤岩壁开裂，打钻时会喷煤、喷瓦斯和水
   C. 顶底板出现凸起台阶、断层、波状鼓起
   D. 瓦斯涌出异常、忽大忽小，煤尘增大

17. 天然的或因采掘工作形成的孔洞、裂隙内，积存着大量高压（　　），当采掘工作接近这样的地区时，高压瓦斯就能沿裂隙突然喷出。

   A. 游离瓦斯
   B. 吸附瓦斯
   C. 积聚瓦斯
   D. 高浓度瓦斯

18. 煤层瓦斯抽放一般是指利用瓦斯泵或其他抽放设备，抽取煤层中高浓度的瓦斯，并通过与巷道隔离的管网，把抽出的高浓度瓦斯排至地面或矿井总回风巷中。下列新建矿井中必须建立地面永久瓦斯抽放系统或地下移动泵站瓦斯抽放系统进行瓦斯抽放的是（　　）。

A. 采煤工作面瓦斯涌出量为 4 m³/min

B. 掘进工作面瓦斯涌出量为 4 m³/min

C. 年产量为 80×10⁴ t，瓦斯绝对涌出量为 24 m³/min

D. 年产量为 120×10⁴ t，瓦斯绝对涌出量为 26 m³/min

19. 局部瓦斯积聚是指体积在（　　）以上的空间内瓦斯浓度达到 2%。

A. 1.0 m³ B. 0.5 m³

C. 1.5 m³ D. 2 m³

20. 低瓦斯矿井中，相对瓦斯涌出量大于（　　）的个别区域（采煤工作面或采区）应作为高瓦斯区，按高瓦斯矿井管理。

A. 10 m³/t B. 5 m³/t

C. 15 m³/t D. 20 m³/t

21. 采掘工作面及其他巷道内，体积大于（　　）的空间内积聚的甲烷浓度达到 2.0% 时，附近 20 m 内必须停止工作，撤出人员，切断电源，进行处理。

A. 0.5 m³ B. 1.0 m³

C. 1.5 m³ D. 2.0 m³

22. 瓦斯爆炸需要具备一定的条件，下列选项中，不属于瓦斯爆炸条件的是（　　）。

A. 瓦斯在空气中必须达到一定的浓度

B. 必须有高温火源

C. 必须有足够的氧气

D. 必须有瓦斯持续不断地涌出

23. 防治煤与瓦斯突出的技术措施主要分为区域性措施和局部性措施两大类。区域性措施是针对大面积范围消除突出危险性的措施，局部性措施主要在采掘工作面执行。下列选项中，属于局部性措施的是（　　）。

A. 预留开采保护层

B. 地面钻孔瓦斯预抽放

C. 浅孔松动爆破

D. 地面煤层注水压裂

24. 煤与瓦斯突出是煤矿最严重的自然灾害之一，其主要危害不包括（　　）。

A. 摧毁井巷设施、破坏通风系统

B. 使井巷中瞬间堆积大量的煤岩和充满高浓度的瓦斯，造成人员被埋压和窒息

C. 突出的瓦斯遇火源则可能发生燃烧或爆炸事故

D. 引发地下水进入矿井，造成矿井淹没

25. 煤矿发生煤（岩）与瓦斯突出事故时，需要及时采取相应的救护措施。下列关于瓦斯突出事故救护措施的说法中，错误的是（　　）。

A. 应加强电气设备处的通风

B. 不得停风和反风，防止风流紊乱扩大灾情

C. 瓦斯突出引起火灾时，要采取综合灭火或惰性气体灭火

D. 运行的设备要停电，防止产生火花引起爆炸

26. 下列选项中，预防瓦斯爆炸的技术措施不正确的是（　　）。
   A. 防止瓦斯积聚和超限
   B. 严格执行瓦斯检查制度
   C. 防止一定浓度的氧气积聚
   D. 防止瓦斯爆炸灾害扩大的措施

27. 开采有煤尘爆炸危险煤层的矿井，必须有预防和隔绝煤尘爆炸的措施。矿井的两翼、相邻的采区、相邻的煤层、相邻的采煤工作面间，掘进煤巷同与其相连的巷道间，煤仓同与其相通的巷道间，采用独立通风并有煤尘爆炸危险的其他地点同与其相连通的巷道间，必须用（　　）隔开。
   A. 净化水幕　　　　　　　　B. 水棚或岩粉棚
   C. 转载喷雾　　　　　　　　D. 水槽

28. 矿山进行瓦斯抽放最主要的设备是（　　）。
   A. 瓦斯抽放管路
   B. 瓦斯抽放施工用钻机
   C. 瓦斯抽放泵
   D. 瓦斯抽放钻孔机

29. 瓦斯在煤层中的赋存状态主要有两种：游离状态（自由状态）和吸附状态（结合状态）。下列关于瓦斯赋存状态的说法，正确的是（　　）。
   A. 当煤层中压力降低时会发生吸附
   B. 当温度升高时会发生解吸
   C. 在煤层结构遭受破坏时会发生吸附
   D. 游离状态和吸附状态的瓦斯一般是固定不变的

30. 影响煤层赋存的因素很多，下列关于煤层瓦斯赋存因素的说法，正确的是（　　）。
   A. 煤化作用程度越高，其储存瓦斯的能力就越弱
   B. 煤层和围岩透气性越大，煤层瓦斯含量越高
   C. 同一埋深及相同条件下，煤层倾角越小瓦斯含量越高
   D. 煤层埋深达到一定值后，瓦斯含量梯度逐渐变大

31. 沿采掘地压生成裂隙的瓦斯喷出在发生前，往往伴随地压显现效应，下列发生的现象中一般不能作为判断将要发生瓦斯喷出预兆的是（　　）。
   A. 煤壁片帮严重
   B. 煤层结构发生变化、变硬
   C. 底板突然鼓起
   D. 支架承载力增大

32. 瓦斯的爆炸必须具备一定的条件，下列关于瓦斯爆炸的说法，错误的是（　　）。
   A. 瓦斯含量在爆炸界限内5%～16%
   B. 当瓦斯浓度为9.5%时，其爆炸威力最大
   C. 混合气体中氧气含量不低于16%
   D. 有足够能量的点火源，温度不低于650℃，能量大于0.28 mJ，持续时间大于爆炸

感应期

33. 瓦斯爆炸是煤矿最严重的事故之一，有时还会引起新的瓦斯、煤尘爆炸，并能够对人员、井下巷道和仪器设备等造成危害。下列关于瓦斯爆炸危害的说法，错误的是（　　）。
   A. 爆炸产生的冲击波，其传播速度可达 1000 m/s
   B. 瓦斯爆炸后的气体成分主要是 CO
   C. 爆炸产生的火焰锋面可达到爆轰式传播速度（2500 m/s）
   D. 爆炸产生的火焰锋面速度快、温度高

34. 瓦斯有四大危害：瓦斯喷出、瓦斯燃烧爆炸、煤与瓦斯突出和瓦斯窒息。其中煤与瓦斯突出具有突发性、极大破坏性和瞬间携带大量瓦斯（二氧化碳）和煤（岩）冲出等特点，能摧毁井巷设施、破坏通风系统、造成人员窒息，甚至引起瓦斯爆炸和火灾事故，是煤矿最严重的灾害之一。能够正确掌握煤与瓦斯突出的预兆，对于保护人员安全起着重要作用。下列关于煤与瓦斯突出预兆和规律的说法，正确的是（　　）。
   A. 煤与瓦斯突出的预兆有煤壁片帮严重，底板突然鼓起，煤层变软、变亮、潮湿等
   B. 煤巷掘进工作面平均突出强度最大，爆破作业最易引发突出
   C. 突出危险性随着煤层厚度的增加而减弱
   D. 突出按动力源作用特征可分为突出、压出和倾出 3 种类型

35. A 煤矿测量的该矿总回风巷的风量为 3861 m^3/min，瓦斯浓度为 0.7%，且该矿日产煤量 3636 t，则该矿的相对瓦斯涌出量为（　　）。
   A. 10.70 m^3/min　　　　　　　　B. 1.06 m^3/min
   C. 10.70 m^3/t　　　　　　　　　D. 1.06 m^3/t

36. 影响矿井瓦斯涌出量的因素主要有自然因素和开采技术因素。下列属于自然因素的是（　　）。
   A. 开采深度　　　　　　　　　　　B. 回采速度与产量
   C. 通风压力　　　　　　　　　　　D. 煤层开采顺序

37. 根据矿井相对瓦斯涌出量、矿井绝对瓦斯涌出量、工作面绝对瓦斯涌出量和瓦斯涌出形式，将矿井瓦斯等级划分为低瓦斯矿井、高瓦斯矿井和突出矿井。下列关于各个矿井瓦斯等级划分的说法，正确的是（　　）。
   A. 甲煤矿相对瓦斯涌出量为 9 m^3/t，矿井绝对瓦斯涌出量为 30 m^3/t 时，确定为低瓦斯矿井
   B. 乙煤矿的任一掘进工作面绝对瓦斯涌出量均大于 3 m^3/min 时，为高瓦斯矿井
   C. 丙煤矿的任一采煤工作面相对瓦斯涌出量大于 5 m^3/t 时，为高瓦斯矿井
   D. 丁煤矿井田范围内发生过煤与瓦斯突出的煤层，也必须经鉴定、认定后才能确认为突出矿井

38. 某煤炭集团公司在对下属煤矿瓦斯情况进行检查后，提出了一系列瓦斯治理措施。依据《煤矿安全规程》的规定，下列矿井中必须建立地面永久抽采瓦斯系统或者井下临时抽采瓦斯系统的是（　　）。
   A. 甲煤矿的各采煤工作面瓦斯涌出量都介于 3~4.5 m^3/min

B. 乙煤矿中一掘进工作面瓦斯涌出量大于 5 m³/min，采取通风措施后最大风速为5.1 m/s

C. 年产量为 1.2 Mt 的丙煤矿，矿井绝对瓦斯涌出量为 25 m³/min

D. 年产量为 0.9 Mt 的丁煤矿，矿井绝对瓦斯涌出量为 20 m³/min

39. 某高瓦斯矿井一采煤工作面倾角为 15°，采用上行通风，采空区瓦斯涌出量为 4.2 m³/min。在该采煤工作面上隅角经常发生瓦斯超限事故，为彻底消除该事故隐患，该矿组织安全技术人员进行了分析论证，并提出以下治理措施：①采用风帘法治理瓦斯积聚；②采煤工作面采用下行通风；③采用移动泵站对采空区瓦斯进行抽放；④使用压入式局部通风机稀释上隅角瓦斯浓度。上述措施中，正确的是（　　）。

　　A. ①② 　　　　　　　　　　　　　B. ①③

　　C. ②③ 　　　　　　　　　　　　　D. ③④

40. 针对某煤与瓦斯突出矿井，该煤矿拟采取下列措施进行治理：①开采上保护层；②注水湿润采煤工作面煤体；③对采煤工作面进行超前钻孔排放瓦斯；④采用固化剂；⑤深孔松动爆破；⑥大面积预抽煤层瓦斯。下列全部属于局部性措施的是（　　）。

　　A. ①②③ 　　　　　　　　　　　　B. ②③⑥

　　C. ③④⑤ 　　　　　　　　　　　　D. ④⑤⑥

41. 【2021年真题】某矿井有 1 个综采工作面，2 个煤巷掘进工作面，1 个岩巷掘进工作面。其中，综采工作面日生产煤量5000 t，煤巷掘进工作面日生产总煤量250 t。矿井煤层瓦斯含量为 6 m³/t，不可解吸瓦斯量为 3.1 m³/t。封闭采空区的瓦斯抽采量为 1.5 m³/min。矿井绝对瓦斯涌出量为（　　）。

　　A. 10.57 m³/min　　B. 12.07 m³/min　　C. 23.38 m³/min　　D. 9.07 m³/min

42. 【2021年真题】开采突出煤层前，首先要进行区域突出危险性预测。某突出矿井计划开拓区域的瓦斯含量为 7.3 m³/t，在超前钻探中，发现前方有构造带，但未发生喷孔现象。根据《防治煤与瓦斯突出细则》，该区域属于（　　）。

　　A. 突出危险区　　　　　　　　　　B. 无突出危险区

　　C. 突出威胁区　　　　　　　　　　D. 无突出威胁区

43. 【2021年真题】瓦斯喷出是煤矿井下瓦斯动力灾害之一，必须根据瓦斯喷出的特点和分类采取针对性防治措施。关于瓦斯喷出危害防治措施的说法，正确的是（　　）。

　　A. 瓦斯量喷出较大时用罩子将喷出的裂缝封堵好，加盖水泥密封

　　B. 职工配备过滤式自救器，熟悉避灾路线和仪器使用方法

　　C. 施工超前钻孔查明前方地质构造

　　D. 减少钻孔施工数量，降低瓦斯涌出量

44. 【2020年真题】煤层瓦斯压力是鉴定煤层具有煤与瓦斯突出危险性的重要指标。根据《煤矿安全规程》，进行煤层突出危险性鉴定的瓦斯压力临界值是（　　）。

　　A. 0.54 MPa　　　　　　　　　　　B. 0.64 MPa

　　C. 0.74 MPa　　　　　　　　　　　D. 0.84 MPa

45. 【2020年真题】煤矿瓦斯涌出量是指在矿井建设和生产过程中从煤与岩石内涌出的瓦斯量，影响矿井瓦斯涌出量的因素有地面大气压、瓦斯含量、通风方式和回采速度

等。关于各因素对矿井瓦斯涌出量影响的说法,正确的是( )。
   A. 矿井地面大气压越大,瓦斯涌出量越大
   B. 瓦斯含量越高,瓦斯涌出量越大
   C. 压入式通风的矿井风压越高,瓦斯涌出量越大
   D. 回采速度越快,瓦斯涌出量越小

46.【2020年真题】防治煤与瓦斯突出的技术措施分为区域性措施和局部性措施两大类。下列防治煤与瓦斯突出的技术措施中,属于局部性措施的是( )。
   A. 开采保护层   B. 大面积瓦斯预抽放
   C. 卸压排放钻孔   D. 控制预裂爆破

47.【2019年真题】2019年6月,某煤矿进行矿井瓦斯等级鉴定,测得矿井总回风量为10000 m³/min,总回风流中的平均瓦斯浓度为0.20%。当月平均日产煤量为4000 t,该煤矿6月瓦斯涌出总量是( )。
   A. 28800 m³   B. 864000 m³
   C. 2400000 m³   D. 80000 m³

48.【2019年真题】某煤业集团现有甲、乙两个煤矿,甲煤矿年产量为1.2 Mt,矿井瓦斯绝对涌出量为35 m³/min,乙煤矿年产量为0.5 Mt,矿井瓦斯绝对涌出量为15 m³/min。关于瓦斯抽采管理的说法,正确的是( )。
   A. 甲煤矿需要进行瓦斯抽采,甲煤矿的主要负责人为瓦斯抽采的第一责任人
   B. 乙煤矿需要进行瓦斯抽采,乙煤矿的主要负责人为瓦斯抽采的第一责任人
   C. 甲煤矿需要进行瓦斯抽采,甲煤矿的总工程师为瓦斯抽采的第一责任人
   D. 乙煤矿需要进行瓦斯抽采,乙煤矿的总工程师为瓦斯抽采的第一责任人

49.【2019年真题】某高瓦斯矿井的5203回采工作面采用U型通风方式通风,在生产过程中,发现该工作面回风隅角瓦斯浓度达到2%,为保证安全,拟采取相应措施进行治理。根据《煤矿安全规程》,下列该矿治理工作面回风隅角瓦斯超限的措施中,错误的是( )。
   A. 改变工作面的通风方式,变U型通风为Y型通风
   B. 采用局部通风机稀释回风隅角瓦斯浓度
   C. 采用高位巷抽放瓦斯,控制采空区瓦斯涌出
   D. 安装移动泵站进行采空区瓦斯管道抽放

第四章 防灭火技术

单项选择题（每题的备选项中，只有1个最符合题意）

1. 下列（　　）不属于矿井火灾中按发火位置的分类。
   A. 上行风流   B. 下行风流
   C. 进风流   D. 层流

2. 矿井火灾发生的原因虽多种多样，但构成火灾的火灾三要素为（　　）。
   A. 热源、可燃物和燃料
   B. 热源、助燃物和空气
   C. 热源、可燃物和空气
   D. 热源、助燃物和空气

3. 燃烧四面体为（　　）。
   A. 热源、可燃物、链式反应和燃料
   B. 热源、助燃物、复分解反应和空气
   C. 热源、可燃物、链式反应和空气
   D. 热源、助燃物、复分解反应和空气

4. 矿井火灾按燃烧物不同进行分类，则分类中包括（　　）。
   A. 井筒火灾   B. 机电设备火灾
   C. 采面火灾   D. 采空区火灾

5. 外因火灾的预防措施不包括（　　）。
   A. 安全设施   B. 明火管理
   C. 消防器材管理   D. 通风设施

6. 下列说法中预防性灌浆的作用错误的是（　　）。
   A. 泥浆中的沉淀物将碎煤包裹，从而与空气隔绝
   B. 沉淀物充填于浮煤和冒落的矸石缝隙之间，堵塞漏风通道
   C. 在工作面推进的同时，泥浆中的空气进行隔绝作用
   D. 泥浆对已经自热的煤炭有冷却散热作用

7. 惰性气体防灭火的关键是控制火区的氧气含量。如灭明火时，应使氧气含量小于（　　）。
   A. 5%   B. 10%
   C. 15%   D. 20%

8. 防止采空区遗煤自燃，氧气含量应小于（　　）。
   A. 1%~5%   B. 5%~10%

· 23 ·

C. 2%~8%   D. 7%~10%

9. 常用的均压防火技术措施有（   ）。

   A. 调压气室辅以连通管、风门辅以主调压风机、改变风流路线
   B. 调压气室辅以连通管、风门辅以主调压风机、增加风流路线
   C. 通过通风设备，对漏风管道进行加压，降低漏风通道两端的压差
   D. 通过通风设备，对漏风管道进行减压，降低漏风通道两端的压差

10. 以下说法中（   ）是直接灭火法。

    A. 挖除可燃物、用水灭火、隔绝灭火、灌浆灭火、泡沫灭火、胶体材料灭火、联合灭火法
    B. 用水灭火、隔绝灭火、灌浆灭火、泡沫灭火、胶体材料灭火
    C. 挖除可燃物、用水灭火、隔绝灭火、胶体材料灭火
    D. 挖除可燃物、隔绝灭火、灌浆灭火、泡沫灭火、胶体材料灭火

11. 关于封闭火区灭火法的工作原则，下列说法错误的是（   ）。

    A. 封闭火区要立足一个"早"字
    B. 遵循三条原则：小、少、快
    C. 封闭范围要尽可能小，建立最少的防火墙
    D. 防火墙要坚固与通风

12. 关于井下火灾的特点，下列说法正确的是（   ）。

    A. 很容易及时发现   B. 井下空气供给充分
    C. 难以完全燃烧   D. 不会引起爆炸

13. 内因火灾的主要特点有（   ）。

    A. 一般都有预兆   B. 火源明显
    C. 持续燃烧的时间较短   D. 内因火灾频率较低

14. 根据国家标准《火灾分类》（GB/T 4968），下列分类正确的是（   ）。

    A. 液体或可熔化的固体物质火灾：A 类火灾
    B. 固体物质火灾：B 类火灾
    C. 气体火灾：C 类火灾
    D. 带电火灾：D 类火灾

15. 关于防火的基本原理，下列说法错误的是（   ）。

    A. 设置密闭空间，减少通风
    B. 使用难燃或不燃材料代替易燃和可燃材料
    C. 使用惰性气体保护
    D. 阻止火势蔓延

16. 关于灭火基本原理中的隔离法，下列说法错误的是（   ）。

    A. 开放可燃气体、液体管道的阀门，以排除生产装置、容器内的可燃气体或液体
    B. 将火源附近的可燃、易燃、易爆和助燃物品搬走
    C. 设法阻挡流散的液体
    D. 拆除与火源毗连的易燃建（构）筑物，形成阻止火势蔓延的空间地带等

17. 关于灭火基本原理中的窒息法，下列说法错误的是（　　）。
   A. 用布或衣物捂盖燃烧物，使已燃烧的物质得不到足够的氧气而熄灭
   B. 用水蒸气或惰性气体（如 CO_2、N_2）来降低燃烧区内的氧气浓度
   C. 密闭起火的建筑、设备的孔洞和硐室
   D. 用泡沫覆盖在燃烧物上，使其得不到新鲜空气而熄灭

18. "三E"对策的全称为（　　）。
   A. 工程技术对策、教育对策、管理对策
   B. 灾前对策、灾后对策、教育对策
   C. 灾前对策、灾后对策、工程技术对策
   D. 灾前对策、灾后对策、管理对策

19. 锁风启封火区中，在火区进风密闭墙外（　　）的地方构筑一道带风门的临时密闭，形成一个过渡空间。
   A. 3~4 m   B. 5~6 m
   C. 7~8 m   D. 9~10 m

20. 关于火区熄灭的条件，下列说法正确的是（　　）。
   A. 火区内温度下降到 50 ℃ 以下，或者与火灾发生前该区的空气日常温度相同
   B. 火区内的氧气浓度降到 20% 以下
   C. 火区内空气中不含有乙烯、乙炔，一氧化碳在封闭期间内逐渐下降，并稳定在 0.001% 以下
   D. 火区的出水温度低于 60 ℃，或者与火灾发生前该区的日常出水温度相同

21. 煤层倾角在（　　）以上的火区下部区段严禁进行采掘工作。
   A. 65°   B. 45°
   C. 25°   D. 35°

22. 加强火区的检查工作中，必须定期检查密闭墙外的（　　）、密闭墙内外空气压差以及密闭墙墙体，发现封闭不严或有其他缺陷或火区有异常变化时，必须采取措施，及时处理。
   A. 空气温度、氧气浓度
   B. 空气湿度、氧气浓度
   C. 空气温度、瓦斯浓度
   D. 空气湿度、瓦斯浓度

23. 矿井要进行大的风量调整时，应测定密闭墙内的（　　）。
   A. 气体成分和空气温度
   B. 气体温度和空气湿度
   C. 气体成分和空气温度
   D. 气体温度和空气湿度

24. 绘制火区位置关系图时应注意（　　）。
   A. 煤矿企业必须绘制火区位置关系图，注明所有火区和曾经发火的地点
   B. 每个火区要建立一份火区管理卡片，详细记录发火日期、原因、位置、墙厚度、

建筑材料、灭火处理过程、注浆量和火区地质条件及开采情况

C. 每个密闭墙附近必须设置栅栏、警标，禁止人员入内，并悬挂说明牌。每个密闭墙都要有编号，还应设记录板，记录密闭墙内外瓦斯浓度、温度、压力和检查日期及检查人姓名

D. 火区位置关系图所有测定和检查结果，必须记入防火记录簿

25. 在通风封闭火区中，在保持火区通风的条件下，同时在进回风两侧构筑密闭。这时火区中的氧气浓度（　　），封闭时存在着瓦斯爆炸的危险性。
    A. 低于失爆界限　　　　　　　　B. 高于失爆界限
    C. 等于失爆界限　　　　　　　　D. 与失爆界限无关

26. 关于密闭墙位置选择的具体要求中，下列说法正确的是（　　）。
    A. 密闭墙的数量尽可能多，设置多重保障
    B. 密闭墙应尽量靠近火源，使火源尽早隔离
    C. 密闭墙与火源间应存在旁侧风路，以便灭火
    D. 密闭墙不用考虑周围岩体条件，安置墙体即可

27. 常用的干粉灭火剂有许多种类，其中以（　　）用得最多。
    A. 碳酸氢钠　　　　　　　　　　B. 磷酸铵盐
    C. 氯化铵　　　　　　　　　　　D. 溴化氨

28. 泡沫灭火作用不包括（　　）。
    A. 窒息作用　　　　　　　　　　B. 冷却作用
    C. 隔热作用　　　　　　　　　　D. 冲击作用

29. 组织救灾指挥部中，矿领导与救护队领导和有关业务部门的领导人员一起研究救灾措施，救灾措施不包括（　　）。
    A. 派救护队员下井侦察火源性质、火区情况，侦察人员应注意顺新鲜风流接近火源
    B. 组织险区人员自主救灾灭火
    C. 组织人力、设备器材，积极为救人灭火创造条件
    D. 确定控制风流的措施

30. 按照《矿井灾害预防和处理计划》的规定，立即采取措施。下列说法错误的是（　　）。
    A. 通知矿救护队
    B. 通知矿领导和总工程师
    C. 通知所有受火灾威胁的人员撤出险区
    D. 等矿领导和总工程师到达现场后再汇报火源地点、范围及性质

31. （　　）时不可考虑停主要通风机。
    A. 火源位于进风井口或进风井筒
    B. 主要通风机已成为通风阻力
    C. 独头掘进面发火已有较长的时间，瓦斯浓度已超过爆炸上限
    D. 火源位于矿井内部深处，火灾产生大量有毒气体

32. 地下矿山发生火灾时，有多种控制措施与救护方法。下列控制措施与救护方法中，不

符合地下矿山火灾事故救护的基本技术原则的是（　　）。
A. 控制烟雾蔓延，不危及井下人员的安全
B. 防止火灾扩大，避免引起瓦斯和煤尘爆炸
C. 停止全矿通风，避免火灾蔓延造成灾害
D. 防止火风压引起风流逆转而造成危害

33. 矿山火灾的发生具有严重的危害性，可能造成人员伤亡、矿山生产连续紧张、巨大的经济损失、严重的环境污染等。根据引火源的不同，矿山火灾可分为外因火灾和内因火灾。下列矿山火灾中，属于内因火灾的是（　　）。
A. 机械摩擦和撞击产生火花而形成的火灾
B. 煤自燃形成的火灾
C. 瓦斯、煤尘爆炸形成的火灾
D. 电器设备损坏、电流短路形成的火灾

34. 某煤矿采煤工作面因自然发火而封闭，并对该工作面采用了均压通风和黄泥灌浆等措施进行处理。1年后，经过连续2个月取样化验分析，火区内氧气浓度为4%~5%，一氧化碳浓度在0.001%以下，没有检测到乙烯和乙炔，火区的出水温度为22~24℃，则该火区（　　）。
A. 可以启封
B. 1个月后可以启封
C. 4个月后可以启封
D. 不能启封

35. 某煤矿的回采工作面风流中出现了一氧化碳等有毒有害气体。气体色谱分析结果发现一氧化碳浓度为0.05%，乙烯浓度为0.024%，据此判断，该工作面的煤炭自燃处于（　　）阶段。
A. 缓慢氧化　　　　　　　　　B. 加速氧化
C. 激烈氧化　　　　　　　　　D. 明火

36. 采用氮气防灭火时，注入的氮气浓度不小于（　　）%。
A. 90　　　　　　　　　　　　B. 95
C. 97　　　　　　　　　　　　D. 99

37. 2021年1月10日，某矿采煤工作面采空区煤炭发生了自燃，造成10人死亡。下列描述中，属于该起火灾事故特点的是（　　）。
A. 发火率较高
B. 发生突然、来势凶猛
C. 一般情况下没有征兆
D. 持续燃烧的时间较短

38. 甲煤矿煤层属于自燃煤层，2021年1月5日，一综采放顶煤工作面后方采空区发生了煤炭自燃火灾，该煤矿在采用注氮灭火后，对引起事故的因素进行了全面分析，最终提出了如下观点：①采煤工作面顶板留有顶煤；②放顶煤工作面推进速度过快；③采空区存在漏风通道；④开采后采空区内遗留的煤炭较为破碎。上述观点中，不是引起

煤炭自燃的主要因素的是（   ）。
A. ③   B. ①
C. ②   D. ④

39. 某煤矿的回采工作面风流中出现煤油味、焦油味，经过气体色谱分析结果发现，一氧化碳浓度为 0.04%，乙烯浓度为 0.0026%，无乙炔出现，则据此判断，该工作面的煤炭自燃处于（   ）。

    A. 激烈氧化阶段

    B. 有明火的激烈氧化阶段

    C. 加速氧化阶段

    D. 缓慢氧化阶段

40. 自燃火灾多发生在风流不畅通的地点，如采空区、压碎的煤柱、巷道顶煤、断层附近、浮煤堆积处等，给煤矿安全生产带来极大的影响。下列关于自燃火灾预防与治理措施的说法中，正确的是（   ）。

    A. 灌浆防灭火中的随采随灌适用于自燃倾向性弱及自然发火期较长的长壁工作面

    B. 均压防灭火包括开区均压和闭区均压，其原理是在减少矿井总风量的基础上，实现井下风流有意识的调整，最终减少或杜绝漏风

    C. 凝胶内含有大量的水分，可吸热降温，起到预防煤炭自燃的作用

    D. 采用注氮防灭火时，其氮气浓度不应低于96%，而二氧化碳防灭火时其纯度可以达到100%

41. 某煤矿煤层属于容易自燃煤层，且自然发火期较短，采煤工作面开采采用走向长壁采煤法，为防止工作面后方采空区遗留煤炭的自燃，该矿可以采用灌浆防灭火方法中的（   ）。

    A. 采前预灌   B. 埋管灌浆
    C. 工作面采后封闭灌浆   D. 采区采后封闭灌浆

42. 处理火灾时的控风方法有正常通风、减少风量、增加风量、火烟短路、反风等技术，以下关于风流控制技术说法中，说法正确的是（   ）。

    A. 当火源的下风侧有遇险人员尚未撤出时应改变通风方向

    B. 处理火灾时，要尽量避免出现富氧燃烧

    C. 在处理火灾过程中发生瓦斯爆炸后，灾区内遇险人员未撤出时应考虑增加风量

    D. 如果火灾发生在某一采区或工作面的进风侧，应当采用全矿性反风

43. 某煤矿采煤工作面后方采空区发生火灾，在采用注氮灭火后，仍未控制住火灾，该矿计划封闭该采煤工作面。该矿在封闭火区的过程中，做法正确的是（   ）。

    A. 火区封闭要尽可能地缩小范围

    B. 先封闭主要进风通道，后封闭次要进风通道

    C. 该矿在火区封闭完成后的 24 h 后对密闭墙进行了检查和加固

    D. 发现密闭墙破坏时，立即调派救护队恢复该处密闭墙

44. 火区启封是一项危险的工作，启封过程中因决策或方法上的失误，可能导致火区复燃和重封闭，甚至造成火区的爆炸而产生重大伤亡事故。只有经取样化验分析证实，同

时具备相关条件时，方可认为火区已经熄灭。下列关于火区启封条件的说法，正确的是（　　）。

A. 火区内温度下降到 35 ℃以下，或与火灾发生前该区的空气日常温度相同

B. 火区内空气中的氧气浓度降到 5% 以下

C. 火区的出水温度低于 30 ℃，或与火灾发生前该区的日常出水温度相同

D. 火区内空气中不含有乙炔，且乙烯浓度在封闭期间内逐渐下降，并稳定在 0.001% 以下

45. 某煤矿计划启封一火区，在具体实施时，预采取如下行动，则下列做法错误的是（　　）。

A. 启封火区时，应当采取"一风吹"

B. 发现复燃征兆，必须立即停止送风，并重新封闭

C. 启封火区的工作由矿山救护队进行

D. 在启封火区工作完毕后的 3 天内，每班由矿山救护队检查通风情况

46. 灌浆防灭火技术是我国目前广泛采取的一种预防煤炭自燃的措施。为达到良好的防灭火效果，矿山在制浆材料的选择上要满足一定的要求。下列对制浆材料的要求中，错误的是（　　）。

A. 不含可燃、助燃成分

B. 浆液渗透力强，收缩率大，成本低

C. 泥土粒度不大于 2 mm

D. 泥浆要易于脱水，且具有一定稳定性

47. 煤矿防灭火系统是煤矿井下防火灭火的基础设施与必备物质的完整系列的简称。依据《煤矿安全规程》的规定，下列关于消防水池和消防管路系统的说法，错误的是（　　）。

A. 井下消防管路系统应当敷设到采掘工作面

B. 有带式输送机的巷道中应当每隔 100 m 设置支管和阀门

C. 地面的消防水池必须经常保持不少于 200 m³ 的水量

D. 开采下部水平的矿井，利用了上部水平的水仓作为消防水池

48. 【2021 年真题】某矿井综采工作面采空区自然发火，采取灭火措施失败后，总工程师要求立即封闭火区，防止火灾态势扩大。关于封闭火区的说法，正确的是（　　）。

A. 尽可能增加防火墙数量

B. 多风路火区先封闭主要进回风巷道

C. 尽可能缩小火区封闭范围

D. 多风路火区先封闭所有回风巷

49. 【2021 年真题】某封闭的采煤工作面准备启封密闭，采用全风压通风方式排放瓦斯，关于拆除进、回风巷密闭顺序的说法，正确的是（　　）。

A. 先拆除进风巷密闭

B. 先拆除回风巷密闭

C. 同时拆除进、回风巷密闭

D. 拆除不分先后顺序

50. 【2021年真题】根据灌浆与回采时间上的关系，预防性灌浆可分为采前预灌、随采随灌和采后封闭灌浆。关于预防性灌浆的说法，正确的是（　　）。
    A. 一次采全高的厚煤层工作面必须采取采前预灌
    B. 采前预灌适用于最易发生自燃火灾的终采线区域
    C. 采后封闭灌浆必须在一个采区采完后进行
    D. 随采随灌适用于自燃倾向性强的长壁工作面

51. 【2020年真题】某低瓦斯矿井采用中央边界式通风方式，其中副斜井为主要进风巷，主斜井为辅助进风巷，边界立井回风。若主斜井发生皮带着火事故且火势较大，下列风流控制措施中，正确的是（　　）。
    A. 使用灭火器灭火，不改变主斜井进风量
    B. 停止主要通风机运行，直接灭火
    C. 启动应急预案，进行全矿井反风
    D. 适当减少矿井总进风量，从着火点上部逐渐向下灭火

52. 【2020年真题】煤的自燃倾向性是煤的一种自然属性，受到各种条件的影响。决定常温下煤的自燃倾向性的内在条件是（　　）。
    A. 吸热能力　　　　　　　　　B. 放热能力
    C. 生化能力　　　　　　　　　D. 氧化能力

53. 【2020年真题】煤层开拓、开采技术直接影响着煤自然发火。下列煤矿开采技术措施中，不利于防治煤自然发火的是（　　）。
    A. 提高采出率
    B. 减少煤柱和采空区遗煤
    C. 降低回采速度
    D. 及时封闭采空区

54. 【2020年真题】矿井注浆防灭火技术包括制浆材料的选择、泥浆的制备和泥浆的输送等内容。下列制浆材料物理特性中，符合注浆材料选择要求的是（　　）。
    A. 浆液渗透力弱　　　　　　　B. 浆液收缩率小
    C. 泥浆不易脱水　　　　　　　D. 含砂量不大于10%

55. 【2019年真题】某煤矿3203工作面回风巷南侧为相邻工作面采空区，两者之间留有宽度为30 m的煤柱，经检测未发现煤柱漏风；3203工作面进风巷北侧为实体煤。3203工作面风量为1000 m³/min，因工作面推进速度较慢，致使回风隅角CO浓度达到100 ppm，煤矿总工程师会同通风技术人员研究后决定采取均压防灭火措施。下列均压防灭火措施中，正确的是(　　)。
    A. 3203工作面采空区采取闭区均压防灭火措施
    B. 3203工作面进风巷设置风机进行增压
    C. 3203工作面风量增加到1500 m³/min
    D. 减小3203工作面进、回风侧的风压差

56. 【2019年真题】某矿井拟对因自然发火已封闭2年的采煤工作面进行启封，启封前对

封闭火区进行了指标检测，检测的数据如下：①火区内空气的温度为 28.5 ℃；②火区内乙烯的浓度为 0.0005%；③火区的出水温度为 24 ℃；④火区内空气中的氧气浓度为 4.5%。上述检测数据中，未达到启封条件的是(　　)。

A. ①　　　　　　　　　　　　B. ②
C. ③　　　　　　　　　　　　D. ④

第五章 防治水技术

单项选择题（每题的备选项中，只有1个最符合题意）

1. 《煤矿防治水细则》提出，煤矿防治水工作应当坚持（   ）的原则。
   A. 有疑必探、先探后掘
   B. 有疑必探、先探后掘、先治后采
   C. 预测预报、有疑必探、先探后掘
   D. 预测预报、有疑必探、先探后掘、先治后采

2. 在地面无法查明水文地质条件时，应当在（   ）采用物探、钻探或者化探等方法查清采掘工作面及其周围的水文地质条件。
   A. 采掘前   B. 采掘时
   C. 采掘后   D. 定期

3. 煤矿应当建立重点部位巡视检查制度。当接到暴雨灾害预警信息和警报后，对井田范围内废弃老窑、地面塌陷坑、采动裂隙以及可能影响矿井安全生产的河流、湖泊、水库、涵闸、堤防工程等实施（   ）不间断巡查。
   A. 12 h   B. 48 h
   C. 24 h   D. 36 h

4. 工作和备用水泵的总能力，应当能在（   ）内排出矿井24 h的最大涌水量。
   A. 8 h   B. 12 h
   C. 16 h   D. 20 h

5. 在预计水压大于0.1 MPa的地点探水时，预先固结套管，并安装闸阀。止水套管应当进行耐压试验，耐压值不得小于预计静水压值的1.5倍，兼作注浆钻孔的，应当综合注浆终压值确定，并稳定30 min以上；预计水压大于（   ）时，采用反压和有防喷装置的方法钻进，并制定防止孔口管和煤（岩）壁突然鼓出的措施。
   A. 0.1 MPa   B. 0.5 MPa
   C. 1.0 MPa   D. 1.5 MPa

6. 探放断裂构造水和岩溶水等时，探水钻孔沿掘进方向的正前方及含水体方向呈扇形布置，钻孔不得少于（   ）个，其中含水体方向的钻孔不得少于2个。
   A. 2   B. 3
   C. 4   D. 5

7. 煤层内，原则上禁止探放水压高于（   ）的充水断层水、含水层水及陷落柱水等。如确实需要的，可以先建筑防水闸墙，并在闸墙外向内探放水。
   A. 0.8 MPa   B. 1 MPa

C. 1.2 MPa D. 1.5 MPa

8. 煤矿矿山排水系统要求必须有工作水泵、备用水泵和检修水泵。工作水泵的能力应在 20 小时内排出地下矿山 24 小时的正常涌水量。备用水泵的能力应不小于工作水泵的（　　）。
   A. 50% B. 60%
   C. 70% D. 80%

9. 下列不属于矿井透水前预兆的是（　　）。
   A. "挂汗" B. "挂红"
   C. "水叫" D. 空气变热

10. 地下矿山在各类突水事故发生前，一般均会显示出突水预兆。下列现象中，属于工作面底板灰岩含水层突水预兆的是（　　）。
    A. 瓦斯浓度降低 B. 气温升高
    C. 压力增大，底板鼓起 D. 瓦斯浓度升高

11. 在制定发生水害事故矿井的救灾方案前，应重点了解突水地点、突水性质、涌水量、水源补给、事故前人员分布和（　　）以及被堵人员所在地点的空间、氧气浓度、有毒有害气体及救出被困人员所需时间等情况。
    A. 井下运输系统
    B. 发生事故前的突水预兆
    C. 矿井具有生存条件的地点及其进入的通道
    D. 矿井通风系统

12. 矿井工作和备用水泵的总能力，应能在 20 h 内排出矿井 24 h 的（　　）。
    A. 最大涌水量 B. 最小涌水量
    C. 正常涌水量 D. 中等涌水量

13. 突水部位发潮、滴水且滴水现象逐渐增大，仔细观察发现水中含有少量细砂，属于地下矿山突水预兆中的（　　）。
    A. 一般预兆
    B. 工作面底板灰岩含水层突水预兆
    C. 松散孔隙含水层突水预兆
    D. 水文地质突水预兆

14. 探放老空水时，应撤出（　　）。
    A. 探放水点标高以下受水害威胁区域所有人员
    B. 井下所有人员
    C. 采掘作业人员
    D. 安全管理员

15. 某煤矿有两个可采煤层，两层煤的平均厚度均为 4 m，层间距为 20 m，两层煤之间无含水层和隔水层，上层煤已经采空，现开采下层煤。已知上层煤开采后产生的裂隙已经发育到地表，大气降水通过裂隙进入上层采空区形成积水。如果在下层煤开采过程中有大量水涌入开采区域，从涌水水源来看，这种水害是（　　）。

A. 地表水害 B. 老空区水害
C. 裂隙水水害 D. 孔隙水水害

16. 某煤矿掘进工作面在掘进过程中，遇到某积存大量积水的废巷，导致透水事故的发生，后经探测该废巷的补给水源主要来源于顶板孔隙水，此外还受到地面水源的补给，则直接导致该矿井发生事故的水害类型为（　　）。

   A. 地表水水害 B. 老空水水害
   C. 孔隙水水害 D. 裂隙水水害

17. 凡影响生产、威胁采掘工作面或矿井安全的、增加吨煤成本和使矿井局部或全部被淹没的矿井水，都称为矿井水害。下列关于煤矿井下突水水源及涌水特征的说法，不正确的是（　　）。

   A. 岩溶含水层一般较为均一，且多为底板充水矿床，水文地质勘探和矿井防治水难度较大
   B. 突（涌）水的发生是需要一定的条件，即必要条件为存在一定储量的水体，充分条件是适当的岩体结构
   C. 裂隙含水层的特点是水量较小，运动速度较慢，但水压往往很大
   D. 老窑积水的水量大、来势猛、时间短，突水量以静储量为主且储量与采空区分布范围有关

18. 某矿属于水文地质条件为复杂，在实际采掘作业过程中，除了严格执行先探后掘等规定外，该矿计划在掘进工作面采用地球物理勘探方法，用于探测煤层顶底板、左右两帮及巷道超前富水性，则适宜选用的地球物理勘探方法是（　　）。

   A. 矿井地震法
   B. 矿井地质雷达法
   C. 多方位矿井瞬变电磁法
   D. 瑞利波探测技术

19. 某煤矿水文地质条件复杂，历史上发生过多次透水事故，当采掘工作面遇到（　　），应当立即停止施工，确定探水线，实施超前探放水。

   A. 暴雨天气时
   B. 接近落差为 40 m 的非导水断层时
   C. 在矿井边界采区进行回采作业时
   D. 接近有出水可能的钻孔时

20. 井田内常存在老空区积水区，当采掘工程接近或接触这些水体时，容易产生水害。因此，巷道掘进之前，必须采用钻探、物探、化探等方法查清水文地质条件。下列关于小窑老空水的探放的说法，正确的是（　　）。

   A. 当掘进巷道进入警戒线时，发现有透水征兆，此时应警惕积水的威胁并在到达探水线后立即实施探放水工作
   B. 一般情况下，钻孔之间的平面夹角为 7°~15°，其中扇形布置方式可以使巷道前方、左右两侧需要保护的煤层空间均处于钻孔控制之下
   C. "允许掘进距离"为探水终孔位置距离掘进工作面的位置

· 34 ·

D. 钻孔密度通常规定不得超过 4 m，以防漏掉老空巷道

21. 某矿井田范围内存在一含水层，该矿在进行防治时，计划留设防水煤柱，其基本布置如下图所示。其中该煤层平均厚度 $M=1.46$ m，水头压力 $p=5$ MPa，煤的抗张强度 $K_p=0.8$ MPa，安全系数 K 取 5，依据《煤矿防治水细则》等相关规定，该煤矿应留设的防水煤柱 L 适宜为（　　）。

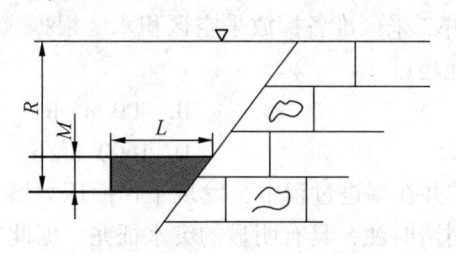

A. 11.0 m B. 15.1 m
C. 15.8 m D. 20.0 m

22. 煤矿井下在发生透水前，往往有相应的预兆。下列关于透水预兆的说法，正确的是（　　）。

A. 发生透水前，工作面气温升高，或出现雾气或硫化氢气味
B. 突水部位发潮、滴水且滴水现象逐渐增大，仔细观察可以发现水中含有少量细砂，该现象是冲积层水的突水预兆
C. 对断层突水来说，往往突出大量突出物且其岩性复杂
D. 与陷落柱有关的突水，在突水点附近巷道或采场的突出物剖面上，常见下部是徐灰或奥灰的碎块，上部是煤、岩碎屑

23. 矿井水害防治工作是在矿井充水条件分析和矿井涌水量预测的基础上，根据涌水水源、通道和水量大小的不同，分别采取不同的防治措施。下列关于水害防治的说法，正确的是（　　）。

A. 当遇到正断层时，上盘煤层与下盘煤层底板含水层相距很近时可采取留设防水煤柱，使采煤工作面至断层的最短距离大于临界厚度，即可安全开采
B. 当底板隔水层的厚度小于临界厚度时，可采用局部注浆止水
C. 当煤层露头部位或浅部被新生界松散含水砂层覆盖时且新生界含水层底部有大于 5 m 的黏土或砂质黏土层时，可使基岩中的煤、岩柱厚度减少到等于导水裂隙带
D. 在掘透老窑区时，必须在放水孔周围补打钻孔，保证不能漏掉老空，各钻孔都能保证进出风，证明确无积水和有害气体后，可沿钻孔标高上下掘透

24. 某煤矿在组织的安全检查中，发现某掘进工作面有突水预兆，发现的现象为初始时突出黄泥水，后突出黄泥和塌陷物。根据上述现象，该起突水属于（　　）突水征兆。

A. 工作面底板灰岩含水层 B. 冲击层水
C. 与陷落柱有关的 D. 断层沟通奥灰强含水层的

25. 根据《煤矿防治水细则》的规定，下列关于某煤矿布置探放水钻孔的做法，正确的是（　　）。

A. 老空位置不清楚时，钻孔终孔位置在水平面间距控制在 4 m

B. 某矿探查陷落柱等垂向构造时，底板方向布置的钻孔不少于2个

C. 某煤矿在煤层内禁止探放水压为1.0 MPa的充水断层水

D. 某煤矿在探放断裂构造水时，共布置了2个钻孔

26. 【2021年真题】对于正常涌水量Q大于1000 m³/h的矿井，主要水仓有效容量计算公式为$V=2(Q+3000)$m³。某矿井正常涌水量为1200 m³/h，井下中央水泵房水仓有效容量10000 m³，矿井二采区准备探放采空区积水。根据《煤矿安全规程》，该采空区探放水最大流量不能超过（　　）。

    A. 600 m³/h
    B. 800 m³/h
    C. 1000 m³/h
    D. 1600 m³/h

27. 【2021年真题】某矿井在掘进过程中，发现工作面压力增大，沿裂隙向外渗水，且水量不断增加，水色时清时浊，具有明显的突水征兆。据此判断该工作面有可能发生的突水类型是（　　）。

    A. 老空（窑）水突水
    B. 底板灰岩含水层突水
    C. 冲积层水突水
    D. 陷落柱与断层突水

28. 【2020年真题】某煤矿施工探放水钻孔的巷道高为3 m，宽为2.5 m，标高为-600 m，经测定，水头标高为-300 m，煤的抗拉强度k_p为0.16 MPa，若安全系数A取4，根据公式$a = 0.5\,AL\sqrt{\dfrac{3p}{k_p}}$ [式中：a——超前距（或帮距），m；L——巷道的跨度，m；p——水头压力，MPa] 计算，则该巷道探放水钻孔的超前距为（　　）。（重力加速度g按10 m/s²取值）

    A. 37.5 m
    B. 45.0 m
    C. 53.0 m
    D. 63.6 m

29. 【2020年真题】某煤矿井田范围内地表有一条河流经过，该矿开采3号煤层，煤层厚度4 m，埋藏深度约350 m，煤层顶板以上150 m发育有富水性较强的砂岩含水层，砂岩下部发育有一层厚度为5 m的泥岩，煤层底板以下150 m发育有富水性强的奥陶系灰岩。下列施工情形中，需要对含水层进行探放水的是（　　）。

    A. 煤巷施工穿越地表有河流的区域
    B. 在3号煤层布置综采工作面开采
    C. 施工距离煤层顶板15 m的瓦斯抽放巷
    D. 掘进新工作面巷道遇到物探异常区

30. 【2020年真题】某煤矿采煤工作面发生突水事故前，先突出黄泥水，后又突出大量黄泥和岩性复杂的碎石，最大突水量达576 m³/h。根据事故突水征兆，本次突水事故是（　　）。

    A. 陷落柱突水
    B. 断层突水
    C. 冲积层突水
    D. 灰岩含水层突水

31. 【2020年真题】某煤层巷道通过超前物探，在前方待掘区域，发现一倾角$\alpha=30°$的导水断层，断层下盘发育一富水性较强的灰岩含水层，如下图所示。考虑断层水在顺煤层方向的压力时，防隔水煤柱L为25 m。该断层安全防隔水岩柱宽度为15 m。根据

以上条件，最终确定防隔水煤柱 L 至少应为（　　）。

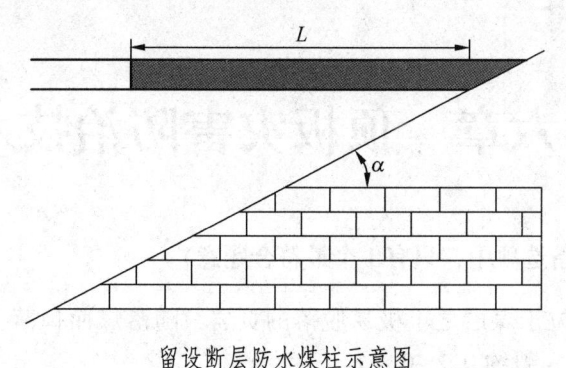

留设断层防水煤柱示意图

A. 40 m　　　　　　　　　　　　B. 30 m
C. 25 m　　　　　　　　　　　　D. 15 m

32. 【2019年真题】2018年3月11日，某煤矿3201掘进工作面沿3号煤层底板掘进过程中发现突水征兆，勘探资料表明，该矿仅在3号煤层下方40 m处发育有20 m厚的奥陶系灰岩含水层。下列突水征兆中，不可能出现在3201掘进工作面的是（　　）。

A. 工作面压力增大，底板鼓起

B. 工作面滴水并逐渐增大，且水中含有少量细砂

C. 工作面底板产生裂隙并逐渐增大

D. 沿裂隙或煤帮向外渗水，随裂隙增大，水量增加

33. 【2019年真题】某整合煤矿井田范围内分布有一定数量的小煤窑老空区，为有效防治老空区透水，该矿制定了煤巷探放水方案及应急措施。2018年8月1日，该矿综掘一队在1201回风巷掘进工作面施工钻孔时，出现涌水量增大、顶钻等现象，初步判断为钻探至老空区。下列防治老空区透水的做法中，正确的是（　　）。

A. 立即停止作业，安装提前准备好的排水泵，并拔下钻杆进行疏放水

B. 迅速加固钻孔周围及巷道顶帮，另选安全地点打孔放水

C. 另外施工探放水钻孔，并安装长度不小于5 m的止水套管

D. 无须检测瓦斯浓度，直接进行探放水

第六章　顶板灾害防治技术

单项选择题（每题的备选项中，只有1个最符合题意）

1. （　　）是指直接位于煤层之上极易脱落的页岩，随落煤而掉落，具有较大的支护难度，且厚度不大，一般约0.2~0.4 m。
   A. 伪顶　　　　　　　　　　　　B. 直接顶
   C. 基本顶　　　　　　　　　　　D. 老顶

2. 矿（地）压灾害的防治技术有井巷支护及维护、采场地压事故防治技术、地质调查工作等方法。下列方法中，适于煤矿采场压力控制的是（　　）。
   A. 直接顶稳定性和基本顶来压强度控制
   B. 空场采矿法地压控制
   C. 崩落采矿法地压控制
   D. 全面采矿法地压控制

3. 一般情况下，煤矿直接顶稳定性分类主要以直接顶初次垮落步距为主要指标，将其稳定性分为四类。下列稳定性分类中，正确的是（　　）。
   A. 不稳定、较稳定、稳定和非常稳定
   B. 不稳定、中等稳定、稳定和非常稳定
   C. 不稳定、较稳定、中等稳定和稳定
   D. 不稳定、较稳定、中等稳定和非常稳定

4. 回采工作面常见顶板事故是冒顶事故。工作面冒顶事故，通常按（　　）分为局部冒顶和大型冒顶事故。
   A. 冒顶事故发生地点
   B. 冒顶事故发生时间
   C. 冒顶事故发生原因
   D. 冒顶范围和伤亡人数多少

5. 下列煤层顶板事故中不属于按照发生冒顶事故的力学原因进行分类的选项是（　　）。
   A. 压垮型冒顶　　　　　　　　　B. 漏垮型冒顶
   C. 大型冒顶　　　　　　　　　　D. 推垮型冒顶

6. 《煤矿安全规程》中规定，采用（　　）回采时，下一分层的采煤工作面必须在上一分层顶板垮落的稳定区域内进行回采。
   A. 充填法　　　　　　　　　　　B. 缓慢下沉法
   C. 煤柱支撑法　　　　　　　　　D. 分层垮落法

7. 采煤工作面必须存有一定数量的备用支护材料。下列材料可以用来支护的是（　　）。

A. 花边型钢梁　　　　　　　　　　B. 折损的坑木
　　C. 损坏的金属顶梁　　　　　　　　D. 失效的单体液压支柱

8. 下图为煤层顶底板示意图。图中符号"3"代表的是（　　）。

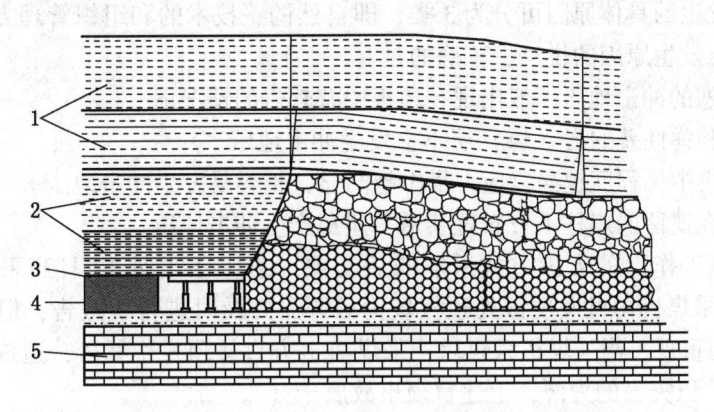

　　A. 基本顶　　　　　　　　　　　　B. 直接顶
　　C. 伪顶　　　　　　　　　　　　　D. 煤层

9. 采煤工作面必须及时支护，严禁空顶作业。所有支架必须架设牢固，并有防倒措施。严禁在浮煤或者浮矸上架设支架。单体液压支柱的初撑力，柱径为 100 mm 的不得小于（　　），柱径为 80 mm 的不得小于（　　）。
　　A. 90 kN、60 kN　　　　　　　　　B. 80 kN、50 kN
　　C. 100 kN、80 kN　　　　　　　　D. 90 kN、70 kN

10. 采煤工作面的煤壁，在矿山压力作用下，发生自然塌落的现象叫片帮。下列情形下，采煤工作面不容易发生片帮的是（　　）。
　　A. 采高大　　　　　　　　　　　　B. 煤质松软
　　C. 顶板破碎　　　　　　　　　　　D. 薄煤层

11. 按照顶板一次冒落的范围及造成伤亡的严重程度，可将顶板事故分为大型冒顶和（　　）。
　　A. 小型冒顶　　　　　　　　　　　B. 中型冒顶
　　C. 局部冒顶　　　　　　　　　　　D. 区域冒顶

12. 处理掘进工作面冒顶事故时，对垮落巷道的处理方法中不包括（　　）。
　　A. 木垛法　　　　　　　　　　　　B. 撞楔法
　　C. 搭凉棚法　　　　　　　　　　　D. 掏梁窝法

13. 除"敲帮问顶"外，冒顶事故的探测方法还包括下列方法中的（　　）。
　　A. 爆破法　　　　　　　　　　　　B. 仪器探测法
　　C. 测压法　　　　　　　　　　　　D. 对流法

14. 通常把由开采过程引起的岩移运动对支架围岩所产生的作用力，称为矿（地）压。下列关于顶板灾害的概念及成因的说法，错误的是（　　）。
　　A. 煤岩层和地表移动、露天矿边坡滑移均属于矿（地）压显现
　　B. 按照矿（地）压灾害的力源，可分为压垮型冒顶、漏冒型冒顶、推垮型冒顶、综

合类冒顶和冲击地压（岩爆）

C. 巷道顶板死亡事故 80% 以上发生在掘进工作面及巷道交岔点

D. 冲击地压具有明显的显现特征，如突发性、震动持续时间长及巨大破坏性

15. 冲击地压发生的具体原因可分为 3 类，即自然的、技术的和组织管理方面的。下列关于冲击地压发生原因的说法，正确的是（　　）。

A. 比较强烈的冲击地压一般出现在顶板中有软岩的情况下

B. 强度小和弹性差的岩（煤）层不会发生冲击地压

C. 生产的集中化程度越高，应力集中越凸显，越容易发生冲击地压

D. 应尽量在遗留的煤柱下方布置巷道，避免产生冲击地压

16. 某煤矿采煤工作面的支护方式采取滞后支护，2021 年 1 月 12 日当采煤工作面推进 300 m 后，采煤机司机发现该处顶板较为破碎，并及时进行了报告，但没有引起现场技术人员的重视，当采煤机采煤后，采煤机上方直接顶发生冒落，造成伤人事故。按照矿（地）压灾害的力源，上述冒顶事故属于（　　）。

A. 压垮型冒顶　　　　　　　　　　B. 漏冒型冒顶

C. 推垮型冒顶　　　　　　　　　　D. 冲击地压

17. 对回采工作面，充分掌握顶板岩层的结构变化及煤层群开采的相互影响，掌握直接顶、基本顶的类型及运动规律尤为重要。下列属于基本顶压力显现分级的是（　　）。

A. 来压不明显、来压明显、来压强烈、来压极强烈

B. 不稳定、中等稳定、稳定和非常稳定

C. 不稳定、稳定和非常稳定

D. 来压不明显、来压明显、来压强烈

18. 某矿 3177 采煤工作面来压显现强烈，且顶板部分区域为坚硬厚层砂岩，为减弱顶板来压显现强度，防止顶板事故的发生，该矿拟采取下列措施，其中不能起作用的是（　　）。

A. 保证工作面的快速推进

B. 采用超前钻孔预爆破法进行强制放顶

C. 将工作面与开切眼斜交布置

D. 逐渐增大采煤工作面的采高

19. 煤岩体的冲击倾向性是其固有属性，其中煤岩的结构类型、流变特性起重要影响作用。我国采用弹性能量指数、冲击能量指数、动态破坏时间鉴定煤岩的冲击倾向性。下列关于冲击地压预测及评价的说法，正确的是（　　）。

A. 区域危险性预测与局部危险性预测可根据地质与开采技术条件等，优先采用综合指数法确定冲击危险性

B. 动态破坏时间越长，发生冲击地压的可能性越大，如大于 500 ms 时属于强冲击

C. 当埋深超过 400 m 的煤层，且煤层上方 100 m 范围内存在单层厚度超过 10 m 的坚硬岩层，说明具有煤岩冲击倾向性

D. 某煤矿发现有强烈震动、瞬间底（帮）鼓等动力现象，可判断其为冲击地压矿井

20. 冲击地压矿井必须采取区域和局部相结合的防冲措施。在矿井设计、采（盘）区设计阶段应当先行采取区域防冲措施；对已形成的采掘工作面应当在实施区域防冲措施的

基础上及时跟进局部防冲措施。某冲击地压矿井采取的下列措施中，属于冲击地压的局部防冲措施的是（　　）。

A. 将巷道布置在低应力区

B. 爆破卸压时，躲炮时间不得小于 30 min

C. 首先开采无冲击地压危险的煤层

D. 采用工作面长度为 40 m 的综合机械化采煤方法

21. 某冲击地压矿井建立了区域与局部相结合的冲击危险性监测制度。其采取的下列监测方法中，属于区域监测的是（　　）。

A. 应力监测法

B. 电磁辐射法

C. 微震监测法

D. 钻屑法

22. 冲击地压矿井应当选择合理的开拓方式、采掘部署、开采顺序、采煤工艺及开采保护层等区域防冲措施。下列关于开采冲击地压煤层中，采用合理的开拓布置和开采方式的说法，正确的是（　　）。

A. 在应力集中区内可布置 2 个工作面同时进行采掘工作，但不得布置 3 个同时进行采掘工作

B. 采煤工作面与掘进工作面之间的距离小于 500 m 时，必须停止其中一个工作面

C. 断层或采空区附近时，应朝向断层或采空区回采

D. 应当采用长壁综合机械化开采方法

23. 防治采掘工作面或巷道的冒顶片帮、顶板大范围冒落事故的发生应掌握采掘工作面经过区域的地质构造、顶板结构等。下列关于巷道布置原则的说法，错误的是（　　）。

A. 巷道的轴线方向尽可能与构造应力方向平行，避免与构造应力方向垂直

B. 巷道通过地质构造带时，巷道轴向应尽量平行断层构造带或向斜构造、背斜构造

C. 避免在煤柱下方及煤柱终采线附近布置巷道

D. 将巷道布置在煤层开采后所形成的应力降低区域内

24. 【2021 年真题】井巷支护是掘进工作面和井巷防治顶板灾害事故的主要技术手段，不同的支护方式体现了不同的作用机理。下列支护方式中，应用"最大水平应力理论"的是（　　）。

A. 锚杆支护

B. 混凝土支护

C. 钢筋（管）混凝土支护

D. U 型钢金属支护

25. 【2020 年真题】矿压是煤岩体开采破坏其原始应力后引起的一系列力学现象。常见的矿压灾害有采掘工作面的冒顶、片帮、顶板大范围垮落等。根据力源因素分析，推垮型冒顶是（　　）。

A. 煤岩体弹性能在水平方向突然释放导致的冒顶

B. 垂直层面方向的顶板压力作用导致的冒顶

C. 平行于层面方向的顶板作用力导致的冒顶
D. 支护不足而在重力作用下导致的冒顶

26. 【2019年真题】某掘进工作面后方 100 m 处发生冒顶事故，冒落的矸石和倾倒的支架将两名员工埋压，其余员工被困工作面。下列救护措施中，错误的是(　　)。
A. 救援人员采用呼喊、敲击的方法判断埋压人员的具体位置
B. 掘小巷绕过冒落区接近被困人员
C. 用镐刨、锤砸等方法扒人或破岩，刨救埋压人员
D. 抢救遇险人员时，安排专人检查瓦斯浓度

第七章 粉 尘 防 治

单项选择题（每题的备选项中，只有1个最符合题意）

1. （　　）是工人在生产中长期吸入大量微细粉尘而引起的以纤维组织增生为主要特征的肺部疾病。
   A. 尘肺病　　　　　　　　　　B. 白指病
   C. 哮喘　　　　　　　　　　　D. 鼻炎

2. 预防煤尘爆炸的技术措施主要包括（　　）。
   A. 减、降尘措施，防止煤尘引燃措施及限制煤尘爆炸范围扩大
   B. 减、降尘措施，减少煤尘爆炸连续性措施及限制煤尘爆炸范围扩大
   C. 喷洒水措施，防止煤尘引燃措施及限制煤尘爆炸范围扩大
   D. 喷洒水措施，预防煤尘复燃措施及限制煤尘爆炸范围扩大

3. 关于煤层注水的减尘作用，下列说法错误的是（　　）。
   A. 水进入后，可将原生煤尘湿润并黏结，使其在破碎时失去飞扬能力，从而有效地消除这一尘源
   B. 水进入煤体内部，当煤体在开采中破碎时，绝大多数破碎面均有水存在，从而消除了细粒煤尘的飞扬，预防了浮尘的产生
   C. 水进入煤体后使其塑性增强，当煤体因开采而破碎时，脆性破碎变为塑性变形，因而减少了煤尘的产生
   D. 水进入煤体后，当煤体因开采而破碎时，使得煤尘湿润并黏结，消除了细粒煤尘的飞扬，因而杜绝了煤尘的产生

4. 限制煤尘爆炸范围扩大的措施不包括（　　）。
   A. 清除落尘　　　　　　　　　B. 撒布岩粉
   C. 设置水棚　　　　　　　　　D. 通风作业

5. 综合防尘技术措施分为（　　）。
   A. 通风除尘、湿式作业、密闭抽尘、清除落尘、个体防护
   B. 通风除尘、湿式作业、密闭抽尘、净化风流、个体防护
   C. 通风除尘、水幕净化、密闭抽尘、清除落尘、个体防护
   D. 通风除尘、水幕净化、密闭抽尘、净化风流、个体防护

6. 下列措施中，不属于湿式作业的是（　　）。
   A. 掘进机喷雾洒水　　　　　　B. 综放工作面喷雾洒水
   C. 湿式除尘装置　　　　　　　D. 水炮泥

7. 根据矿尘粒径组成范围分（　　）。

A. 原生矿尘、次生矿尘 B. 全尘、呼吸性矿尘
C. 岩尘、煤尘 D. 硅尘、非硅尘

8. 细尘的粒径为（　　）。
   A. 小于 0.25 μm B. 0.25~10 μm
   C. 10~40 μm D. 大于 40 μm

9. 矿尘具有很大的危害性，在以下几个方面中，错误的是（　　）。
   A. 污染工作场所，危害人体健康，引起职业病
   B. 某些矿尘（如煤尘、硫化尘）在一定条件下可以爆炸
   C. 降低工作场所能见度，降低工作效率
   D. 加速机械磨损，缩短精密仪器使用寿命

10. 影响尘肺病的发病因素包括（　　）。
    A. 矿尘的成分、矿尘粒度、矿尘浓度、粉尘存在时间、矿尘分散度
    B. 矿尘的成分、矿尘粒度、矿尘浓度、暴露时间、矿尘分散度
    C. 矿尘的性质、矿尘粒度、矿尘浓度、粉尘存在时间、矿尘分散度
    D. 矿尘的性质、矿尘粒度、矿尘浓度、暴露时间、矿尘分散度

11. 尘肺病的预防措施不包括（　　）。
    A. 组织措施 B. 技术措施
    C. 救护措施 D. 卫生保健

12. 影响煤层注水效果的因素不包括（　　）。
    A. 煤的裂隙和孔隙的发育程度
    B. 煤层内的瓦斯压力
    C. 上覆岩层压力及支承压力
    D. 注水性质的影响

13. 注水压力的高低取决于煤层透水性的强弱和钻孔的注水速度，透水性较弱的煤层采用中压注水。以下属于中压压力的是（　　）。
    A. 小于 3 MPa B. 3~10 MPa
    C. 5~8 MPa D. 小于 8 MPa

14. （　　）不是提高煤层注水的措施。
    A. 间歇注水 B. 提高煤层透气性
    C. 高压注水 D. 使用湿润剂

15. 防止引燃煤尘爆炸的措施有（　　）。
    A. 严格执行《煤矿安全规程》有关除明火的规定
    B. 机械作业
    C. 除静电设施
    D. 消除机械静电

16. 粒径小于 0.25 μm 的矿尘颗粒称为（　　）。
    A. 微尘 B. 超微粉尘
    C. 细尘 D. 粗尘

17. 下列不是影响矿尘产生量的因素是（   ）。
    A. 产尘点通风状况   B. 采煤方法
    C. 采煤设备的防护装置   D. 煤岩的物理性质

18. 煤矿粉尘的主要尘源是（   ）。
    A. 采掘、装载、锚喷   B. 采掘、运输和装载
    C. 采掘、运输和装载、锚喷   D. 采掘、运输、锚喷

19. 硅肺病是由于吸入（   ）较高的岩尘而引发的尘肺病。
    A. 游离二氧化硅   B. 煤尘和含游离二氧化硅
    C. 煤尘   D. 粉尘

20. 很多固体在正常状态下不燃或难燃，但当它被碎成微细粉尘时，就具有易燃性或爆炸性的原因是（   ）。
    A. 某些固体（如煤）粉碎成粉尘时，具有可燃性
    B. 尘粒表面能吸附可燃气体
    C. 某些粉尘（如煤尘）加热时，能迅速与大量可燃气体反应
    D. 固体破碎成微细粉尘后，它与氧气接触面积大大地增加

21. 《煤矿安全规程》中规定的作业场所空气中粉尘浓度的标准，下列选项正确的是（   ）。
    A. 煤尘中游离二氧化硅含量小于10%，总粉尘和呼吸性粉尘的时间加权平均容许浓度分别为 4 mg/m³ 和 2.5 mg/m³
    B. 矽尘中游离二氧化硅含量为10%~50%且总粉尘和呼吸性粉尘的时间加权平均容许浓度分别为 1.5 mg/m³ 和 1 mg/m³
    C. 粉尘中游离二氧化硅含量为50%~80%且总粉尘和呼吸性粉尘的时间加权平均容许浓度分别为 2 mg/m³ 和 0.3 mg/m³
    D. 矽尘中游离二氧化硅含量大于等于80%且总粉尘和呼吸性粉尘的时间加权平均容许浓度分别为 1.5 mg/m³ 和 0.3 mg/m³

22. 净化风流是使井巷中含尘的空气通过一定的设施或设备，将矿尘捕获的技术措施。具体安设位置为（   ）。
    A. 矿井总入风流净化水幕，距井口 40~50 m 巷道内
    B. 采区入风流净化水幕，距风流分叉口支流内侧 20~50 m 巷道内
    C. 掘进回风流净化水幕，距工作面 10~20 m 巷道内
    D. 巷道中产生尘源净化水幕，距尘源下风侧 2~5 m 巷道内

23. 通常，注水量或煤的水分增量变化为（   ）。
    A. 10%~20%   B. 30%~50%
    C. 50%~80%   D. 80%~100%

24. 在个体防尘口罩的使用与维护中，下列说法错误的是（   ）。
    A. 使用前，领取的口罩整体及零部件应齐全、良好
    B. 佩戴时，口罩要包住口鼻与面部接触良好
    C. 使用后应清洗干净，特别是简易型防尘口罩

D. 带换气阀的专用防尘口罩只要换气阀滤料完好，就不需再次更换

25. 按粉尘的性质和形态，粉尘可以分为不同的类别。下列关于粉尘分类的说法，正确的是（　　）。
    A. 游离 SiO_2 含量在 10% 以下的矿尘是引起硅肺病的主要因素
    B. 粒径为 $0.25\sim10~\mu m$ 的微尘，可以用光学显微镜观察到
    C. 煤尘当中呼吸性粉尘的时间加权平均容许浓度为 $4~mg/m^3$
    D. 粒径小于 $0.25~\mu m$ 的超微粉尘，在静止空气中呈等速沉降

26. 下列不是影响煤尘爆炸因素的是（　　）。
    A. 煤中挥发分的含量　　　　　　B. 煤尘中的灰分
    C. 瓦斯的存在　　　　　　　　　D. 煤尘的光学特性

27. 通过控制矿井巷道风流速度，可有效降低悬浮在采掘工作面的呼吸性粉尘的危害性。下列关于通风排尘风速的说法，正确的是（　　）。
    A. 掘进中的半煤岩巷最低排尘风速不得低于 $0.15~m/s$
    B. 一般来说，掘进工作面的最优风速为 $0.4\sim0.7~m/s$
    C. 在不受扰动的情况下，干燥巷道中煤尘的扬尘风速为 $6~m/s$
    D. 采掘工作面的最高允许风速为 $3~m/s$

28. 粉尘的安置角是评价粉尘流动特性的一个重要指标，下列和粉尘安置角无关的是（　　）。
    A. 尘粒的表面光滑程度　　　　　B. 粉尘的黏附性
    C. 粉尘放置的环境　　　　　　　D. 粉尘的含水率

29. 粉尘是一种微细固体物的总称，其大小通常在 $100~\mu m$ 以下。下列关于粉尘的产生及性质的说法，正确的是（　　）。
    A. 对人体危害最大的粒径小于 $7.07~\mu m$ 的粉尘是粉尘控制的主要对象
    B. 井田内如有火成岩侵入，则产尘量将减少
    C. 粉尘中游离二氧化硅的含量是引起煤工尘肺的主要因素
    D. 当粉尘的湿润角小于 $60°$ 时，属于憎水性，需要加入某些湿润剂以增加粉尘的亲水性

30. 用水捕捉悬浮矿尘是把水雾化成微细水滴并喷射到空气中，使之与尘粒相接触碰撞，使尘粒被捕捉而附于水滴上或者被湿润尘粒相互凝集成大颗粒，从而提高其沉降速度。下列关于用水捕捉悬浮矿尘的说法，错误的是（　　）。
    A. $1~\mu m$ 以上的尘粒，主要是靠惯性碰撞作用捕获
    B. 水滴与尘粒的荷电性能够抑制尘粒的凝集
    C. 一般说来，水滴直径为 $10\sim15~\mu m$ 时的捕尘效果最好
    D. 脉冲洒水的降尘效果要比恒压洒水高

31. 湿式作业是利用水或其他液体，使之与尘粒相接触降低矿尘的方法，是矿井综合防尘的主要技术措施之一，其按除尘机理可将湿式作业分为两种方式：用水湿润、冲洗初生或沉积的矿尘，用水捕捉悬浮于空气中的矿尘。下列关于湿式作业的说法，正确的是（　　）。

A. 水滴与尘粒的相对速度越高，两者碰撞时的动量越大，有利于克服水的表面张力而将尘粒湿润捕捉
B. 水分子与尘粒分子间的吸引力越大，湿润边角越大，越易于湿润
C. 用水湿润、冲洗初生矿尘主要用于采掘机械内外喷雾洒水和井巷定点喷雾降尘
D. 雾体的分散度越高，捕尘率越高

32. 某煤矿煤尘浓度较大，计划采取煤层注水技术措施，从根本上解决粉尘浓度问题，以保证现场作业人员的健康。经过取样分析，下列可判定某煤层为可不注水煤层的是（　　）。
A. 原有水分为 3%
B. 孔隙率为 5%
C. 吸水率为 1%
D. 坚固性系数为 0.2

33. 为保护井下作业人员的健康，矿山企业需要为从业人员配备符合标准的防尘口罩，某煤矿计划采购一批防尘口罩，下列对防尘口罩的选用标准的说法，正确的是（　　）。
A. 对粒径小于 5 μm 的粉尘，阻尘率大于 99%
B. 在没有粉尘、流量为 30 L/min 条件下，吸气阻力应不大于 60 Pa
C. 口罩面具与人面之间的空腔应大于 180 cm³
D. 妨碍视野角度应小于 15°

34. 煤尘爆炸是悬浮于空气中的煤尘颗粒与空气中的氧气充分接触，在特定条件下瞬时完成氧化反应，反应中放出大量热量，进而产生高温、高压的现象。下列关于煤尘爆炸的说法，正确的是（　　）。
A. 可燃气体爆炸比煤尘爆炸要复杂
B. 当通过煤尘爆炸指数计算出小于 10% 时，即可判断煤尘无爆炸危险
C. 煤尘的平均粒度大于 400 μm 时，所形成的煤尘云不再具有爆炸性
D. 煤尘爆炸必须同时具备下列条件：煤尘具有爆炸性、达到爆炸浓度极限范围、有足够能量的点火源、有可供爆炸的助燃剂

35. 【2021 年真题】煤层注水是采煤工作面防尘的有效措施。关于煤层注水工艺的说法，正确的是（　　）。
A. 注水钻孔直径应按封孔器的要求确定，使封孔器工作压力最小
B. 采用长时间的低压或中压注水方式，注水效果更为理想
C. 采用长时间大流量的注水方式，有利于增强煤层湿润效果
D. 煤层注水钻孔越长，注水效果越好

36. 【2020 年真题】开采有煤尘爆炸危险煤层的矿井，在一些区域和地点必须有预防和隔绝煤尘爆炸的措施。根据《煤矿安全规程》，下列区域中，不必设置隔爆设施的是（　　）。
A. 矿井的两翼之间
B. 相邻的煤层之间
C. 煤仓同与其相连的巷道间
D. 相邻的硐室之间

37. 【2019 年真题】粉尘凝聚是尘粒间距离非常近时，由于粉尘分子间引力的作用形成一个新的大尘粒现象。关于粉尘凝聚的说法，正确的是（　　）。
A. 粉尘的表面能增大，减小粉尘凝聚的结合力

B. 粉尘粒子热运动越剧烈，越不利于粉尘凝聚

C. 粉尘粒子的凝聚有利于对粉尘的捕集和分离

D. 外界静电力增加，不利于间距较大的粉尘粒子凝聚

38. 【2019年真题】为保证井下员工职业健康，某煤矿在防尘口罩的选用过程中考虑了口罩的型式、流量、吸气阻力等特性与参数。根据《煤矿职业安全卫生个体防护用品配备标准》（AQ 1051），关于防尘口罩选用的说法，正确的是(　　)。

A. 口罩流量不低于 30 L/min 的条件下，吸气阻力应不大于 100 Pa

B. 对于粒径小于 5 μm 的粉尘，阻尘率应大于 99%

C. 必须选用复式防尘口罩

D. 口罩妨碍视野角度应小于 15°

第八章　机电运输安全技术

单项选择题（每题的备选项中，只有1个最符合题意）

1. 电气火花、失爆是导致瓦斯事故的重要因素之一。下列属于电气火源的有（　　）。
   A. 摩擦静电　　　　　　　　B. 焊火花
   C. 雷击　　　　　　　　　　D. 明火

2. 下列常见的机电运输系统存在的安全隐患中，（　　）不属于供电系统不完善的隐患。
   A. 中性点接地的变压器向井下供电
   B. 井下供电线路未使用检漏继电器
   C. 井下轨道铺设质量差
   D. 井下电器设备外壳保护接地装置不规范

3. 下列常见的机电运输系统存在的安全隐患中，（　　）不符合《煤矿安全规程》的要求。
   A. 提升绞车未按规定定期性能检测
   B. 钢丝绳及连接装置未进行检查或检查不到位
   C. 钢丝绳有锈蚀现象
   D. 井下供电线路未使用检漏继电器

4. 下列常见的机电运输系统存在的安全隐患中，（　　）不属于运输系统问题及隐患。
   A. 井下轨道铺设质量差
   B. 井下掘进斜井未设置"一坡三挡"装置
   C. 皮带输送机未进行阻燃试验
   D. 未按要求配备正、副司机

5. 下列常见的机电运输系统存在的安全隐患中，（　　）不属于信号系统缺陷的隐患。
   A. 井下、井口提升系统信号不全（如缺发光信号）
   B. 井口井底安全门未与提升信号实现电气闭锁
   C. 井口信号房设置不合理
   D. 井下供电线路未使用检漏继电器

6. 电流有两种：交流与直流。以下对电流表述不正确的是（　　）。
   A. 电流的大小和方向随时间作周期性变化
   B. 电流的大小和方向不随时间变化
   C. 电荷有规则的定向运动称为电流
   D. 电源正极和负极之间的电位差称为电流

7. 下列矿井供电系统的构成表述正确的是（　　）。

A. 变电所→采区变电所→井下中央变电所→井筒→工作面用电点
B. 变电所→井下中央变电所→井筒→采区变电所→工作面用电点
C. 变电所→井下中央变电所→井筒→采区变电所→工作面用电点
D. 变电所→井筒→井下中央变电所→采区变电所→工作面用电点

8. 下列关于供电安全要求的表述，正确的是（   ）。
  A. 供电安全可靠：采用单回路供电网，确保不间断地对矿井供电
  B. 供电技术合理：矿井供电系统简单，供电质量高
  C. 供电安全可靠：采用单回路供电网，确保不间断地对矿井供电
  D. 供电技术合理：矿井供电系统复杂，供电质量高

9. 关于矿井配电额定电压等级，下列表述错误的是（   ）。
  A. 高压不应超过 10000 V
  B. 低压不应超过 1140 V
  C. 照明、手持式电气设备的额定电压和电话、信号装置的额定供电电压，都不应超过 12 V
  D. 远距离控制线路的额定电压不应超过 36 V

10. 关于矿井电气设备的种类，下列表述错误的是（   ）。
  A. 高低压配电柜：作为采区、工作面动力设备供电源及控制设备
  B. 矿用变压器：用于将矿井供电网电压降至动力设备及照明所需的电压等级
  C. 矿用低压开关：用于矿井低压供电系统配电控制
  D. 矿用隔爆型磁力启动器：用于矿井低压动力设备

11. 关于矿井电气设备的标志，下列表述错误的是（   ）。
  A. 矿用一般型电气设备标志："KY"
  B. 矿用防爆型电气设备标志："MA"
  C. 矿用隔爆型电气设备标志："ExdI"
  D. 矿用防爆型电气设备标志："XO"

12. 关于防漏电保护类型，下列表述错误的是（   ）。
  A. 漏电跳闸保护
  B. 漏电闭锁保护
  C. 选择性漏电保护
  D. 过量性漏电保护

13. 关于过流保护中，不包括（   ）。
  A. 短路保护装置
  B. 过负荷保护装置
  C. 断相保护装置
  D. 选择性漏电保护

14. 关于矿井供电安全管理中，下列表述错误的是（   ）。
  A. 不准带电检修，不准甩掉无压释放器、过电流保护装置
  B. 不准明火操作、明火打点、明火爆破，不准用铜、铝、铁丝等代替保险丝

C. 停风、停电的采掘工作面,未经检查瓦斯,可以送电

D. 电气设备的保护装置失灵后,不准送电;失爆设备、失爆电器,不准使用

15. 矿井用电必须做到"三无、四有、两齐、三全、三坚持"。关于"三无",下列表述错误的是(   )。

   A. 无"鸡爪子"　　　　　　　　B. 无"羊尾巴"

   C. 无明接头　　　　　　　　　D. 无"狗尾巴"

16. 矿井用电必须做到"三无、四有、两齐、三全、三坚持"。关于"四有",下列表述错误的是(   )。

   A. 电气系统与设备有过电流和漏电保护装置

   B. 有螺钉和弹簧垫

   C. 有密封圈和挡板

   D. 有逃生装置

17. 矿井用电必须做到"三无、四有、两齐、三全、三坚持"。关于"三全",下列表述错误的是(   )。

   A. 防护装置全

   B. 绝缘用具全

   C. 图纸资料全

   D. 设备保护全

18. 矿井用电必须做到"三无、四有、两齐、三全、三坚持"。关于"三坚持",下列表述错误的是(   )。

   A. 坚持使用检漏继电器

   B. 坚持使用煤电钻、照明和信号综合保护

   C. 坚持使用风电和瓦斯电闭锁

   D. 坚持使用个体防护装置

19. 根据《煤矿安全规程》第四百四十五条的规定,关于井下各级配电电压和各种电气设备的额定电压等级,下列不符合要求的是(   )。

   A. 高压不超过 10000 V

   B. 低压不超过 1500 V

   C. 照明和手持式电气设备的供电额定电压不超过 127 V

   D. 远距离控制线路的额定电压不超过 36 V

20. 对井下各水平中央变(配)电所、主排水泵房和下山开采的采区排水泵房供电的线路,不得少于(   )回路。

   A. 1　　　　　　　　　　　　B. 2

   C. 3　　　　　　　　　　　　D. 4

21. 主要通风机、提升人员的立井绞车、抽放瓦斯泵等主要设备房,应各有(   )回路直接由变(配)电所馈出的供电线路。

   A. 1　　　　　　　　　　　　B. 2

   C. 3　　　　　　　　　　　　D. 4

22. 关于矿用高压配电箱的种类，下列正确的是（　　）。
    A. 矿用一般型　　　　　　　　　　B. 特殊隔爆型
    C. 矿用特殊型　　　　　　　　　　D. 一般隔爆型

23. 隔爆型电气设备是防爆电气设备的一种类型，它的防爆标志为 ExdI，关于其含义，下列表述错误的是（　　）。
    A. Ex 为防爆总标志　　　　　　　B. d 为隔爆型代号
    C. I 为煤矿用防爆电气设备　　　　D. Ex 为隔爆型标志

24. 井下电气保护措施中，俗称的"三大保护"是（　　）。
    A. 过电流保护、漏电保护、接地保护
    B. 电压保护、综合保护、接地保护
    C. 单相断线、漏电保护、接地保护
    D. 风电闭锁、综合保护、漏电保护

25. 低压电网电压保护中，两大保护措施是（　　）。
    A. 过电压保护、欠电压保护
    B. 内部过电压保护、外部过电压保护
    C. 外部过电压保护、内部欠电压保护
    D. 内部欠电压保护、外部欠电压保护

26. 井上、下必须装设防雷电装置，并遵守相关规定。以下表述错误的是（　　）。
    A. 经由地面架空线路引入井下的供电线路和电机车架线，必须在入井处装设防雷电装置
    B. 由地面直接入井的轨道及露天架空引入（出）的管路，必须在井口附近将金属体进行不少于2处的良好的集中接地
    C. 由地面直接入井的轨道及露天架空引入（出）的管路，可以根据需要在井口附近将金属体进行不少于2处的良好的集中接地
    D. 通信线路必须在入井处装设熔断器和防雷电装置

27. 漏电故障的类型分为集中性漏电与分散性漏电，以下表述正确的是（　　）。
    A. 集中性漏电：供电系统中某一处或某一点的绝缘受到破坏，其绝缘阻值高于规定值，而供电系统中其余部分的对地绝缘仍保持正常
    B. 集中性漏电：供电系统中某一处或某一点的绝缘受到破坏，其绝缘阻值高于规定值，而供电系统中其余部分的对地绝缘出现故障
    C. 分散性漏电：供电系统网络或某条线路的对地绝缘阻值均匀上升到规定值以上
    D. 分散性漏电：供电系统网络或某条线路的对地绝缘阻值均匀下降到规定值以下

28. 以下常见漏电故障的原因中，错误的是（　　）。
    A. 电缆和设备长期过负荷运行；电缆芯线接头松动后碰到金属设备外壳
    B. 运行中的电缆和电气设备干燥或着火；人身直接触及二相导电芯线
    C. 导电芯线与地线错接；电缆和电气设备受到机械性冲击或炮崩
    D. 在电气设备内部随意增设电气元件

29. 下列关于各种漏电保护装置的优点和存在的缺陷，表述错误的是（　　）。

A. 检漏继电器能保护所有漏电故障,但无选择性,一旦动作会导致整个低压电网停电
B. 零序功率方向式漏电保护选择性好,停电范围大,却不能保护对称性漏电故障
C. 旁路接地式漏电保护方式安全性较高,但保护范围单一,只能保护单相漏电或人体触电
D. 漏电闭锁只在开关断开时对负荷一侧进行检测,开关合闸后不起作用

30. 关于井下"十不准"制度中,下列表述错误的是（　　）。
    A. 不准甩掉无压释放器、过电流保护装置,不准明火操作、明火打点、明火爆破
    B. 不准甩掉漏电断电器、煤电钻综合保护装置和局部通风机风电、瓦斯电闭锁装置
    C. 不准用铜、铝、铁等代替保险丝；停风、停电的采掘工作面,未经检查瓦斯,不准送电
    D. 有故障的线路不准强行送电；电气设备的保护装置失灵后,不准送电；特殊情况下可以带电检修

31. 关于防过速装置的种类,下列表述正确的是（　　）。
    A. 机械式防过速装置：主要由测速发动机构成,提升容器到达井口时的速度超过 2 m/s 时,通过装置叉形体受力倾斜的作用,断开串联保护回路中的开关触点,使保险闸电磁线圈失电,立即动作保护
    B. 电磁式防过速装置：主要由测速发动机构成。利用测速发电机的电压与提升机转速成正比的关系,实施防止提升机过速保护工作
    C. 机械式防过速装置：主要由测速发动机构成。利用测速发电机的电压与提升机转速成正比的关系,实施防止提升机过速保护工作
    D. 电磁式防过速装置：提升容器到达井口时的速度超过 2 m/s 时,通过装置叉形体受力倾斜的作用,断开串联保护回路中的开关触点,使保险闸电磁线圈失电,立即动作保护

32. 下列保护装置中,保护作用正确的是（　　）。
    A. 闸间隙保护装置：制动闸瓦与闸轮或闸盘的间隙低于安全规定值时,自动报警和断电
    B. 松绳保护装置：提升钢丝绳出现松弛时,自动报警并迅速提升完成作业
    C. 满仓保护装置：箕斗提升井口煤仓空仓时,自动报警和断电
    D. 安全保护回路保护装置：安全接触器断电时,使换向器和线路接触器线圈电路断电,提升机自动停车；安全制动电磁线路断电,实施提升绞车断电停车

33. 关于提升钢丝绳事故的预防技术措施,下列表述错误的是（　　）。
    A. 加强提升钢丝绳的检查与维护,有专人每周负责检查一次
    B. 及时对提升钢丝绳除污、涂油
    C. 定期对提升钢丝绳性能检查实验,防止疲劳运行
    D. 严格控制提升负荷,防止钢丝绳过负荷运行

34. 关于矿井巷道运输特点,下列表述错误的是（　　）。
    A. 矿井运输受到空间限制
    B. 矿井运输设备流动性大

C. 运输设备运行速度慢

D. 矿井运输中货载变换环节多

35. 关于矿井平巷运输事故的预防措施，下列表述正确的是（　　）。

    A. 开车前必须发出开车信号

    B. 行车时必须在列车前端牵引行驶，严禁顶车行驶

    C. 机车运人时，列车行驶速度不得超过 5 m/s

    D. 机车在下坡道、弯道、交叉口、道岔、风门、两车相会处，以及交接班人多时，应减速行驶，并在 20 m 以外响铃示警

36. 关于斜巷运输事故的预防措施，下列表述正确的是（　　）。

    A. 把钩工必须按操作规程正确摘挂钩

    B. 运输前必须检查牵引车数和各车连接情况，牵引车数超过规定可以发开车信号

    C. 矿车之间、矿车和钢丝绳之间的连接，都不必使用不会自行脱落的连接装置

    D. 巷道倾角超过 20°应加装保险绳

37. 关于巷道带式输送机运输事故的预防措施，下列表述正确的是（　　）。

    A. 安装防跑偏和防撕裂保护装置

    B. 安装防滑保护装置，周期清除输送带滚筒上的水或调整输送带长度

    C. 带式输送机的机头传动部分、机尾滚筒、液力偶合器等处必要时要装设保护罩或保护栏杆

    D. 安装输送机的巷道，两侧要有足够的宽度，输送机距支柱或碹墙的距离不得小于 1 m，行人侧不得小于 0.8 m

38. 关于工作面刮板输送机运输事故的预防措施，下列表述错误的是（　　）。

    A. 电动机与减速器的液力偶合器、传动链条、链轮等运转部件应设保护罩或保护栏杆，机尾设护板

    B. 工作面刮板输送机沿线装设能发出停车或开车信号的装置，间距不得超过 20 m

    C. 机槽接口要平整，机头、机尾紧固装置要牢靠；无紧固装置要用顶柱撑牢

    D. 刮板输送机运长料和长工具时，必须采取安全措施

39. 提升运输的安全设施有着十分重要的作用。下列做法错误的是（　　）。

    A. 井口安全门。在使用罐笼提升的立井井口及各水平的井底车场靠近井筒处，必要时才会设置防止人员、矿车及其他物品坠落到井下的安全门。井口安全门必须和提升信号系统相闭锁

    B. 防过卷保护装置。立井提升时，当容器超过正常终端停止位置 0.5 m 时，该装置能使提升系统实现安全制动

    C. 满仓和松绳保护装置。立井或斜井箕斗提升时，当煤仓满或箕斗卡住造成松绳，该装置能自动发出警告信号并进行安全保护

    D. 斜井平台阻车器。在斜井上部的水平车场设置。目的是防止因推车工失误时，造成矿车自行下滑

40. 煤矿电力负荷分为一类负荷、二类负荷和三类负荷。下列负荷中属于二类负荷的是（　　）。

A. 主要通风机 B. 瓦斯泵
C. 压风机 D. 生产辅助设备

41. 依据《煤矿安全规程》的规定，下列关于井下各级配电电压和各种电气设备的额定电压等级的说法，正确的是（   ）。
    A. 煤电钻的供电额定电压为 220 V
    B. 远距离控制线路的额定电压不超过 36 V
    C. 低压不超过 1000 V
    D. 采掘工作面用电设备电压不得超过 3300 V

42. 某煤矿组织本矿安全部门进行了一次安全大检查，重点关注电气设备操作等违规行为，下列操作符合《煤矿安全规程》的是（   ）。
    A. 利用专用变压器同时向 5 个不同掘进工作面的局部通风机供电
    B. 通过开关将停电设备的电源断开
    C. 某条巷道风流中甲烷浓度为 0.6%，电工用验电笔检验无电后，进行了对地放电
    D. 每周对低压漏电保护进行 1 次跳闸试验

43. 某矿山井下发生一起设备停电事故，后经电钳工对该设备及线路进行检测，用摇表检测时发现某两点间的电阻为零。依据上述描述，可初步判定起到断电作用的保护装置属于（   ）。
    A. 漏电保护 B. 接地保护
    C. 过负荷保护 D. 短路保护

44. "鸡爪子""羊尾巴"、明接头和电缆破口均称为不合格接头，它是电气安全隐患点，与电气失爆同等对待。下列属于"鸡爪子"的是（   ）。
    A. 电缆的末端未接装防爆电气设备或防爆元件
    B. 电气设备与电缆有裸露的导体
    C. 电缆（包括通信、照明、信号、控制电缆）不采用接线盒的接头
    D. 橡套电缆的护套破损、露出芯线或露出屏蔽线网

45. 某井工矿采用滚筒驱动带式输送机进行运输，依据《煤矿安全规程》的规定，在安装带式输送机的过程中，错误的是（   ）。
    A. 行人跨越带式输送机处，安设了过桥
    B. 上运的带式输送机装设了防逆转装置和制动装置
    C. 装设了防打滑、跑偏、堆煤、撕裂等保护装置
    D. 在输送机机头和机尾及巷道中间段设置急停闭锁

46. 失爆是指电气设备失去了耐爆性和隔爆性。下列现象中，属于失爆现象的是（   ）。
    A. 密封圈内径与引出入电缆外径差小于 1 mm
    B. 1 个进线嘴使用了 3 个密封圈
    C. 隔爆面上无意造成油漆痕迹，当场擦掉
    D. 电缆护套伸入器壁的长度介于 5~15 mm

47. 提升运输管理是煤矿井下的一项重要工作，下列关于提升运输管理的说法，错误的是（   ）。

A. 2 辆机车或者 2 列列车在同一轨道同一方向行驶时，必须保持不少于100 m 的距离

B. 高瓦斯矿井均不得使用架线电机车运输

C. 蓄电池检修应当在车库内进行，测定电压时必须在揭开电池盖 10 min 后测试

D. 同向推车时，在轨道坡度小于或等于5‰时，车距不得小于10 m；坡度大于5‰时，车距不得小于30 m

48. 下列关于斜巷运输及绞车安装使用的说法，正确的是（ ）。

    A. 在变坡点下方略小于 1 列车长度的地点，设置能够防止未连挂的车辆继续往下跑车的挡车栏

    B. 所有导向轮生根顶锚、圆钢直径不得小于 16 mm，长度不得小于 200 mm

    C. 绞车缠绳严禁超量，滚筒余绳至少 2 圈

    D. 使用期限超过 3 个月的绞车，用混凝土基础固定

49. 【2021年真题】某煤矿利用井筒罐笼运送炸药和电雷管。根据《煤矿安全规程》，关于罐笼运送电雷管安全措施的说法，正确的是（ ）。

    A. 罐笼内放置装有电雷管的爆炸物品箱，不得超过 2 层

    B. 罐笼升降速度不得超过 2 m/s

    C. 罐笼内不得有任何人员

    D. 装有电雷管的车辆不得直接推入罐笼内运送

50. 【2021年真题】煤矿进行电气停送电时，应由持证电工操作。关于设备、设施停送电操作的说法，正确的是（ ）。

    A. 在设备线路上进行工作时，无须切断上一级开关电源

    B. 经批准，掘进工作面瓦斯闭锁可甩掉不用

    C. 高压停、送电的操作，应通过书面或其他联系方式进行申请

    D. 在降配电硐室检修设备时，应到地面配电所办理停送电手续

51. 【2021年真题】带式输送机是井工煤矿最常用的主运输设备，适用于水平巷道和倾斜巷道的煤炭运输。关于井下带式输送机使用管理的说法，错误的是（ ）。

    A. 固定带式输送机的转载点和机头应设置消防设施

    B. 巷道内安设带式输送机时，输送机与巷帮支护的距离不得小于 0.3 m

    C. 采用绞车拉紧的带式输送机运行时必须配备可靠的测力计

    D. 下运带式输送机电机在第二象限运行时，必须装设可靠的制动器

52. 【2020年真题】某煤矿回采工作面进行机电安装时，电工甲用导线将一台馈电开关的外壳与埋在地下的金属极进行连接。这种接线方式，属于供电保护的（ ）。

    A. 短路保护　　　　　　　　　　B. 漏电保护

    C. 过载保护　　　　　　　　　　D. 接地保护

53. 【2020年真题】某回采工作面运输巷内安装了一部刮板输送机，其机头与皮带输送机相搭接。关于刮板输送机安装与使用的说法，正确的是（ ）。

    A. 只需要在机尾人行道一侧 2 m 范围内安装一套信号装置

    B. 为便于观察和控制煤流，应当在机头前方 1.5 m 范围以外操作刮板输送机

    C. 刮板输送机与皮带机前后交错搭接距离不应小于 0.5 m

D. 刮板输送机运煤时出现异响,停机检修排除故障后可立即启动

54. 【2019年真题】掘进工甲在煤巷使用煤电钻打钻时,由于掘进工作面地质条件复杂,顶板岩块冒落造成煤电钻一根芯线导线裸露。关于该煤电钻漏电故障的说法,正确的是( )。

A. 煤电钻漏电是线路短路造成的

B. 煤电钻漏电是集中性漏电

C. 裸露的芯线简单包扎后,煤电钻可以继续使用

D. 煤电钻漏电是由于整个电缆对地绝缘水平下降造成

第九章 露天煤矿灾害防治技术

单项选择题（每题的备选项中，只有1个最符合题意）

1. 露天煤矿应当进行专门的边坡工程、地质勘探工程和（　　）分析评价。
   A. 稳定性　　　　　　　　　　B. 活动性
   C. 溶解性　　　　　　　　　　D. 固化性

2. 露天煤矿边坡的主要事故类型是滑坡事故，下列关于预防滑坡事故措施的说法中，错误的是（　　）。
   A. 在生产过程中采取从上而下的开采顺序，选用从下盘到上盘的采剥推进方向
   B. 确保台阶高度、坡面角、安全平台宽度和最终边坡角等参数符合设计要求
   C. 定期对边坡进行安全检查，对坡体位移等主要参数进行监测
   D. 采用合理的爆破技术，减少爆破作业对边坡稳定性的影响

3. 露天煤矿边坡滑坡是指边坡体在较大的范围内沿某一特定的剪切面滑动，从而引起滑坡灾害。合理的采矿方法是控制滑坡事故的主要控制措施之一。下列技术方法中，属于采矿方法控制滑坡事故的是（　　）。
   A. 采用从上到下的开采顺序，选用从上盘到下盘的采剥推进方向
   B. 采用打锚杆孔、混合料转运、拌料和上料、喷射混凝土等生产工序和设备
   C. 有变形和滑动迹象的矿山，必须设立专门观测点，定期观测记录变化情况，并采取长锚杆、锚索、抗滑桩等加固措施
   D. 露天煤矿边坡滑坡灾害采用位移监测和声发射技术等手段进行监测

4. 选择适当的开采技术是防治露天煤矿边坡事故的重要措施。在生产过程中必须采用（　　）的开采顺序。
   A. 从上到下　　　　　　　　　B. 从下到上
   C. 从下盘到上盘　　　　　　　D. 倒台阶

5. 在开采过程中，露天矿场被划分为若干具体有一定高度的水平分层或有某些倾斜的分层。这种分层被称为（　　）。
   A. 台阶　　　　　　　　　　　B. 采掘面
   C. 平盘　　　　　　　　　　　D. 坡面

6. 工作帮坡角是指工作帮坡面与（　　）的夹角，一般为8°~12°，最多不超过15°~18°，人工开采可适当大一些。
   A. 海平面　　　　　　　　　　B. 水平面
   C. 地平面　　　　　　　　　　D. 非平面

7. 露天开采与地下开采相比有许多优点，但不包括（　　）。

A. 资源回收率高 B. 劳动生产率高
C. 成本低 D. 需要引进大型设备，投资较大

8. 排土场事故类型主要有排土场滑坡和泥石流等。排土场形成滑坡和泥石流灾害主要取决于排土工艺、岩土物理力学性质、（ ）、地表水和地下水的影响等因素。
   A. 施工人员能力 B. 环境温度和湿度
   C. 水文地质的复杂程度 D. 基底承载能力

9. 排土场是露天矿山采矿排弃物集中排放的场所。堆积物基底不稳引起的滑坡占排土场滑坡总数的40%。造成沿基底接触面滑坡的原因是（ ）。
   A. 基底为软弱面，其力学性质低于排土场物料的力学性质
   B. 基底为坚硬面，其力学性质大于排土场物料的力学性质
   C. 排土场与基底接触面之间的坡度较大
   D. 基底坡度小于物料的内摩擦角

10. 爆破是露天煤矿开采的重要工艺环节，通过爆破作业，将整体矿岩进行破碎机松动，形成一定形状的爆堆，为后续采装作业提供工作条件。在爆破作业中爆破安全警戒距离应符合相关要求，以保障作业人员的安全，下列关于爆破安全警戒距离的说法，错误的是（ ）。
    A. 抛掷爆破：爆破区正向不得小于1000 m
    B. 深孔松动爆破：距爆破区边缘，软岩不得小于100 m，硬岩不得小于200 m
    C. 浅孔爆破：无充填预裂爆破，不得小于200 m
    D. 二次爆破：炮眼爆破不得小于200 m

11. 某露天矿山进行了实施浅孔爆破工作，孔深为4.0 m，无充填预裂爆破，为保障作业安全进行，矿山安排设置了专门的负责人、警戒人员、安全员和起爆人员。下列关于起爆作业过程中的说法，正确的是（ ）。
    A. 警戒人员在距离200 m处实施警戒工作
    B. 爆破区负责人发出第二次信号后，又向起爆人员发出起爆命令
    C. 挖掘机、钻孔机安置在距松动爆破区外端的35 m处
    D. 起爆后，爆破区负责人应首先进入爆区进行检查，无危险后起爆人员等再进入

12. 依据《煤矿安全规程》的规定，下列关于单斗挖掘机操作的说法，正确的是（ ）。
    A. 物料最大块度不得超过2.5 m³
    B. 应尽量高吊勺斗装车
    C. 列车驶入工作面100 m内，必须停止作业
    D. 可以用勺斗直接救援相关设备

13. 某露天矿山司机正在操作单斗挖掘机进行作业，下列操作作业中，正确的是（ ）。
    A. 正常操作过程中，将天轮与高压线的距离保持在0.8 m
    B. 在运转过程中进行注油作业
    C. 在挖掘过程中遇有坚硬岩石，进行强行挖掘
    D. 发现工作面有伞檐，可能砸坏挖掘机时，须立即停止工作

14. 某露天煤矿企业多次发生排土场事故，为保障作业安全，该矿于2021年1月15日组

织了一次安全检查。下列检查结果中，符合规定的是（　　）。
   A. 排土场工作线间断留有安全挡土墙
   B. 排土工作面向坡顶线方向保持了 3%～5% 的反坡
   C. 推土机严禁平行于坡顶线作业，装载机除外
   D. 车型小于 240 t 时，安全挡墙高度不得低于轮胎直径的 0.35 倍

15. 依据《煤矿安全规程》的规定，下列关于轮斗挖掘机操作的说法，正确的是（　　）。
   A. 特殊条件下，斗轮工作装置可带负荷启动
   B. 挖掘卡堵和损坏输送带的异物时应制定安全措施
   C. 采用轮斗挖掘机—带式输送机—排土机连续开采工艺系统时，紧急停机开关必须在可能发生重大设备事故或危及人身安全的紧急情况下方可使用
   D. 采用轮斗挖掘机—带式输送机—排土机连续开采工艺系统时，单机发生故障时，在保持运行状态下应立即进行故障处理

16. 露天煤矿采矿场边坡滑坡是指边坡岩体在较大的范围内沿某一特定的构造面滑落而引起的灾害。下列滑坡事故防治技术中，属于"合理确定边坡参数和开采技术"的方法是（　　）。
   A. 使用预应力锚杆（索）加固
   B. 减震爆破
   C. 采用位移监测和声发射技术等手段进行监测
   D. 在生产中采用从上到下的开采顺序，选用从上盘到下盘的采剥推进方向

17. 露天边坡的主要事故类型是滑坡事故，即露天边坡岩体在较大范围内沿某一特定的剪切面滑动的现象。下列不属于露天边坡滑坡事故发生原因的是（　　）。
   A. 露天边坡角设计偏小　　　　B. 边坡有大的结构弱面
   C. 地震等自然灾害的影响　　　D. 滥采乱挖等人为原因

18. 某露天矿山外排土场发生一起沿排土场与基底接触面的滑坡事故，但未造成人员伤亡，事后该矿对事故原因进行了分析，则导致该起事故可能的原因是（　　）。
   A. 基底的坡度小于排土场物料的内摩擦角
   B. 基底为软弱岩层且力学性质低于排土场物料的力学性质
   C. 基底坚硬且坡度较小，其力学性质高于排土场物料的力学性质
   D. 基底倾角较陡，排土场与基底接触面之间的抗剪强度小于物料本身的抗剪强度

19. 排土场形成滑坡和泥石流灾害的主要因素除了基底承载能力、岩土力学性质、地下水和地表水的影响外，还主要受到（　　）的影响。
   A. 排土场平台上复垦情况　　　B. 排土工艺
   C. 环境温度　　　　　　　　　D. 护坡挡墙的修筑

20. 排土场是指露天矿山采矿排弃物集中排放的场所，排土场事故类型主要有排土场滑坡和泥石流等。下列关于防治排土场滑坡和泥石流的主要技术措施，错误的是（　　）。
   A. 改进排土工艺，铁路运输时可增大移道步距以提高排土场的稳定性
   B. 对排土场上方山坡设截洪沟，将水截排至外围的低洼处
   C. 修筑护坡挡墙和泥石流消能设施

· 60 ·

D. 禁止在已施工结束的排土场平台和斜坡上进行植树和种草，防止植物根系破坏排土场结构

21. 【2021年真题】露天煤矿采用深孔松动爆破作业时，必须在松动爆破区外设置警戒范围，确保人员撤出警戒区，设备撤至安全区域。若挖掘机位于警戒范围内且不能撤离，挖掘机距松动爆破区外端的距离应不小于（　　）。
    A. 20 m　　　　B. 30 m　　　　C. 40 m　　　　D. 50 m

22. 【2021年真题】某煤矿在爆破作业过程中，因连线不良，发生了拒爆。班长要求爆破工及时处理。下列处理拒爆的做法中，正确的是（　　）。
    A. 缓慢从炮眼中取出起爆药卷
    B. 用压风吹拒爆炮眼
    C. 更换原起爆药卷中的电雷管
    D. 重新连线起爆

23. 【2019年真题】某露天煤矿实施硬岩深孔松动爆破作业，孔深8 m。爆破前，相关部门绘制出爆破警戒范围图，确定了爆破区负责人、起爆人员及警戒人员的职责，并实地标出警戒点的位置。关于爆破安全警戒的说法，正确的是(　　)。
    A. 爆破安全警戒范围应大于200 m
    B. 爆破警戒距离100 m的高压电缆应当拆除
    C. 爆破负责人发出第一次警戒哨信号时，应确认起爆人员
    D. 起爆后，确认无危险时，爆破区负责人和警戒人员进入爆破区检查爆破效果

24. 【2019年真题】某煤业集团露天矿因雨水下渗造成边坡不稳。下列不稳定边坡治理技术的做法中，正确的是(　　)。
    A. 边坡上部加重，加强抗滑力
    B. 疏干排水，维持岩体强度
    C. 设置警示标志，严禁人员靠近
    D. 边坡下部修筑防水阻隔墙

第十章 矿山救护

单项选择题（每题的备选项中，只有1个最符合题意）

1. 矿山救护队在侦察时，应判定（　　）、涌水通道、水量、水的流动线路、巷道及水泵设施受水淹程度、巷道冲坏和堵塞情况、有害气体浓度及巷道分布和通风情况等。
   A. 遇险人员位置
   B. 事故前人员分布
   C. 水源补给
   D. 地下矿山具有生存条件的地点

2. 任何人不得调动（　　）从事与紧急救援无关的工作。
   A. 应急物质　　　　　　　　　B. 矿山救护队
   C. 通信设备　　　　　　　　　D. 救灾器材

3. 矿山救护大队应当由不少于（　　）个中队组成；矿山救护中队应当由不少于（　　）个救护小队组成，每个救护小队应当由不少于（　　）人组成。
   A. 1、2、5　　　　　　　　　B. 2、3、9
   C. 3、5、8　　　　　　　　　D. 4、6、9

4. 为及时抢救某矿采煤工作面发生煤与瓦斯突出事故中的遇险人员，首先到达的矿山救护队一个小队进入救灾现场。该小队应该（　　）进入采煤工作面救人。
   A. 从进风侧　　　　　　　　　B. 从回风侧
   C. 同时从进风侧和回风侧　　　D. 从进风侧或回风侧

5. 地下矿山发生火灾时，有多种控制措施与救护方法。下列控制措施与救护方法中，不符合地下矿山火灾事故救护的基本技术原则的是（　　）。
   A. 控制烟雾蔓延，不危及井下人员的安全
   B. 防止火灾扩大，避免引起瓦斯和煤尘爆炸
   C. 停止全矿通风，避免火灾蔓延造成灾害
   D. 防止火风压引起风流逆转而造成危害

6. 矿井发生透水事故后，应判断被困井下人员的位置。当被困人员所在地点（　　）时，可采用打钻等方法供给新鲜空气、饮料及食物。
   A. 低于透水后水位　　　　　　B. 高于透水后水位
   C. 位于透水点上方　　　　　　D. 位于透水点下方

7. 矿山救护大队指挥员年龄不应超过（　　）岁，救护中队指挥员年龄不应超过（　　）岁，救护队员年龄不应超过（　　）岁，其中40岁以下队员应当保持2/3以上。
   A. 60、55、50　　　　　　　　B. 55、50、45

C. 50、45、40　　　　　　　　　　D. 60、50、40

8. 新招收的矿山救护队员，应当具有高中及以上文化程度，年龄在（　　）周岁以下，从事井下工作1年以上。
   A. 30　　　　　　　　　　　　　B. 35
   C. 40　　　　　　　　　　　　　D. 25

9. 瓦斯煤尘爆炸、煤与瓦斯突出、火灾、水灾、冒顶等事故是煤矿的主要灾害。下列关于主要灾害自救和互救注意事项的说法，正确的是（　　）。
   A. 发生透水事故应迅速潜水逃生
   B. 发生煤与瓦斯突出后，若有被水淹的危险时，运行的设备要停电
   C. 遇险人员如果距火源较近而且越过火源没有危险时，可迅速穿过火区撤到火源的进风侧
   D. 发生局部冒顶事故，如果遇险人员被大矸石压住，可用镐刨、锤砸等方法扒人或破岩

10. 煤矿发生重大灾害在实施抢险救援时，必须要分析判断通风系统破坏的程度。当风机房水柱计数值比正常通风时数值大，则判断灾区可能出现的情况是（　　）。
    A. 灾区内巷道冒顶，主要通风巷道被堵塞
    B. 风门被摧毁
    C. 回风井口防爆门（盖）被冲击波冲开
    D. 瓦斯爆炸后引起明火火灾，高温烟气在上行风流中产生火风压

11. 煤矿事故发生后，应急救援的及时响应关系着事故的后续发展，下列关于矿山救灾遵循的原则及侦察工作、行动准则的说法，正确的是（　　）。
    A. 矿山救护队在接到事故报告电话、值班人员发出警报后，必须在2 min内出动救援
    B. 矿山救护队的首要任务是抢救遇险人员和控制事发危险源
    C. 所有指战员进入前必须检查氧气呼吸器，氧气压力不得低于18 MPa，使用过程中氧气呼吸器的压力不得低于5 MPa
    D. 当遇有多名遇险人员待救时，矿山救护队应根据"先活后死、先轻后重、先易后难"的原则进行抢救

12. 自救即矿井发生意外灾变事故时，在灾区或受灾变影响区域的每个工作人员进行避灾和保护自己的方法。互救就是在有效地自救前提下妥善地救护他人。下列关于矿工自救与现场急救的说法，正确的是（　　）。
    A. 当灾区内一氧化碳浓度特别高时，应及时佩戴过滤式自救器
    B. 对脊柱损伤的伤员，不能用一人抬头、一人抱腿或人背的方法搬运
    C. 对二氧化硫和二氧化氮的中毒者应及时进行压胸或压背的人工呼吸
    D. 对受挤压的肢体，立即对其按摩、热敷或绑止血带

13. 某井工矿山发生一起煤（岩）与瓦斯突出事故，下列关于该矿井后续应急处置的做法，正确的是（　　）。
    A. 需要立即采取停风措施，并适时采取反风措施
    B. 允许回风井口45 m以外有火源，并设专人监视

C. 若有被水淹的危险时，应做到"送电的设备不停电，停电的设备不送电"
D. 切断灾区和受影响区的电源，必须在近距离处断电

14. 当煤矿发生大面积停电导致主要通风机停止运转时，下列应急处置措施中，正确的是（   ）。

    A. 立即停止工作，禁止切断有关电源
    B. 打开井口防爆门和有关风门，利用自然风压通风
    C. 局部通风机吸风口出现循环风，保持局部通风机运转并派人处理
    D. 当局部通风机附近 10 m 以内风流中瓦斯浓度为 0.8% 时，可直接开启局部通风机

15. 【2021 年真题】瓦斯与煤尘爆炸会产生强烈的爆炸冲击波和燃烧波，为避免或减小燃烧波的危害，井下矿工应积极采取措施进行自救。下列自救措施中，错误的是（   ）。

    A. 背对空气颤动的方向，俯卧倒地
    B. 闭住气暂停呼吸，用毛巾捂住口鼻
    C. 用衣物盖住身体
    D. 立即撤至回风巷道

16. 【2019 年真题】某煤矿主通风机因故障停止运转，备用风机无法启动，矿方迅速启动应急预案，及时采取了应急措施。下列应急措施中，错误的是(   )。

    A. 通知监测队通过手控措施切断各采掘工作面及回风系统中的所有动力电源
    B. 通知井下各采、掘工作面所有人员撤至主要进风大巷中
    C. 通知机电队、通风机司机保持风井的防爆盖关闭，防止自然风进入
    D. 保证风机房的通信畅通

第十一章 煤矿安全类案例

案 例 1

A省B煤矿属于个体私营企业，2014年8月开始筹建。2015年4月，一号井和二号井同时开工建设。2016年12月，该省煤炭工业局同意建设该煤矿。该矿未进行瓦斯等级鉴定，未安装瓦斯监测监控系统。

在煤矿生产过程中，因矿井通风系统不合理，通风设施不合格，矿井漏风严重，爆破后涌出的瓦斯和掘进作业点逸出的瓦斯致使瓦斯积聚，达到爆炸浓度界限；因煤电钻综合保护装置供电电缆绝缘损坏，造成芯线短路，产生火花，发生瓦斯爆炸事故，造成30人死亡、52人受伤，直接经济损失2360万元。

2016年1月到2017年10月期间，该煤矿原煤产量为39156.3 t，其中一号井产量为35675.3 t，煤矿定员550人。此次事故发生在该煤矿一号井。

根据以上场景，回答下列问题（1~2题为单选题，3~5题为多选题）：

1. 根据《生产安全事故报告和调查处理条例》，该起事故属于（　　）。
   A. 一般事故
   B. 较大事故
   C. 特别重大事故
   D. 重大事故
   E. 严重事故
2. 《生产安全事故报告和调查处理条例》中规定该起事故由（　　）组织事故调查组进行事故调查。
   A. 国务院
   B. 国家安全监管总局
   C. 国家煤矿安全监察局
   D. 国家能源局
   E. A省人民政府
3. 该起事故直接经济损失包括（　　）。
   A. 丧葬及抚恤费用
   B. 事故罚款和赔偿费用
   C. 停产、减产损失价值
   D. 抢救费
   E. 医疗费
4. 事故调查组成员应符合（　　）条件。
   A. 具有事故调查所需要的某一方面的专长
   B. 与所发生事故没有直接利害关系

C. 必须有相应的资质

D. 必须是事故调查方面的专家

E. 参加过事故调查工作

5. 在煤矿生产中，不同地点瓦斯浓度监测有着不同规定。下列关于瓦斯浓度监测规定的说法中，不正确的有（   ）。

A. 矿井总回风巷中甲烷浓度超过 1.0% 时，必须立即查明原因，进行处理

B. 采区回风巷中甲烷浓度超过 1.0% 时，必须停止工作，撤出人员，采取措施，进行处理

C. 采掘工作面回风巷风流中的二氧化碳浓度超过 1.0% 时，必须停止工作，撤出人员，采取措施，进行处理

D. 爆破地点附近 20 m 以内风流中的甲烷浓度达到 1.0% 时，严禁爆破

E. 采掘工作面及其他作业地点风流中的甲烷浓度达到 1.0% 时，必须停止用电钻打眼

案 例 2

2017 年 7 月，A 煤矿某掘进队负责施工北二采区东一段六层带式输送机上山。25 日零点班，工人进入工作面后，安全员张某首先用撬棍进行"敲帮问顶"，找净浮石确认无误后，开始加固耙斗机至工作面段的支护。在开始打眼前，班长李某及另一名工人又再次进行了"敲帮问顶"，也没发现异常情况。于是班长李某将工人分成两组用风钻进行打眼。他与陈某负责打右帮炮眼，李某操纵风钻，陈某在领钎打底眼时，工作面突然迎头掉下一块长 3.0 m、宽 2.5 m、厚 0.6 m 的大岩石，掉下后裂成三块，陈某躲闪不及，其中一块打在其头部位置，经抢救无效后死亡。

1. 事故原因

（1）虽然在接班前和打眼前进行了"敲帮问顶"，并且没有发现异常情况，但对施工 16° 上山有片帮伤人的可能性缺乏认识，尤其施工的是倾斜穿层巷道，围岩的节理、层理都比较发育，并伴有小的地质构造，岩体整体性差，且含水，在采取超前防范措施上不及时，不到位，存在漏洞。这是发生事故的主要原因。

（2）虽然进行了多次"敲帮问顶"，但由于工人技术素质低，经验不足，缺乏预见性，这是发生事故的直接原因。

（3）把钎位置距离岩帮较近，经验不足，防范心理差。

2. 防范措施

（1）认真落实顶板管理的各项规定，根据现场不同条件，制定有针对性的措施，做到超前防范。

（2）打眼过程中要有专人监护顶板，严禁空顶作业。

（3）进一步强化职工安全培训工作，提高安全防范能力。

根据以上场景，回答下列问题（1~2 题为单选题，3~5 题为多选题）：

1. 根据《生产安全事故报告和调查处理条例》，该起事故属于（   ）。

A. 一般事故

B. 较大事故

C. 特别重大事故

D. 重大事故

E. 严重事故

2. 事故发生后根据事故级别应上报至（　　）。

A. 国务院安监部门和有关部门

B. 省级安监部门和有关部门

C. 设区的市级安监部门和有关部门

D. 县级安监部门

E. 属地安监科

3. 事故上报内容包括（　　）。

A. 事故发生单位概况

B. 事故发生时间、地点以及事故现场情况，事故的简要经过

C. 事故已造成或可能造成的伤亡人数和初步估计的直接经济损失

D. 已采取的措施

E. 其他应上报情况

4. 按照顶板一次冒落的范围及造成伤亡的严重程度，可将顶板事故分为（　　）。

A. 小型冒顶

B. 中型冒顶

C. 大型冒顶

D. 区域冒顶

E. 局部冒顶

5. 除"敲帮问顶"外，冒顶事故的探测方法还包括（　　）。

A. 爆破法

B. 仪器探测法

C. 测压法

D. 木模探测法

E. 对流法

案　例　3

2015年1月24日11时25分，D煤矿七井发生一起特别重大瓦斯爆炸事故，死亡99人（其中女职工37人），受伤3人，事故直接经济损失450万元。

施工七井与六井相贯通的西主运输巷，属于技术改造工程，没有设计，D煤矿多种经营公司把此项工程仅作为一般掘进巷道对待。多种经营公司对该项工程没有引起重视，只是口头同意，没有制定贯通后相应的可靠的隔爆等安全设施。

1月24日早6时40分，七井井长刘某、六井井长李某分别召开七井、六井班前会。会议按照矿多种经营公司22日决定，对各井25日停产放假一事做出统一安排和部署，对所属各段队当班的工作做了安排布置。8时左右，七井87人，六井24人分别入井。

当天正值公司对各井进行月末验收,七井主任工程师黄某和七井各段段长与公司地测科主测王某等4名测工入井,对左三、右四、右二工程工作面进行检查验收。

七井于9时停电,七井左三工作面风电闭锁装置因故障于1月2日拆除,至24日仍未及时更换。井下停电停风,引起瓦斯积聚。停电后,工人仍在井下工作。11时25分,在左三工作面,爆破员正在进行爆破作业,其他人员处于躲炮位置。因爆破员违章使用煤电钻电源插销,明火爆破产生火花,引起瓦斯爆炸。

在99名遇难者中,七井遇难人员多为冲击伤,而六井遇难人员均为一氧化碳中毒,冲击伤不明显。

当天,七井主任工程师黄某和七井各段段长与公司地测科主测王某等4名测工对左三、右四、右二工程工作面地质变化和瓦斯量增加未予以重视,当时验收了左三、右四、右二工程,并于11时许升井。刚升井就听到井筒内传出一声轰响,爆炸发生了。

事故调查中发现,七井制定了工作面停风撤人和瓦斯排放制度,瓦斯巡视员对巡视路线、巡视点和检查时间、巡视记录不清;入井人员没有配备自救器;井下没有隔爆设施和洒水降尘系统;特种作业人员(瓦斯检查工、爆破工等)未按规定培训考核和持证上岗;对女职工入井问题,矿务局始终没有彻底解决。

根据以上场景,回答下列问题(1~2题为单选题,3~5题为多选题):

1. 根据《生产安全事故报告和调查处理条例》,该起事故属于( )。
   A. 一般事故
   B. 较大事故
   C. 特别重大事故
   D. 重大事故
   E. 严重事故

2. 下列损失不应计入直接经济损失的是( )。
   A. 丧葬及抚恤费用
   B. 现场抢救费用
   C. 事故罚款和赔偿费用
   D. 停产、减产损失价值
   E. 歇工工资

3. 瓦斯发生爆炸的条件包括( )。
   A. 瓦斯在空气中必须达到一定的浓度
   B. 高温热源
   C. 足够的氧气
   D. 空气中悬浮煤尘
   E. 惰性气体

4. 关于对特种作业人员的培训,下列说法正确的是( )。
   A. 特种作业操作证有效期为6年,在全国范围内有效
   B. 特种作业证每3年复审一次
   C. 安全培训时间不少于16个学时

D. 跨省、自治区、直辖市从业的特种作业人员，可以在户籍所在地或者从业所在地参加培训

E. 特种作业操作证申请复审或者延期复审前，特种作业人员应当参加必要的安全培训并考试合格

5. 事故调查组成员应符合（　　）。

A. 具有事故调查所需要的某一方面的专长

B. 与所发生事故没有直接利害关系

C. 必须有相应的资质

D. 必须是事故调查方面的专家

E. 参加过事故调查工作

案　例　4

A省某煤矿各种证照均在有效期内。2018年核定生产能力为 $80×10^4$ t/a。该矿为低瓦斯矿井，煤尘具有强爆炸性。2018年11月某日，该煤矿发生一起煤尘爆炸事故，造成143人死亡、70人受伤，直接经济损失5259万元。事故发生后，该煤矿针对可能发生的事故，编制了安全生产专项应急预案。

经调查，该起事故的直接原因如下：违规爆破处理主煤仓堵塞，导致煤仓给煤机垮落、煤仓内的煤炭突然倾出，带出大量煤尘并造成巷道内的积尘飞扬达到爆炸界限，爆破火焰引起煤尘爆炸。

根据以上场景，回答下列问题（1~2题为单选题，3~5题为多选题）：

1. 根据《生产安全事故报告和调查处理条例》，该起事故属于（　　）。

A. 一般事故

B. 较大事故

C. 特别重大事故

D. 重大事故

E. 严重事故

2. 事故发生后根据事故级别最终上报至（　　）。

A. 国务院安监部门和有关部门

B. 省级安监部门和有关部门

C. 设区的市级安监部门和有关部门

D. 县级安监部门

E. 属地安监科

3. 事故调查组成员应（　　）。

A. 具有事故调查所需要的某一方面的专长

B. 与所发生事故没有直接利害关系

C. 必须有相应的资质

D. 必须是事故调查方面的专家

E. 参加过事故调查工作

4. 事故调查"四不放过"原则包括（　　）。
   A. 事故原因没有查清楚不放过
   B. 事故责任者没有受到处理不放过
   C. 群众没有受到教育不放过
   D. 防范措施没有落实不放过
   E. 受害群众未得到赔偿不放过
5. 瓦斯发生爆炸的条件包括（　　）。
   A. 瓦斯在空气中必须达到一定的浓度
   B. 高温热源
   C. 足够的氧气
   D. 空气中悬浮煤尘
   E. 惰性气体

案 例 5

A省B市C县境内有一煤矿，该矿共有从业人员685人。2021年4月6日，该矿发生一起火灾事故。事故发生时，共有65人被困井下。该矿矿长赵某接到事故报告后，立即上报给当地煤矿监察部门，并展开抢险救援工作。经过各方救援，共有56人获救，但事故当天共有9人死亡，重伤18人。4月26日，又有10名重伤人员经抢救无效死亡。

据统计，该起事故共造成的经济损失：丧葬及抚恤费用为1300万元，医疗费用400万元，歇工工资140万元，固定资产损失价值2000万元，现场抢救费用500万元，事故罚款450万元，停产损失价值800万元。

政府成立了事故调查组，并依法对该事故进行了调查分析。事故调查组经调查，相关情况如下：该煤矿安全生产许可证的颁发日期为2016年1月8日，该矿矿长赵某任职日期为2017年3月6日，但赵某尚未取得相关部门颁发的考核合格证；该矿维修工在皮带运输斜巷中内违规进行电焊切割作业，该巷道的支护形式采用金属拱形支架并配木板加强支护，电焊作业中产生的高温金属残块及焊渣掉落引燃了附近的可燃物，由于现场缺少灭火器材，火情未得到有效控制，作业人员撤离后，最终引发井下火灾，并导致井下多人受困。矿总工程师根据矿长指示，率队下井救援，由原进风路线进入事故现场，结果由于风流发生逆转，导致救援人员全部死亡。

根据以上场景，回答下列问题（1~2题为单选题，3~5题为多选题）：
1. 依据《生产安全事故报告和调查处理条例》（国务院令第493号）的规定，该起事故的等级为（　　）。
   A. 一般事故
   B. 较大事故
   C. 重大事故
   D. 特别重大事故
   E. 特大事故

2. 依据《安全生产许可证条例》的规定，为取得安全生产许可证，下列关于该煤矿安全生产管理机构的设置和安全生产管理人员配备的说法中，正确的是（   ）。
   A. 该矿应当配备专职安全生产管理人员，可不设置安全生产管理机构
   B. 该矿应当配备专职和兼职安全生产管理人员，可不设置安全生产管理机构
   C. 该矿应当配备专职和兼职安全生产管理人员，并应委托中介机构提供安全生产管理、技术服务
   D. 该矿可不配备专职安全生产管理人员，但必须配备兼职安全生产管理人员
   E. 该矿应当设置安全生产管理机构，配备专职安全生产管理人员

3. 依据《煤矿安全规程》的规定，下列关于消防系统灭火的说法，正确的是（   ）。
   A. 带式输送机巷道中应当每隔100 m设置支管和阀门
   B. 井下消防管路系统应当敷设到采掘工作面
   C. 主要煤层大巷每隔400 m设置三通和阀门
   D. 倾斜巷道每隔100 m设置三通和阀门
   E. 采用可燃性支护材料的巷道内每50 m处设置三通和阀门

4. 依据《生产安全事故报告和调查处理条例》（国务院令第493号）的规定，该起事故的调查组应包括（   ）。
   A. A省人民政府
   B. B市人民政府
   C. 国家矿山安全监察局
   D. B市公安机关
   E. A省工会

5. 该矿长接到事故报告后，必须分析判断的内容及采取的应急处置措施中，正确的有（   ）。
   A. 高温烟气在皮带巷中是否产生火风压
   B. 保证主要通风机和空气压缩机正常运转
   C. 及时组织矿山救护队抢救井下贵重设备
   D. 立即组织有关人员下井维修巷道
   E. 撤出灾区和可能影响区的人员

案 例 6

A煤矿于1996年建井，2000年投产，核定生产能力$210×10^4$ t/a，现有职工2276人。地质构造简单，矿井水文地质类型中等，属煤与瓦斯突出矿井，煤层均有自燃倾向性，各煤层的煤尘均具有爆炸危险性。

2019年6月11日，该矿综掘一队在掘进期间发生一起皮带运输事故。事故经过如下：事发前，皮带工王某负责看管一部皮带，在皮带机正常运行出煤过程中，通过监控显示，王某违规拿短柄铁锹钻入皮带头卸载臂下，用铁锹捅导料槽上的积煤，结果铁锹被卷入小托辊和底皮带之间，王某来不及反应一起被卷入小托辊与底皮带之间，皮带随即停止运

行。附近人员发现异常后，立即投入抢救，将皮带划开，将王某拖出。王某后经抢救无效死亡。

后经事故调查，事故点皮带单电机拖动的电滚筒皮带机，是固定皮带，其运行方向为上行，长度为42 m、宽度为1.2 m，皮带架子宽度为1.9 m，相关保护装置不齐全，如沿线未全部设置急停装置、堆煤保护及防撕裂装置等；皮带机头防护设施安装不齐全，缺少护栏；A矿对日常出现的事故隐患，未及时进行排查处理，同时对员工安全教育培训效果差。

为提升本矿的安全生产水平，该矿采取了一系列防范措施，积极投入安全费用，开展安全生产标准化工作，并委托中介机构对其进行安全评价，将存在的事故隐患进行了排查治理。

根据以上场景，回答下列问题（1~2题为单选题，3~5题为多选题）：

1. A矿下列支出费用中，不属于安全费用支出范围的是（　　）。
   A. 落实"两个四位一体"综合防突措施支出
   B. "一通三防"支出
   C. 标准化建设支出
   D. 改建项目安全评价费用支出
   E. 完善井下安全避险"六大系统"支出

2. 根据《企业安全生产标准化基本规范》（GB/T 33000），A矿在创建安全生产标准化时，属于"现场管理"要素的是（　　）。
   A. 安全风险管理
   B. 警示标志
   C. 重大危险源辨识与管理
   D. 隐患排查治理
   E. 应急处置

3. A矿按照《煤矿安全培训规定》制定了安全培训制度，并对员工进行了安全教育培训，在实施安全培训时，错误的是（　　）。
   A. 其他从业人员的初次安全培训时间为48学时，每年再培训为24学时
   B. 新上岗的井下人员安全培训合格后，A矿安排了有经验的工人师傅带领其实习满2个月后，进行了独立作业
   C. 煤矿其他从业人员应当具备初中及以上文化程度
   D. 离开特种作业岗位6个月以上，但特种作业操作证仍在有效期内的特种作业人员，需要重新从事原特种作业的，应当重新进行实际操作能力考试
   E. 煤矿井下作业人员调整工作岗位或者离开本岗位1年以上重新上岗前，对其进行相应的安全培训，经培训合格后，方可上岗作业

4. A矿应为井下作业人员提供的劳动防护用品包括（　　）。
   A. 安全帽
   B. 防砸鞋
   C. 过滤式自救器

D. 防尘口罩

E. 隔绝式自救器

5. 上行带式输送机应设置的安全保护装置应包括（　　）。

A. 跑偏保护装置

B. 转载喷雾

C. 纵向撕裂保护装置

D. 防逆转的保护装置

E. 防止超速的安全保护装置

案 例 7

2020年5月4日，某省煤业有限公司发生一起煤与瓦斯突出事故，事故造成8人死亡，直接经济损失1252.3万元。

5月4日，该矿掘进一队在一采区采用爆破方式进行掘进作业，结果在爆破过程中诱发了煤与瓦斯突出，突出的煤（岩）将在巷道中的7名作业人员掩埋，最终全部死亡。

由于未提前制定相关应急预案，矿长吴某接到事故报告后，直接下达了撤人命令，并组织有关技术人员进行全矿性反风，同时要求井下带班作业的通风区区长关某进入灾区查明情况，但其未向当地政府有关部门进行上报。接到命令后，关某立即佩戴自救器进入灾区，结果发生窒息性死亡。

后经调查，该矿矿长吴某未经有关部门的考核，也不具有煤矿专业安全知识，此外由于法律意识淡薄，也没有按照国家有关规定，投入安全生产费用，保障安全生产。且2017年该矿被鉴定为低瓦斯矿井，2019年又邀请某机构重新对本矿进行瓦斯鉴定工作，结果被鉴定为煤与瓦斯突出矿井，但矿长吴某及总工程师赵某为少投入资金，对鉴定结果进行了隐瞒，在未进行治理的情况下继续组织工人在相应区域进行采掘作业。

该矿于2020年1月在接受当地煤矿监察部门检查时，因存在重大事故隐患被责令停产整顿，但为了逃避监管，该矿一直在隐蔽从事采掘作业。

根据以上场景，回答下列问题（1~2题为单选题，3~5题为多选题）：

1. 依据《中华人民共和国刑法》规定，该起事故中该矿矿长隐瞒煤与瓦斯突出矿井的鉴定事实，组织工人进行施工并最终造成人员死亡的后果，其行为涉嫌的罪名是（　　）。

A. 重大劳动安全事故罪

B. 重大责任事故罪

C. 重大安全事故罪

D. 强令、组织他人违章冒险作业罪

E. 工程重大安全事故罪

2. 依据《国务院关于预防煤矿生产安全事故的特别规定》，该矿在停产整顿期间擅自进行采掘作业，应对其进行的处罚是（　　）。

A. 给予警告

B. 责令限期改正

C. 暂扣安全生产许可证
D. 予以关闭
E. 没收相关设备

3. 依据《企业安全生产费用提取和使用管理办法》（财企 2012）的规定，下列属于该矿安全费用投入范围的有（   ）。
   A. 通风设备采购
   B. 瓦斯防治支出
   C. 重大隐患治理费用
   D. 支护材料采购费用
   E. 井下人员定位系统支出

4. 矿长吴某接到事故报告后，采取的应急处置措施中，不当的是（   ）。
   A. 未及时向当地有关部门进行报告
   B. 进行了全矿性反风
   C. 立即下达撤人命令
   D. 未立即赶赴井下事故现场
   E. 违章指挥人员盲目施救

5. 依据《煤矿安全培训规定》，该矿矿长需要经过考核，其考试包括的内容有（   ）。
   A. 国家有关安全生产的法律、法规、规章及标准
   B. 职业健康基本知识
   C. 伤亡事故报告、统计的调查处理方法
   D. 重大危险源管理的规定
   E. 事故调查处理的有关规定

案 例 8

2020 年 9 月 28 日，某井工矿发生一起瓦斯事故，造成 7 人死亡、1 人受伤，直接经济损失 496 万元。该矿为高瓦斯矿井、国有重点煤矿，核定生产能力 $95×10^4$ t/a，矿井采用斜井开拓，单水平上下山开采，综采综掘，主采 A3、A4 煤层，且均为自燃煤层。事故前，矿井开采的+730 m 水平下山采区布置在 A3、A4 煤层中，A4 东翼回风下山东侧为 A4011 和 A4013 采空区；A3 煤层布置了 A3012 综采工作面和 A3011、A3013 运输巷综掘工作面。

为完成当年生产经营指标，集团公司向该矿下达年产量 $120×10^4$ t 的生产指标，为完成任务，该矿 2020 年有 6 个月均为超能力生产，单月原煤产量最高超过核定生产能力的 15%，且该矿未配备专职通风副总工程师和专职安全生产管理人员；生产技术科只有科长 1 人，仅配备了 6 名瓦检员、2 名调度员和 2 名监测监控工。

9 月 28 日早班，该矿安排 91 人入井作业，其中一组人员到采煤工作面从事采煤作业，工作至上午 10 时，瓦斯员发现该工作面上隅角瓦斯浓度为 2.3%，遂通知当班班长。该班组为达到当日生产任务，联合瓦斯员等采取用风筒布包裹瓦斯传感器的方式使监控数据不

上传。11 时 32 分，采煤机运行到工作面上口位置时遇到硬岩，但采煤机司机采取强行截割的方式进行开采，之后发生爆炸。附近人员察觉到事故发生后，立即向矿调度室进行了报告，调度员向矿长报告了事故并通知矿救护队出动，该矿矿长及时向当地煤矿监察部门进行了汇报。矿救护队下井参加救援，共搜寻到 7 名遇难人员。后经调查发现，该矿虽然建立了永久瓦斯抽采系统，但未按规定预抽煤层瓦斯，也未进行煤层瓦斯基础参数测定和涌出量测算。工作面瓦斯超限时，矿井以罚代管，不停产撤人，也没有分析原因或采取措施，且未对员工进行瓦斯方面的教育培训。

根据以上场景，回答下列问题（1~2 题为单选题，3~5 题为多选题）：

1. 依据《生产安全事故报告和调查处理条例》（国务院令第 493 号）的规定，该起事故应逐级上报至的部门级别是（　　）。

    A. 乡级

    B. 县级

    C. 设区的市级

    D. 省级

    E. 国务院

2. 依据《企业职工伤亡事故分类》（GB 6441）的规定，上述事故类型属于（　　）。

    A. 瓦斯超限

    B. 化学性爆炸

    C. 物理性爆炸

    D. 其他爆炸

    E. 瓦斯爆炸

3. 依据《生产安全事故报告和调查处理条例》（国务院令第 493 号）的规定，该矿矿长向当地安全相关部门进行报告的内容应包括（　　）。

    A. 事故单位发生概况

    B. 伤亡人数和初步估计的间接经济损失

    C. 事故发生的时间、地点

    D. 已经采取的措施

    E. 对相关责任人的处理措施

4. 该起事故发生的间接原因包括（　　）。

    A. 瓦斯超限，浓度处于爆炸极限范围内

    B. 未按照规定采取瓦斯抽采措施

    C. 未对出现的事故隐患采取处理措施

    D. 强行截割产生了火花

    E. 未经过安全教育培训

5. 依据《煤矿重大事故隐患判定标准》，该矿中存在的重大事故隐患有（　　）。

    A. 采煤机强行截割硬岩

    B. 该井工煤矿超能力组织生产

    C. 未按照规定抽采瓦斯

D. 瓦斯超限，人为包裹甲烷传感器使数据失效
E. 集团公司下达 120×10⁴ t 的生产指标

案 例 9

2020 年 9 月 28 日 22 时 48 分，某矿井下三采区回风大巷绞车硐室开口处发生一起顶板事故，造成 2 人死亡，直接经济损失 350.63 万元。该矿采用斜井开拓，分别为主斜井、副斜井、回风斜井。井下设计单水平（+1080 m）开采 8 号、9 号煤层，其中 8 号煤层已于 19 世纪采用房柱式采煤工艺采空，煤层厚度为 4.3 m，现开采平均厚度为 3.4 m 的 9 号煤层，其直接顶为灰黑色砂质泥岩，两层煤间距为 0.75 m。矿井采用中央分列抽出式通风，矿井通风系统合理可靠、风量充足，满足通风要求。

三采区回风大巷设计长度 745 m，截至事故发生前已施工 44 m。设计绞车硐室 7.6 m，尚未施工，且三采区回风大巷沿 9 号煤层留顶煤（厚 0.9 m）起底掘进。2020 年 9 月 16 日该矿制定了《3-1 号煤层交岔点及绞车硐室施工安全技术措施》，但未对掘进队进行贯彻培训。事故发生时，该矿正回撤第 7 架与第 8 架工字钢对棚间的 U 型钢棚腿。

15 时 30 分许，中班 7 人开始入井，其中两人支设第 7 架梯形棚木点柱时，由于该架梯形棚仅靠原有 U 型钢棚，U 型钢棚腿上端弯曲部分影响木点柱支设，需要先拆除该架 U 型钢棚腿。李某、卫某二人使用风镐凿 U 型钢棚腿周围底板后发现底板坚硬，作业困难，于是卫某取来手拉葫芦吊挂在抬棚梁上，回撤棚腿。卫某站在皮带过桥上拉动手拉葫芦，李某在下方，突然顶板垮落下来，被顶板垮下的背板、工字钢梁砸中后背，跪趴在地。准备启动设备的王某听到响声立即跑回，向巷道内大喊，无人应答，随即电话向矿调度室报告发生了冒顶事故。

矿长于 2020 年 9 月 28 日 22 时 52 分接到事故报告后，自行组织抢险救援直至 29 日上午 8 时未向上级有关部门汇报。9 月 29 日 11 时 30 分，当地煤矿安全监察分局接到群众举报：某矿 9 月 28 日发生顶板事故，有人员被困。后经问询，矿方承认：28 日 22 时 48 分，该矿发生一起顶板事故，5 人被困。

煤矿发生事故后，有 4 人躲避在掘进机附近等待救援，现场救援人员在事故范围内使用单体支柱等加强支护，同时用铁锹等工具小心排渣。政府相关部门组织矿山救护队实施救援，井下现场环境影响了救援进程：一是冒落区支护风险高，顶板异常破碎，敲击引起的震动极易造成周边碎石掉落；二是冒落区支护难度大，断面大且冒落区高达 7 m。经调整救援方案，采用小断面 U 型钢棚掩护推进的方式进行，U 型钢棚上部铺设 4 根工字钢梁作为前探支护，两帮及顶部挂圆木进行二次支护，后将 4 名被困人员救出。

10 月 2 日 15 时 45 分，救援人员发现最后 2 名遇难矿工，在矿山救护队指战员现场指挥下于 19 时 25 分将遇难矿工清理出冒落区。

根据以上场景，回答下列问题（1~2 题为单选题，3~5 题为多选题）：

1. 依据《生产安全事故报告和调查处理条例》（国务院令第 493 号）的规定，该矿矿长应于（   ）前向政府有关部门报告该起事故。
   A. 9 月 28 日 22 时 48 分
   B. 9 月 28 日 23 时 48 分

C. 9月28日22时52分

D. 9月28日23时52分

E. 9月29日8时

2. 依据《煤矿安全规程》的规定，在顶板救援过程中使用的应急通信装备、应急救援装备及物资等的储备应由（　　）审批。

　　A. 矿长

　　B. 安全副矿长

　　C. 总工程师

　　D. 生产副矿长

　　E. 经营副矿长

3. 发生顶板事故后，矿山救护队在营救被困人员的过程中，相关人员的做法中，正确的有（　　）。

　　A. 救护队指定专人检查甲烷浓度、观察顶板和周围支护情况

　　B. 被困人员采取敲击棚腿的方式发出求救信号

　　C. 加强冒顶区的通风

　　D. 采用镐刨等方式扒人以快速营救被埋压人员

　　E. 遇险人员被大块矸石压住，采用千斤顶等工具顶起岩石，救出人员

4. 造成该起事故发生的直接原因包括（　　）。

　　A. 制定的安全技术措施未对掘进队进行培训

　　B. 作业人员安全风险意识低、自保意识低

　　C. 9号煤层顶板破碎、不稳定

　　D. 现场组织管理混乱

　　E. 现场人员违章使用手拉葫芦挂在抬棚梁上拉移回撤原U型钢棚腿

5. 该矿从业人员区、队级安全培训的主要内容包括（　　）。

　　A. 工作环境及危险因素

　　B. 本单位安全生产规章制度和劳动纪律

　　C. 自救互救、急救方法、疏散和现场紧急情况的处理

　　D. 岗位安全操作规程

　　E. 预防事故和职业危害的措施及应注意的安全事项

案　例　10

　　某井工矿井开拓方式为斜井开拓，布置有主井、副井两条斜井，采用水平分层炮采放顶煤开采。煤层发火期3~6个月，为Ⅰ类容易自燃煤层；煤尘具有爆炸危险性。矿井采用以黄泥灌浆为主，注氮、煤层超前注水相配合的综合防灭火措施。矿井水文地质类型为简单，正常涌水量3 m³/h，最大涌水量10 m³/h。矿井通风方式为中央并列抽出式，主斜井进风，副斜井回风；矿井建有安全避险"六大系统"，并正常运行。

　　1392水平采煤工作面为第六水平分层，上部为1400采煤工作面，回采期间对采空区进行了灌浆防灭火，事故发生时已回采完毕，下部无采掘活动。矿井周边小窑距离工作面

远，且无其他水害。

2020年8月16日早班5时20分，该煤矿采煤二队队长张某组织召开了班前会。随后陆续入井，待分工结束后各人分头进行打眼、爆破开帮、挂网、清煤等工作。11时40分，第三段爆破开帮结束后，支架上方出现"轰轰"声响，第4号、5号支架间煤壁上方有掉落的大块煤矸，队长张某、副队长王某以及其他人员一起用木头配合单体液压支柱进行了加固，李某清理4号支架间浮煤。12时10分，工作面发出很大声响，副队长王某喊道"快跑"，第4号、5号支架顶梁下沉，支架前端煤壁处瞬间溃出大量泥浆，工作面作业人员沿两端迅速撤离至进风巷皮带机头处，队长清点了人员，发现李某没有出来，随即电话向调度室汇报了事故情况。此后，该工作面先后发生3次溃浆。

救援指挥部在打钻孔基本探明具备清淤条件后，救援人员从1392水平采煤工作面进风巷开始清淤，其余5个钻孔同时也在施工，最终发现李某，后经抢救无效死亡。

后经调查查明存在以下问题。矿井防治水制度执行不严格，包括矿井在灌浆区下部进行采掘前，未查明灌浆区内的浆水积存情况；向上部1400采空区采取灌浆及煤层顶部注水方式进行防灭火工作，未明确灌浆时间、进度、灌浆浓度和灌浆量，灌浆量及脱水量记录不实；未落实灌浆前疏水和灌浆后防止溃浆、透水措施。安全管理存在漏洞，包括顶板管理支护能力差；职工对工作危险性认识不清，未对工作面上部异常声响和工作面压力增大的风险引起重视，未学习相关措施；矿井从未开展过相关的应急演练；职工整体文化素质低，安全教育培训效果不佳。

根据以上场景，回答下列问题（1~2题为单选题，3~5题为多选题）：

1. 依据《煤矿安全规程》的规定，该矿在采用氮气防灭火时，其注入的氮气浓度不小于（　　）。
   A. 95%　　　　　　　　　　B. 97%
   C. 98%　　　　　　　　　　D. 99%
   E. 100%

2. 按照灌浆与回采在时间上的关系，该矿上述采取的灌浆防灭火的方法属于（　　）。
   A. 随采随灌
   B. 采前预灌
   C. 采后封闭灌浆
   D. 向采空区洒浆
   E. 钻孔注浆

3. 当1392采煤工作面在接近有积水的灌浆区时，下列所采取的措施中，正确的有（　　）。
   A. 警惕积水的威胁，注意工作面的变化
   B. 加强顶板支护，作业期间如发现透水征兆时提前探水
   C. 立即停止施工，确定探水线
   D. 实施超前探放水
   E. 采用边采边探的方式进行作业

· 78 ·

4. 该矿计划组织针对溃浆事故的应急演练，应急演练的基本流程中应包含的程序有（　　）。
   A. 计划　　　　　　　　　　B. 会签
   C. 准备　　　　　　　　　　D. 评估总结
   E. 持续改进
5. 为防止类似事故发生，该矿应采取的预防性措施包含（　　）。
   A. 采煤前查灌浆区内的浆水积存情况
   B. 禁止使用向煤层顶部注水的方式进行灭火
   C. 加强顶板支护能力
   D. 解聘初中以下的其他从业人员
   E. 采取超前探放水措施

案　例　11

某矿现有职工 220 人，设计生产能力为 $21×10^4$ t/a，矿井主采煤层为Ⅰ号煤层，煤层平均厚度 2.2 m，顶底板为砂岩或粉砂岩，比较完整；矿井历年鉴定为低瓦斯矿井；水文地质类型为复杂。

2020 年 9 月 9 日夜班，7130 进风巷掘进工作面发生一起透水事故。当天，该矿井下安排七采区两个作业地点施工，一个是 7123 工作面安装机械设备；另一个地点是 7130 进风巷进行掘进作业。事故发生时在该地点有 4 人作业。

凌晨 4 时 30 分，7130 进风巷开始爆破，班长袁某、工人梁某和蒙某进入巷道排查隐患、进行临时支护。其中袁某在工作面挡头附近，此时，袁某发现工作面挡头突然掉碴，喊道："危险，跑！"同时自己往下跑往+200 m 大巷。蒙某和梁某发现挡头矸石掉落较快，水流较大，不敢往下跑，双手攀着横梁观察挡头。几分钟后，蒙某发现挡头出水已经变小、稳定，且巷道底板边沿地势较高没有被水淹没，于是沿着巷道边帮往下走，并与其他几人会和，但未发现班长袁某。4 时 50 分，由梁某电话向地面调度汇报：7130 掘进作业点发生透水事故，班长袁某不知去向。

救援中，施救人员在 7130 进风巷与+200 m 大巷交叉口处矿车前的泥沙下找到袁某，经医生现场鉴定，袁某已经死亡。

后经调查，该巷道由倾角 35°的全岩巷道掘进 30 m 揭煤后，沿煤层掘进，布置在+200 m 大巷保安煤柱（即七采区回风巷煤柱）中的巷道长度为 223 m，属违法在+200 m 大巷保安煤柱中布置采面回收煤柱，且在作业规程中确定掘进前方有采空区，水患存疑，但未按照规定进行探放水，且实际工作中未打任何探水钻孔，最终导致事故的发生。现场作业人员没有掌握透水征兆和避灾方法。

根据以上场景，回答下列问题（1~2 题为单选题，3~5 题为多选题）：
1. 依据《煤矿防治水细则》的规定，当老空区位置不清楚时，探水钻孔成组布设，并在巷道前方的水平面和竖直面内呈扇形，钻孔终孔位置满足水平面间距不得大于（　　）。
   A. 2 m　　　　　　　　　　B. 3 m

C. 4 m
D. 5 m
E. 6 m

2. 依据《煤矿安全培训规定》，煤矿企业其他从业人员的初次安全培训时间不得少于（　　）学时。
   A. 20
   B. 16
   C. 48
   D. 72
   E. 96

3. 下列现象中，属于透水的征兆的是（　　）。
   A. 瓦斯增大或忽小忽大
   B. 滴水且滴水逐渐增大
   C. "挂红""挂汗"
   D. 深部岩石破裂声
   E. 空气变冷

4. 当工作面现场发生透水征兆时，正确的处置措施包括（　　）。
   A. 立即停止作业
   B. 在工作面现场安装钻机进行探水作业
   C. 撤出所有受水患威胁区域的人员
   D. 应避开压力水头和泄水方向
   E. 由工作面及时撤退到低水平处

5. 根据水文地质类型，（　　）类型的矿井需要设立专门防治水机构。
   A. 简单
   B. 一般
   C. 中等
   D. 复杂
   E. 极复杂

案 例 12

H煤矿为井工矿，核定设计生产能力为 $150×10^4$ t/a，共有员工1100人。该矿地质条件构造复杂，矿井内共有3层主采煤层，煤尘具有爆炸性，各煤层具有自燃倾向性，其中1号煤层具有煤与瓦斯突出危险。

H煤矿建立健全了安全生产责任制，设置了安全生产管理机构，并配备了安全生产管理人员60人，为加强安全生产管理工作，H煤矿鼓励安全生产管理人员考取注册安全工程师，并已有6名人员取得中级注册安全工程师证书并注册。H煤矿采用走向长壁综合机械化采煤法，并采用全部垮落法处理顶板。

2019年12月10日，该矿一采区2177采煤工作面在开采过程中遇到硬岩，采用打眼、爆破的方式进行破岩，但实际在操作过程中作业班组未按照要求进行洒水作业，且后经证实，其炮眼未用水泡泥、黄泥等封堵严实，在爆破后，现场班长未等待规定时间，即命令现场作业人员进入工作面进行作业，结果被炮烟熏倒。后经紧急救援，该起事故未导致人员死亡。

但该起事故未引起H煤矿领导层的重视，2020年1月10日，该采煤工作面在爆破过程中引发煤尘爆炸，造成9人死亡，20人受伤，直接经济损失2100万元。事后，该矿进行了全面的隐患排查治理，积极消除各类安全事故隐患，并委托相应的专业技术服务机构对本企业的安全生产状况进行了安全评价。

根据以上场景，回答下列问题（1~2题为单选题，3~5题为多选题）：

1. 依据《注册安全工程师分类管理办法》，该矿应配置的中级及以上注册安全工程师合理的数量为（   ）。
   A. 6名   B. 7名
   C. 8名   D. 9名
   E. 165名

2. H煤矿应每（   ）年委托具备相应规定资质条件的机构对本单位的安全生产状况进行安全评价。
   A. 1   B. 2
   C. 3   D. 5
   E. 6

3. 依据《企业安全生产标准化基本规范》（GB/T 33000）的规定，安全风险管控及隐患排查治理中的内容包括（   ）。
   A. 应急预案   B. 隐患排查治理
   C. 警示标志   D. 预测预警
   E. 作业安全

4. 下列损失中，属于直接经济损失的范畴的是（   ）。
   A. 医疗费用   B. 事故罚款
   C. 补充新员工的培训费用   D. 工作损失价值
   E. 补助及救济费用

5. 为防止煤尘爆炸事故的发生，该矿可采取的技术措施包括（   ）。
   A. 加强现场员工的安全教育培训
   B. 采取湿式凿岩
   C. 建立健全安全生产规章制度
   D. 采用水泡泥封堵炮眼
   E. 采取煤层注水

案 例 13
【2021年真题】

某煤矿地表平坦，平均海拔305 m，只有3号煤层一个可采煤层，煤层底板标高−220~−260 m，平均普氏系数f为1.6（简称$f=1.6$），平均开采厚度为4.5 m。工作面直接顶为泥岩或粉砂岩，平均厚度3.2 m，$f=2$；基本顶为中砂岩，平均厚度18.9 m，$f=5.5$；基本顶之上为平均厚度4 m的砂质页岩和泥岩互层，$f=2.5$；再上为平均厚度30 m的砂砾岩，$f=7$。直接底为平均厚度1.6 m的泥岩，其下为平均厚度9 m的细砂岩。

该矿目前正在开采21303工作面，工作面采长270 m。该工作面北部是21301采空区，南部是正在准备中的21305工作面，西侧为二采区，东侧为一采区的3条上山。采掘工作面位置关系见下图。21303工作面安装了微震监测系统、应力在线监测系统、支架压力在线监测系统和地音监测系统，采用钻屑法进行监测。因顶板有淋水，工作面两巷留设了0.3 m的底煤。

2019年7月5日，21303工作面开始回采，至8月16日工作面已经推进300 m，8月10—16日，微震监测能量时间频次从每天12次增加到46次，总能量增幅3倍以上，煤矿没有采取任何措施。8月17日夜班2时15分采煤机正在机头割煤，工作面突然出现连续煤炮，当班班长和安监员决定停止生产撤出人员，在人员撤离过程中，工作面突然发生巨大声响和震动，15名工人受到不同程度的冲击，其中1名工人在21303工作面运输巷转载机过桥处受伤，5根肋骨骨折。

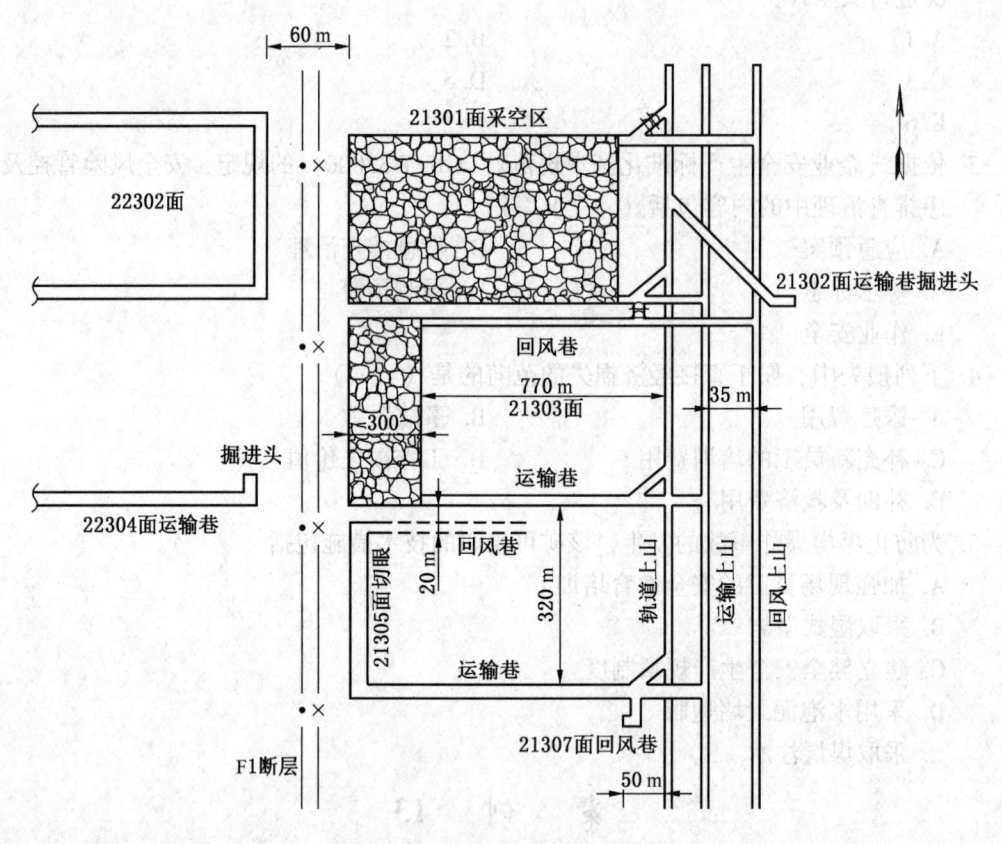

根据以上场景，回答下列问题（共10分，每题2分，1~2题为单选题，3~5题为多选题）：

1. 21303工作面开采过程中，下列监测数据中，可以用于冲击地压预测预报的是（　　）。

　　A. 每米钻孔排出的煤粉量

　　B. 监测到的一个地音信号强度

　　C. 工作面支架底板比压

D. 工作面支架初撑力

E. 工作面超前支护段两帮移近量

2. 为防止21303工作面再次发生类似事故,可采取的合理措施是( )。

A. 爆破松动两巷所留底煤,降低底煤的应力集中程度

B. 每隔20 m施工一个孔径为42 mm、长度为50 m与顶板平行的煤层钻孔

C. 对工作面推进方向的深部煤体进行水力割缝

D. 爆破处理采煤工作面两端头后方悬顶

E. 超前爆破处理煤层上方顶板中的中砂岩

3. 依据《防治煤矿冲击地压细则》,该煤矿8月16日可以回采或掘进的工作面有( )。

A. 22302回采工作面

B. 22304切眼掘进工作面

C. 21302运输巷掘进工作面

D. 21307回风巷掘进工作面

E. 从切眼施工的21305回风巷掘进工作面

4. 与本次事故发生有关的因素有( )。

A. 工作面顶板有厚度较大的坚硬岩层

B. 工作面底板为泥岩,影响支护效果

C. 煤层埋藏深,自重应力较大

D. 工作面两巷留设了底煤

E. 顶板有淋水且未处理

5. 针对21303工作面冲击地压风险,应采取的安全防护措施有( )。

A. 工作面人员穿防砸靴

B. 工作面人员穿防冲服

C. 工作面安装压风自救系统

D. 工作面安装正反向风门

E. 工作面前方50 m内巷道杂物清理干净

案 例 14
【2020年真题】

某煤矿核定生产能力为$150×10^4$ t/a,二采区布置有1201回采工作面、1202回风巷掘进工作面和1202运输巷掘进工作面。1202回风巷与1201回采工作面的运输巷(进风巷)相邻。由于1202回风巷掘进工作面难以构成独立的通风系统,该矿制定了相应的安全技术措施,其回风串联进入1201回采工作面的运输巷,并安设了串联通风甲烷传感器。

2015年6月5日14时05分,1202回风巷掘进工作面发生冲击地压事故,瓦斯大量涌出,巷道瞬时瓦斯浓度达到10%以上。此时,1201回采工作面运输巷乳化液泵站附近,电工甲正在带电检修照明信号综合保护装置。14时10分,高浓度瓦斯扩散到乳化液泵

站附近，遇照明信号综合保护装置维修过程中产生的电火花，引起瓦斯爆炸事故，造成9人死亡、9人重伤，其中1名重伤人员在送至医院后，于6月16日15时经抢救无效死亡。

经调查，负责冲击地压防治工作的防冲办，前期通过冲击地压监测数据分析，已于6月4日20时发出预警，要求采掘区队做好相关预防与处理工作，但采掘区队并没有采取相应的安全措施；瓦斯异常涌出后，甲烷传感器没有报警，该传感器已经45天未进行调校；电工甲未取得井下电钳工资格证书。

经统计，事故造成的经济损失：医疗费用330万元、抚恤费用1500万元、补助费用410万元、歇工工资80万元、事故罚款150万元、补充新职工培训费用90万元；井下设备损坏、巷道破坏等损失共计2700万元；停产损失11000万元。

根据以上场景，回答下列问题（1~2题为单选题，3~5题为多选题）：

1. 根据《煤矿安全规程》，关于串联通风甲烷传感器的设置位置和风流中甲烷最高允许浓度的要求，正确的是（　　）。
   A. 1202回风巷掘进工作面回风流巷道中，最高允许浓度0.8%
   B. 1202回风巷掘进工作面回风流巷道中，最高允许浓度0.5%
   C. 1202回风巷掘进工作面回风流巷道中，最高允许浓度0.3%
   D. 被串联通风的1201回采工作面进风巷，最高允许浓度0.8%
   E. 被串联通风的1201回采工作面进风巷，最高允许浓度0.5%

2. 根据《企业职工伤亡事故经济损失统计标准》（GB 6721），该事故统计出的间接经济损失是（　　）万元。
   A. 11170　　　　　　　　　B. 11090
   C. 11000　　　　　　　　　D. 2440
   E. 170

3. 造成1201进风巷瓦斯爆炸事故的直接原因有（　　）。
   A. 巷道发生冲击地压
   B. 瓦斯异常涌出，浓度达到爆炸界限
   C. 电工甲未取得井下电钳工资格证书
   D. 带电维修，产生电火花
   E. 甲烷传感器失效

4. 防治1202回风巷冲击地压灾害，可采取的技术措施有（　　）。
   A. 作业人员需穿戴防冲服
   B. 煤层注水
   C. 在顶板坚硬岩层中进行定向水力致裂
   D. 在煤体中施工钻孔进行瓦斯预抽
   E. 在煤岩体中进行爆破，转移支承压力峰值区

5. 该煤矿存在的下列情形，属于违规、违章的有（　　）。
   A. 电工甲未取得井下电钳工资格证书
   B. 1202回风巷掘进工作面与1201回采工作面之间串联通风

C. 甲烷传感器未按时调校
D. 预警后未采取防冲击地压措施
E. 带电检修照明信号综合保护装置

案 例 15
【2019年真题】

某高瓦斯矿井2017年产煤3.0 Mt。矿井开拓方式为立井多水平上下山开拓，通风方式为中央边界式。主采3号煤层，煤层厚度2.2~3.4 m，平均煤厚2.7 m，煤层倾角16°。矿井布置2个回采工作面，采用综合机械化开采，一次采全高、全部垮落法管理顶板；布置5个综掘工作面，巷道均为锚杆支护。

掘进一队负责施工35109工作面回风巷，根据《35109工作面回风巷综掘工作面作业规程》，巷道永久支护采用锚杆+金属网+钢筋托梁的支护形式，工作面循环进度为3 m，临时支护使用3根前探梁，长度不小于5 m，前探梁支护移出长度为2 m。支护时，将金属网、钢筋梁放置在前探梁上前移，每次移动1 m，人员站在临时支护下作业。

2017年3月5日16时30分，掘进一队中班12名作业人员到达35109回风巷掘进工作面作业。当班施工区域工作面顶板破碎，使用的前探梁长度为3 m。18时40分，当班人员完成3 m的进尺后开始支护工作，首先前移前探梁，中间一根移出的长度为0.8 m，另两根移出的长度为0.6 m，然后开始用锚杆钻机施工锚杆孔。19时50分，锚杆孔打好后，班长甲指挥支护工乙、锚杆工丙、瓦检工丁3人进入空顶区进行铺网工作，乙将金属网用手举起，其他两人用锚杆机将金属网顶向顶板，工作面顶板突然垮落，将乙、丙、丁3人埋压。事故发生后，甲立即向矿调度室汇报，并马上组织其他员工使用千斤顶、液压剪等工具进行施救，经过40 min的抢救，将3人扒出，发现乙、丙2人已死亡，丁受重伤。19时55分，矿调度室接到汇报后，立即电话通知矿相关领导，并安排医院救护车待命。20时40分，矿长向当地县级安全生产监督管理部门报告事故情况。21时30分，丁被送到医院抢救，15日20时05分，经抢救无效死亡。

根据以上场景，回答下列问题（1~2题为单选题，3~5题为多选题）：

1. 根据《煤矿安全规程》，此次冒顶事故中使用的千斤顶、液压剪等应急救援装备的储备，负责审批的人员是（　　）。
   A. 安全副矿长 B. 机电副矿长
   C. 矿长 D. 总工程师
   E. 掘进队长
2. 造成此次事故的间接原因是（　　）。
   A. 支护工乙进入空顶区违章作业
   B. 丙用锚杆机违章将网片顶向顶板
   C. 当班人员未落实有关规章制度
   D. 瓦检工丁违章操作锚杆机
   E. 顶板破碎
3. 根据《企业安全生产费用提取和使用管理办法》（财企〔2012〕16号），关于该矿当年提取安全费用的说法中，正确的有(　　)。
A. 安全费用提取标准依据原煤产量按月提取
B. 当年应提取安全费用9000万元
C. 安全费用提取标准以上年度矿井实际营业收入为计提依据
D. 安全费用提取采取超额累退标准，平均逐月提取
E. 当年应提取安全费用4500万元

4. 事故发生后，矿长报告的事故内容包括(　　)。
A. 煤矿的概况
B. 事故发生时间、地点、事故现场情况及事故的简要经过
C. 事故发生原因
D. 造成的伤亡人数、初步估计损失和采取的措施
E. 对班长甲的处理意见

5. 冒顶事故发生前后，掘进工作面存在的隐患有(　　)。
A. 前探梁伸出长度为0.6~0.8 m
B. 丙、丁用锚杆机顶网
C. 乙、丙、丁进入空顶区作业
D. 丁参与支护作业
E. 甲组织人员进行施救

案 例 16

A煤矿为井工煤矿，生产能力$120×10^4$ t/a，共有员工1200人。该矿地质构造复杂，矿井具有煤与瓦斯突出危险，煤尘有爆炸危险性，煤层有自然倾向性，自然发火期为4~6个月，矿正常涌水量为40 m^3/h。

A煤矿采用机械通风，主通风机为2台轴流对旋式风机；采用3级提升绞车串车提升，大巷采用矿用防爆型架线电机车牵引矿车运输；采用双回路供电，井下供电电压等级为60 V和127 V；采用综合机械化采煤法，垮落法管理顶板。

A煤矿证照齐全，建立了安全生产责任制等安全管理制度，设立了安全生产管理机构，安全生产管理人员50人，其中注册安全工程师5人。但该矿未按相关要求，将矿井作为煤与瓦斯突出矿井管理。A煤矿Ⅰ采区3102煤层掘进工作面采用风钻打眼、炸药爆破、矿车排矸方式掘进。

2017年9月5日2时10分，该掘进工作面发生了煤与瓦斯突出。由于进风系统和回风系统之间反向风门未正常开启，高浓度瓦斯快速逆向进入新鲜风流中。5 min后，临近的Ⅱ、Ⅲ采区瓦斯浓度相继超限报警，采区安全员迅速带领附近作业人员撤离。但直到22时45分，才向A煤矿调度室报告。煤矿值班调度员立即向值班领导报告，值班领导马上报告矿长，并安排通风科和安监科查明情况。22时55分，进入新鲜风流的高浓度瓦斯遇架线电机车产生的电火花发生爆炸，冲击波迅速传播至矿井其他区域，最终导致井下作业人员14人死亡、32人受伤。

根据以上场景，回答下列问题：

1. 根据《企业职工伤亡事故分类》(GB 6441)，列出Ⅰ采区3102煤层掘进工作面可能发生的事故类别。

2. 分析A煤矿安全生产管理中存在的主要问题。

3. 说明矿长接到事故报告后应采取的应急处置措施。

4. 简述A煤矿安全生产主体责任的内容。

5. 根据《注册安全工程师管理规定》，简述A煤矿注册安全工程师应参与的安全生产工作。

案　例　17

A矿业集团有限责任公司B煤矿各种证照均在有效期内，2018年核定生产能力为$70×10^4$ t/a。该矿为高瓦斯矿井，煤尘具有爆炸性。2018年9月20日，B煤矿发生一起煤尘爆炸事故，造成140人死亡、68人受伤，直接经济损失4578万元。事故发生后，B煤矿深感事故应急救援工作的重要性，于是，B煤矿针对可能发生的事故，编制了安全生产专项应急预案。

经调查，该起事故的直接原因是：违规爆破处理主煤仓堵塞，导致煤仓给煤机垮落、煤仓内的煤炭突然倾出，带出大量煤尘并造成巷道内的积尘飞扬达到爆炸界限，爆破火焰引起煤尘爆炸。

根据以上场景，回答下列问题：

1. 根据相关规定，请指出该事故最终应上报给哪个部门，并说明事故调查主体。

2. 请列出矿井煤尘爆炸事故产生的条件。

3. 为预防煤尘爆炸事故的发生，高瓦斯矿井应当每年测定和计算矿井、采区、工作面瓦斯和二氧化碳涌出量，其结果应向哪些机构上报？

4. 为防止爆炸事故的扩大，主要采用隔爆棚以隔绝煤尘爆炸的传播，隔爆棚分为主要隔爆棚和辅助隔爆棚。请分别说出这两类隔爆棚在巷道的布置地点。

案 例 18

某煤矿生产任务繁重，产量超过核定指标，构成掘进工作面通风系统的巷道尚未贯通。虽然矿井安装了瓦斯监控系统，但瓦斯传感器存在故障，信号传输不畅。

某月某日，228工作面发生了冲击地压，工人在未断电情况下检修照明信号综合保护装置时发生了瓦斯爆炸事故，造成2人死亡、22人受伤，直接经济损失1968.23万元。经调查，事故发生时找不到生产值班负责人，死亡和受伤人员未佩戴自救器和瓦斯检测仪，致使事故损失严重。

根据以上场景，回答下列问题：

1. 分析与本次事故有关的安全技术问题。

2. 分析与该事故有关的安全管理问题。

3. 为防止类似事故再次发生，该矿应采取哪些整改措施？

案 例 19

某日，某煤矿近百人分 4 个组下井作业：一个组到采煤工作面出煤，两个组掘进开切眼，另外一个组去采煤面回风巷回收铁棚子。8 时左右，回收组一行几人到达工作地点开始进行回收作业。完成回收任务往外走时，突然听到巨响。他们根据冲击波方向判断，应该是采煤工作面发生了瓦斯爆炸，立即报告调度室。调度室接到报告后立即启动应急预案，通知救护队、医院、矿领导及有关人员，组成抢险救灾领导小组，派救护队进入采煤工作面进行抢救。救护队连续工作 20 多个小时，先后发现 28 名遇难人员尸体。抢险救灾领导小组考虑救护队已非常疲劳，且遇难的 29 人中有 28 人已找到，因此决定次日上午让救护队员休息半天，下午再继续寻找另一名遇难者。次日中午 12 时，安排救护队到 413 工作面寻找另一名遇难者的同时，又安排 26 人到采煤工作面外采区进风巷清理维修，为寻找另一名遇难人员做准备。当救护队和维修作业人员还未到达作业地点时，灾区发生了第二次爆炸，走在前面的 21 人当场死亡，5 人受伤。

根据以上场景，回答下列问题：

1. 调查组应该由哪些部门组成？

2. 事故调查组成员应该符合哪些条件？具体到这起事故，主要聘请哪方面的专家进行技术鉴定？

3. 这起事故是由两次事故组成的，第一次是在生产作业时发生的事故，第二次是在抢险救灾过程中发生的事故，两次事故的性质不同。是否应该按两次事故进行调查和处理，主要教训是什么？

案 例 20

2018年9月6日夜班，B煤矿当班工人发现巷道局部有"挂汗"等透水现象，班长甲立即向调度室报告，但当班调度员乙接到报告后未采取任何处置措施，只是安装水泵进行排水，最终导致采煤工作面发生透水事故。事故当班井下共有90人，有69人安全升井，21人死亡。

1. 事故的直接原因

采煤工作面自开切眼向前推进35 m后，基本顶来压，顶板垮落，与上部采空区积水导通，涌入采煤工作面和相邻的两个掘进工作面。

2. 事故暴露出的主要问题

(1) 工作面有透水现象时，未及时分析和采取措施，急于组织生产，重生产、轻安全。

(2) 该矿探放水措施不落实，没有执行预测预报等基本原则的规定。

(3) 该矿缺少安全防范意识，安排人员在受水害威胁区域的下部区域作业，致使发生透水事故后，人员无法撤离。

(4) 该矿没有按照《国家煤矿安全监察局关于印发〈煤矿防治水细则〉的通知》（煤安监调查〔2018〕14号）的要求成立防治水机构、配备专业技术人员和开展水害预测预报工作。

根据以上场景，回答下列问题：

1. 煤矿防治水工作应坚持的基本原则包括哪些内容？

2. 除"挂汗"外，采掘工作面或者其他地点透水预兆还有哪些？

3. 煤矿采掘工作面遇到何种情况时必须进行探放水工作？

4. 根据《国家煤矿安全监察局关于印发〈煤矿防治水细则〉的通知》（煤安监调查〔2018〕14号），请阐述煤矿防治水"三专""两探"的内容。

案 例 21

D煤矿设计生产能力为$120×10^4$ t/a，1983年投产。主要可采煤层为10号煤层（平均厚度为2.3 m）、8号煤层（平均厚度为9.98 m）和7号煤层（厚度为1.5 m）。煤层间距分别为75 m和20 m，倾角为12°~40°；矿井瓦斯等级为高瓦斯矿井，矿井南翼8号煤层曾经发生过瓦斯动力现象；矿井地压大；煤尘有爆炸危险，爆炸指数在31.4%~50.81%之间；煤层具有自燃倾向性，发火期在3个月左右，为一级自然发火矿井。1986—1998年共发生过18次自然发火事故，不仅威胁矿井安全生产、危及职工人身安全，而且打乱了矿井的正常生产秩序。特别是1997年"2·10"事故，造成包括矿总工程师、安全矿长、通风区长等8人遇难，教训十分惨痛。为此，D煤矿痛定思痛，认真吸取教训，总结经验，强化安全管理，实现了近2年无自然发火事故。

D煤矿1986—1998年先后共发生18次自然发火，其中17次发生在8号煤层，发火规律明显，发火地点集中，在回采工作面收作线附近（7次，占发火总数的38.9%）和巷道施工或生产过程中漏顶及区段溜斜过煤段处（10次，占发火总数的55.6%）；每次发火的时间间隔越来越短，自1986年8月2日至1998年1月19日，共发生自然发火18次，平均每年发火1.5次，每次发火时间平均为231天，1992年2月10日和1992年2月12日，两次发火的间隔仅为2天。发火征兆较为明显，有一氧化碳，其浓度呈上升趋势，有煤油味，出现烟雾，有高温点及出现明火等。

根据以上场景，回答下列问题：

1. 简述煤自然发火的条件。

2. 简述影响煤自燃的因素。

3. 简述防治煤炭自燃的开采技术措施。

4. 简述火区封闭的原则。

5. 简述封闭区火灾熄灭的判别指标及火区启封条件。

案 例 22

2007年10月，A煤矿6号采区1113东巷发生煤与瓦斯突出事故，造成19人死亡、2人受伤，直接经济损失600.4万元。

矿井采用斜井开拓，混合式通风，矿井总风量为8890 m³/min，矿井负压为3100~3400 Pa。开采B4单一煤层，2006年矿井绝对瓦斯涌出量为68.02 m³/min，矿井相对瓦斯涌出量为29.64 m³/t，属于煤与瓦斯突出矿井，现开采水平为-600 m水平。矿井现有4个生产采区、3个回采工作面、5个煤巷掘进工作面、5个岩巷掘进工作面，其中事故所在的6号采区有1个综采工作面、2个煤巷掘进工作面、1个岩巷掘进工作面。矿井装备了KJ-101型安全监控系统和地面瓦斯抽放系统，每个采区装备移动抽放系统，矿井月抽放瓦斯纯量为110×10⁴ m³。

10月11日中班，1113东巷向西开始恢复进尺，至10月13日中班止，共进尺12.1 m。13日晚班，掘进二区1113东巷作业班组有14人上班。21时，进班会上布置进尺，至23时35分，综合队先后有7名作业人员进入1113东巷搬运钻机。矿调度室瓦斯监测显示，1113东巷迎头23时36分信号中断，23时37分，回风巷瓦斯均突然上升到10%，矿调度员立即通知机电三队调度员切断该区域的电源。23时43分，调度员接到汇报，该区域除风机以外所有电源被切断。23时50分，负责该当头的瓦斯员向矿调度室汇报，1113东巷风门打不开，好像被煤体堵住，迎头可能发生煤与瓦斯突出事故。风门内有掘进二区和综合队共计21名作业人员在作业。

矿领导接到事故报告后，立即启动应急救援预案，成立救灾总指挥部，由矿长任总指挥，生产副矿长任现场总指挥。救护队于10月14日凌晨1时41分赶到井下事故现场，按救灾指挥部的命令和行动计划对突出波及巷道进行全面侦察。2时51分，将3名遇险人员先后救出，其中1人已死亡，1人伤势较轻，1人伤势较重。整个抢险过程中共有4个小队 48 名救护队指战员参加抢险。截至 15 日 12 时 52 分，通过全力抢救，18 名遇难矿工遗体全部找到，并搬运出井，抢救工作结束。

根据以上场景，回答下列问题：

1. 煤与瓦斯突出预兆有哪些？

2. 简述煤矿主要负责人的安全生产职责。

3. 简述从业人员安全生产职责。

4. 简述预防煤与瓦斯突出措施。

案 例 23

D 煤矿采用井工开采方式，设计生产能力为 450×10^4 t/a，服务年限 35 年，基建施工年限 5 年，2009 年 1 月 1 日开始建设。该煤矿基建工程分别由两家施工企业承担，井下有 5 个基建工作面。矿井开采的煤层上部岩层中有 2 个含水层，开采煤层周边有采空区和废弃井巷，并已探明采空区充水。

2010 年 4 月 25 日 13 时，当班工人在井下第 3 基建工作面作业时，发现巷道局部有"冒汗"、渗水等透水现象，班长甲立即向调度室报告，但当班调度员乙接报后未采取任何处置措施。15 时 10 分，第 3 基建工作面发生重大透水事故。事发时，井下有作业人员 185 人，紧急升井 101 人。经 3 天奋力救援，59 人获救。事故导致 21 人死亡、4 人失踪。事故发生后，D 煤矿深感事故应急救援工作的重要性。D 煤矿针对可能发生的事数，编制了安全生产专项应急预案，内容包括：应急处置基本原则、应急组织机构及职责、预防与预警、应急处置应急物资与装备保障。应急组织机构和人员的联系方式、逃生路线、标识和图样以及相关文件附在预案之后。专项应急预案经企业内部评审后印发，并报当地人民政府备案。之后，D 煤矿组织开展了透水事故专项应急救援演练。

根据以上场景，回答下列问题：
1. 说明 D 煤矿安全生产专项应急预案应补充的内容。

2. 指出 D 煤矿专项应急预案管理中存在的问题。

3. 说明调度员乙在接到甲报告后应采取的应对措施。

4. 针对透水事故专项应急救援演练编制演练方案时应包括哪几个部分？

案 例 24

某日 8 时 40 分，新疆某煤矿井下发生较大火灾和瓦斯爆炸事故，造成 6 人死亡、8 人重伤，直接经济损失 1490 万元。该矿建设规模为 9×10^4 t/a，低瓦斯矿井，煤尘具有爆炸性，煤层自然发火倾向性鉴定结果为自燃煤层。

事故发生在 6 时多，井口信号工看见风井主要通风机抽出黑烟，就打电话报告了矿长，10 min 后矿长到达井口，查看情况后通知井下撤人。7 时，井下所有人员全部升井。7 时 30 分，为探明井下情况，矿长等 3 人入井查看。查明火区位置后，8 时整升井。

8 时 30 分，矿长带人入井灭火时发生爆炸，井下滞留 8 人未能升井。

事故调查后发现，煤矿安全管理决策层职责重叠，现场管理混乱。相关图纸不能反映井下实际情况，矿井没有绘制瓦斯巡回检查路线图，没有建立完善的防火墙管理档案。新入职的人员，未经入井培训，便直接下井作业。

根据以上场景，回答下列问题：
1. 简述造成此次事故的直接原因和间接原因。

2. 请拟定此类事故的防范措施。

3. 简述防火墙位置的选择原则。

4. 简述煤矿主要负责人的安全生产职责。

案 例 25

2005年12月7日15时14分，某煤矿发生一起特别重大瓦斯煤尘爆炸事故，造成108人死亡、29人受伤，直接经济损失4870.67万元。

事故发生后，井下未探查区域有害气体严重超标、有爆炸危险，在下落不明矿工无生还可能的特殊情况下，抢险救援指挥部决定暂时停止井下救援行动。2005年12月12日开始，实施了对矿井"注水淹没，消除火源，排出瓦斯，然后追排水，恢复系统，进行处理"的救援方案。由于调查组不能进行井下现场勘察，12月26日事故调查工作暂告一段落。2006年9月12日，遇难矿工遗体全部找到并升井，现场抢险救灾和巷道清理工作全部结束，具备了下井勘察条件。2006年9月15日，调查组再次进驻，开展事故调查工作。

该矿井的开拓方式为立井开拓，主井和副井井口标高均为+24.3 m，井底车场水平为−294 m。主井装备3 t箕斗用于提升煤炭。副井装备1 t矿车单层单车罐笼，用于提升矸石、物料及人员。事故发生前，井下主要有10个作业点。

矿井通风方式为中央并列式，通风方法为抽出式，使用局部通风机进行局部通风。矿井总进风量为1696 m³/min，总回风量为1750 m³/min。该矿甲烷含量为0.04~0.39 m³/t，二氧化碳相对涌出量为0.11~0.26 m³/t，原设计为低瓦斯矿井。可采煤层属高挥发分煤种，均有煤尘爆炸危险性，煤$_{11}$、煤$_{12-1}$、煤$_{12-2}$下3层煤易自燃，煤$_{9-2}$、煤$_{12-2}$上、煤$_{12}$下为不易自燃。矿井无冲击地压威胁。

该矿未建立综合防尘系统。各采掘工作面、转载点均未安装喷雾洒水装置，巷道未进行定期冲洗和清扫，井下未设置隔爆棚和风流净化设施，未开展煤层注水工作。该矿井装备了安全监控系统和瓦斯断电仪，但安装调试完后，瓦斯传感器、断电仪从未调校过。

根据以上场景，回答下列问题：

1. 简述造成此次事故的直接原因和间接原因。

2. 请列出矿井煤尘爆炸事故产生的条件。

3. 为预防煤尘爆炸事故的发生,高瓦斯矿井应当每年测定和计算矿井、采区、工作面瓦斯和二氧化碳涌出量,其结果应向哪些机构上报?

4. 请拟定此类事故的防范措施。

案 例 26

7月28日,某煤矿掘进队作业人员一部分在平巷掘进,一部分人在上风眼运料。由于绞车信号失灵尚未修好,工作面又急于施工,就用人喊话联系提料,但局部通风机距离绞车较近,噪声较大(局部通风机没安消声器),喊话听不清,便关闭局部通风机进行喊话联系运料。6时15分时,人员全部升井。二班工人8时30分到达工作面,发现局部通风机停风时,没人处理,当班副队长即派人修理打点信号,该名工人接到任务后,怕麻烦、图省事,在无风地点带电作业,产生火花,引起瓦斯爆炸,当场伤亡多人。

根据以上场景,回答下列问题:

1. 简述造成此次事故的原因。

2. 简述关于瓦斯排放管理的规定。

3. 瓦斯发生爆炸的条件有哪些?

4. 请拟定此类事故的防范措施。

案 例 27

某煤矿发生一起特大瓦斯爆炸事故,造成 14 人死亡。矿井通风方式为分区抽出式。该矿经瓦斯等级鉴定为低瓦斯矿井。事故地点位于水平某采区左翼已贯通等移交的准备采煤工作面。事故调查组认定这是一起特大瓦斯爆炸责任事故。事故直接原因是:两掘进工作面贯通后,回风上山通风设施不可靠,严重漏风,导致工作面处于微风状态,造成瓦斯积聚。作业人员违章使用发爆器打火引起瓦斯爆炸。

根据以上场景,回答下列问题:

1. 煤层瓦斯含量受哪些因素影响?

2. 简述矿井机械通风的要求。

3. 简述瓦斯发生爆炸的条件。

4. 根据事故原因,为该矿拟定事故整改和预防措施。

案 例 28

2004年4月30日,乌海市某煤矿发生一起特大透水事故,造成13人死亡、2人失踪,直接经济损失287.5万元。

该矿井田面积为0.144 km^2,煤种为肥焦煤,矿井主采煤层是16号煤层,可采储量为105.66×10^4 t,煤层均匀厚度为8 m,倾角为9°~11°。矿井最大涌水量为80 m^3/h,均匀涌水量为30 m^3/h。经2003年度瓦斯等级鉴定为低瓦斯矿井。煤的自然发火期为6~12个月。

该矿设计生产能力为3×10^4 t/a,矿井采用斜井开拓,井下采用非正规方式采煤,爆破落煤,人工和装载机装煤,机动三轮车运煤至地面。通风方式为抽出式,主要通风机采用BK54-4№9型11 kW轴流式风机,备用通风机为5.5 kW轴流式通风机,井下使用2台5.5 kW局部通风机为掘进工作面供风。矿井采用二级排水,总水仓使用2台22 kW的水泵向地面排水,事故发生前,矿井一昼夜排水量约2000 m^3。

该煤矿在2003年煤矿安全程度评价中,因不具备安全生产条件被评为D类煤矿后,有关部门给该矿下达了停产整顿指令。事故发生前,该矿未执行有关部分下达的停产指令,违法组织生产长达4个多月。

2004年4月30日早班,带班班长何某某带领31名工人(安全工1名,爆破工2名,三轮车司机16名,装车工12名)进井作业,分布在8个工作面出煤。约9时20分,爆破工刘某某、梁某某在西巷工作面爆破时,发生透水事故。在距透水点30 m处躲炮的三轮车司机黄某某和在四周工作面作业的工人,听到爆破声的同时发现有水涌进所在工作面,于是立即向地面逃生。17名矿工跑出地面,并向该矿负责人报告了事故。至此,井下其余15名矿工被困。

事故发生后,乌海市及时成立了事故抢险救灾指挥部,制定了具体抢险救灾方案,立即展开抢险工作。同时,指挥部根据事故现场的实际,成立了事故抢险救灾专家组,在专家组的指导下,不断调整救灾方案,经多方努力,至2004年6月8日,抢险工作进行了38天,找到了13名遇难矿工,其余2名遇难矿工下落不明。2004年6月8日上午,事故抢险指挥部组织有关部分职员再次下井对其余2名遇难矿工进行现场搜寻,但仍未找到。抢险指挥部研究决定,抢险工作可以结束,认定2名遇难矿工下落不明。已找到的13名遇难矿工和2名下落不明矿工的善后事宜均已妥善处理完毕。

根据以上场景,回答下列问题:
1. 简述该起事故发生的原因。

2. 事故的调查处理应当依照什么原则进行?

3. 局部透水征兆有哪些？

4. 简述探放水原则。

案 例 29

2016年10月8日，某省D煤矿发生一起井下火灾事故，导致12名被困人员全部遇难。经初步调查，煤矿起火原因主要是由于距主井井底起平点30 m处的压风机老化渗油，开关蹦火引起火灾，并引燃木支护，巷道垮塌，导致被困矿工窒息死亡。

根据以上场景，回答下列问题：

1. 请说出矿井火灾发生的三要素。

2. 除明火外，引起火灾的外部因素还有哪些？结合工作经验，请说出外因火灾多发生在哪些地点？

3. 封闭的火区具备哪些条件才准启封？

4. 采煤工作面发生火灾时，应做到哪些？

案 例 30

2015年4月21日，C煤矿发生一起特大瓦斯煤尘爆炸事故，死亡147人、重伤2人、轻伤4人，直接经济损失295万元。

C煤矿属地方国营企业。2015年4月21日8时井下停电，约14时30分送电。16时，共有138人相继入井。16时05分，203掘进工作面工人打眼试电钻产生火花引起瓦斯爆炸，冲击波扬起巷道积尘，引起了全矿井煤尘连续爆炸。爆炸导致井下多处巷道支架被推倒，顶板冒落，机电设备多数位移变形并遭到不同程度的破坏，井下通风设施（风门、风桥、密闭）全部被摧毁，冲击波摧毁平硐口和井口附近的三间房屋。爆炸造成当班井下138人及8时应下班未出井的5人和16时正准备入井的4人，共计147名矿工全部遇难，另有地面2人重伤，4人轻伤。

根据以上场景，回答下列问题：

1. 简述事故上报的内容。

2. 什么叫瓦斯的爆炸上限、下限和最强爆炸浓度？

3. 防止瓦斯爆炸的主要措施有哪些？

4. 为防止类似事故再次发生应采取哪些防范措施？

案 例 31

B煤矿为设计生产能力 $15×10^4$ t/a、证照齐全的井工矿井。其所采煤层自燃倾向性均为不易自燃，煤尘具有爆炸危险性，2019年该矿的瓦斯等级鉴定结论为低瓦斯矿井，水文地质类型划分为中等。B煤矿采用斜井开拓方式，布置有主斜井、副斜井和回风斜井3条井筒。该矿明确了安全生产管理机构和安全生产管理人员的职责，但限于条件，只设置了安全副矿长一职，安全生产管理人员暂由井下作业班长兼任；该矿同时设立了生产技术科、通防科、地测科等职能部门。

该矿采用锚杆支护的 2142 掘进工作面采用局部通风机进行通风，布置形式为压入式。2020 年 12 月 5 日，2142 掘进工作面在掘进到 350 m 处时，遇有硬岩，于是技术副队长决定采用打眼爆破的方式进行掘进。在爆破结束后，班长王某发现掘进工作面迎头出现一直径为 1 m 左右的孔洞，后经证实为地下采空区，王某随身携带的便携式瓦斯检测仪及迎头的瓦斯检测仪开始报警，显示浓度为 4.26%，王某为及时完成当班任务，遂将瓦斯检测仪关闭，并命令现场工人用风筒对准迎头悬挂的检测仪，后浓度逐渐显示为 0.8%。班长王某继续组织现场工人进行作业，支护完第一排锚杆后，继续进行打眼爆破作业，结果在第二次爆破后引发瓦斯爆炸，爆炸共造成 15 人死亡，30 人受伤，直接经济损失为 1500 万元。

根据以上场景，回答下列问题：

1. 请确定该起事故的事故等级，说明理由，并说明该起事故应由哪一级人民政府负责调查。

2. 依据《中华人民共和国安全生产法》的规定，请简述该矿安全副矿长的安全生产职责。

3. 请分析该起瓦斯爆炸事故发生的原因有哪些。

4. 为防止类似瓦斯爆炸事故的发生，该矿应采取的措施。

案 例 32

某井工煤矿设计生产能力为 $120×10^4$ t/a，职工人数为 1100 人，其通风方法为抽出式，通风方式为中央分列式。矿井相对瓦斯涌出量为 8.2 m³/t，矿井绝对瓦斯涌出量为 25 m³/

min，且经过检测鉴定，各个掘进工作面的绝对瓦斯涌出量均小于 3 m^3/min，各采煤工作面的绝对瓦斯涌出量均小于 5 m^3/min。

2020年1月25日该矿发生一起煤与瓦斯突出事故，该起事故是由2100石门掘进工作面揭露5号煤层时引发，突出的煤岩及瓦斯造成该班组7人死亡，附近10人受伤，直接经济损失达1235万元。该班组中的关某由于在上班途中，受到闯红灯的汽车撞击而受伤，未赶上当天的掘进作业，关某以此为由向该矿申请工伤，但矿方以其未上班为由予以拒绝。

该起事故发生后，该矿依照规定向有关部门进行了报告并积极采取措施予以整改，在相应的石门揭煤工作面中采取局部防突措施，取得了一系列效果，之后该矿技术人员向矿领导提出应当建立煤与瓦斯抽采系统的建议，以从根源上解决瓦斯问题。但矿方考虑到成本等问题后，未予以同意。之后，相关安全检查部门也加大了对该矿的检查力度，要求该矿严格执行《煤矿安全规程》及《防治煤与瓦斯突出细则》中的有关规定，严格落实"两个四位一体"综合防突措施，该矿按照相关规定进行了积极整改，此后该矿未再发生煤与瓦斯突出事故。

根据以上场景，回答下列问题：

1. 请判断关某受到的伤害是否为工伤，并说明认定为工伤的情形。

2. 请判定该矿井的瓦斯等级并说明判定依据。

3. 请简述在石门揭煤工作面可采取的局部防突措施。

4. 请判定该矿井是否应建立瓦斯抽采系统，并说明哪些矿井必须建立瓦斯抽采系统。

案例 33

J矿属于省属国有重点煤矿，属于煤与瓦斯突出矿井，核定生产能力为 $120×10^4$ t/a，矿井涌水量超过 600 m³/h。该矿共有职工 950 人，依照相关规定，J矿为全矿人员缴纳了工伤保险费用；该矿建有完善的安全生产责任体系，制定并实施了完备的安全生产规章制度和操作规程，设置了安全生产管理机构并配备了专职的安全生产管理人员，矿长及安全副矿长等经考核合格，特种作业人员经过考核合格，取得了特种作业操作资格证书。

J矿井田范围内有一条河流流过，当雨季时，河水会通过导水裂隙进入到采空区中形成积水。该矿有3层主采煤层，分别为1号、2号和3号煤层，其中1号煤层顶板上覆松散含水层，2号煤层顶板上覆裂隙含水层。该矿在开采3号煤层时，由于开采深度较大，还曾引发奥灰水透水事故，事故处置完后，J矿采取了一系列防治水措施，对奥灰水进行了治理。

2019年12月14日，J矿发生另外一起透水事故。当天，某掘进工作面在掘进过程中发现煤壁有"挂红""挂汗"等现象，现场工人向当班班长及带班领导进行了汇报，但基于以往经验，班长及带班领导认为其属于正常现象，未停止掘进作业，且该矿对探放水工作不重视，也没有实行先探后掘的规章制度。当施工完当班第二排锚杆支护后，掘进机在切割煤壁时，突然发生透水事故，大量积水涌入掘进空间，冲垮井巷及相关设备，并造成该班组人员6人死亡，15人受困，后经救援，15人得以脱险。

后经调查，该次透水是由于掘进工作面未严格执行探放水制度，掘透了3号煤层的采空区积水所致；且J煤矿对防治水工作不重视，未探明井田范围内老空区的分布，亦无相关区域掘进地质说明书、探放水设计等原始资料；J煤矿对隐患整改不彻底且安全培训走过场，应急处置能力不足。

根据以上场景，回答下列问题：

1. 请判断该矿在开采过程中，已知的矿井水害类型有哪些？

2. 依据《安全生产许可证条例》的规定，该矿为取得安全生产许可证已经具备的条件有哪些？

3. 请简述该矿安全副矿长安全培训的内容有哪些。

4. 简述该矿在以后探放老空水的过程中应落实好的具体措施。

案 例 34

D煤矿核定生产能力为180×10⁴ t/a，证照齐全。井田内未见断裂和岩浆活动迹象，地质构造属简单类。矿井采用斜、立井开拓，单水平上下山布置，采用走向长壁采煤方法、综合机械化放顶煤开采工艺，全部垮落法管理顶板。矿井为低瓦斯矿井，采用中央分列式通风；煤层自燃倾向性为Ⅰ类容易自燃煤层，煤尘具有爆炸性；矿井水文地质类型为复杂。

D矿井开采的4号煤层顶板充水水源根据其赋存特征可分为两大类，松散型孔隙含水层和裂隙含水层。该矿在2015年12月和2016年3月分别发生过1次小型采煤工作面透水事故，但是没有引起该矿矿长的重视。2020年5月24日，ZF202采煤工作面在开采推进过程中，发现8号支架前有淋水、20号支架顶部破碎的现象，现场班长和技术人员查看后，要求采煤机割煤时注意跟机拉架，防止架前漏顶漏矸，同时加强支架检修，加快工作面推进速度，尽快通过当前不利的开采条件。且当班安全员也未提出任何撤退的建议。3时左右，由于液压支架未及时进行支护，防护不当，7~9号支架架间淋水突然增大，水色发浑，清煤工人赵某立即报告给带班副队长关某，关某通过工作面声光信号装置发出撤退命令，但在撤离过程中，其听到巨大声响，并伴有强大的气流。

副队长关某撤退到安全地点后，向矿调度室进行了汇报，矿方启动了应急预案，并向政府有关部门进行了报告，最终该起事故造成11人死亡。事后调查发现，该采煤队制定的作业规程等管理规章制度不完善，未能明确相关作业情况。

根据以上场景，回答下列问题：

1. 根据《生产过程危险和有害因素分类与代码》（GB/T 13861），指出ZF202采煤工作面存在的危险和有害因素。

2. 请简述工作面冲积层水的突水预兆。

3. 请简述发生透水事故后，该煤矿应采取哪些应急处置措施。

4. 请简述该矿矿长安全培训的内容。

案 例 35

某煤矿 2020 年核定的生产能力为 $470×10^4$ t/a，按照规定设置了安全生产管理机构并配备了安全生产管理人员，矿井采用立井、水平集中运输大巷、集中上山、阶段石门开拓方式。采用走向长壁后退式全部垮落法，综合机械化回采工艺，公司现有员工 4506 人。

该矿水文地质条件类型为复杂，在主采煤层 7 号煤底板处分布有奥灰含水层，平均埋藏深度为 500~600 m，对该矿的开采影响很大，并且井田范围内分布有不同形态大小的岩溶陷落柱。1992 年该矿某采煤工作面因导通一陷落柱而引发透水事故，导致全矿井被淹。自事故发生后，该矿加强水文地质方面的工作，配备了专业的防治水技术人员和专门的探放水作业队伍，并且上述人员由矿安全检查部门代为管理。2020 年该矿已开采最后一个水平，为提高煤炭产量，矿长召集总工及其他技术人员探讨开采留设的防隔水煤柱，虽有技术人员提出开采隔水煤柱会导致底板突水可能，但最终还是一致同意进行开采。

2020 年 12 月在隔水煤柱中布置开采的采煤工作面底板发生破裂，最终引发突水事故，事故共导致 5 人死亡，直接经济损失达 652 万元。事故发生前，该采煤工作面已明显出现突水征兆，但是矿方没有采取撤人的措施，导致事故损失加大。事故发生后，由于矿方没有制定完善的应急预案，也没有组织过有针对性的应急演练，救援工作陷入混乱状态，在政府有关部门的介入后，积极进行抢救，将事故损失降到了最低。

根据以上场景，回答下列问题：

1. 请列出该矿存在的重大事故隐患，并指出重大事故隐患报告的内容。

2. 请简述工作面底板灰岩含水层的突水预兆。

3. 请简述该矿制定的综合预案包含的内容并指出应急保障中应包含的内容。

4. 请列举底板灰岩水的防治方法。

案 例 36

F煤矿2020年核定生产能力为$120×10^4$ t/a，矿井采用斜井—立井综合开拓，-650 m为现生产水平，矿井通风方式为两翼对角式。矿井为煤与瓦斯突出矿井，开采煤层为4号煤层，平均厚度为2.2 m，煤层倾角为8°~15°，煤层自燃倾向性为容易自燃，煤尘具有爆炸性。

该矿布置在4号煤层的掘进工作面为进风巷，该工作面直接顶为深灰色薄层状、具有明显水平层理的碳质细砂岩（3~5 m），基本顶为深灰色薄层状细砂岩与粉砂岩互层（6.2~10 m），且该区域断层、褶曲构造分布广泛。巷道设计沿顶板掘进，设计长度为600 m，采用25 U型金属拱形架棚配合木板进行支护，断面积为10.4 m^2，采用综掘机进行掘进作业，当遇有硬岩时，采用打眼爆破的方式进行作业。

2020年6月13日，进风巷掘进工作面遇到硬岩，其掘进方式变为炮掘，为提高循环进尺，在打眼装药过程中，早班班长张某与装药工共同决定加大装药量。在完成第一次爆破后，张某未等待规定时间即安排工人进入掘进工作面继续进行支护工作，其间部分员工感到呼吸不适，同时发现部分支架有倾倒情形，且未支护范围超过了作业规程中规定的控顶距。为提高施工速度，班组人员在架设支护时，未按照规定使用临时支护进行空顶作业，当班安全员虽然发现该违章行为，但是未予以制止，结果在架设棚腿的过程中，顶板存在的危矸发生冒落将作业人员砸伤。事后调查发现，该班组作业人员日常安全教育培训工作未落实到位，且安全管理人员安全意识淡薄。

根据以上场景，回答下列问题：

1. 依据《企业职工伤亡事故分类》（GB 6441），辨识掘进工作面掘进过程中存在的危险和有害因素。

2. 请简述上述顶板事故发生的原因。

3. 请简述矿山顶板事故抢救中的一般原则。

4. 当该掘进工作面遇到地质破坏带时，应采取哪些技术措施？

案 例 37

H煤矿设计生产能力 $180×10^4$ t/a，属于高瓦斯矿井，所开采的煤层为冲击地压煤层，其证照齐全，设置了安全生产管理机构并配备了专职安全生产管理人员。2020年2月12日6时30分，该矿一掘进工作面发生冲击地压，造成变电所附近的馈电开关损坏。负责维修的工人在未断电情况下，对开关进行了检修。7时35分，井下发生了瓦斯爆炸事故，共造成8人死亡、2人受伤，直接经济损失900余万元。

当地成立了事故调查组，经调查发现，该起瓦斯爆炸事故是由于冲击地压造成瓦斯大量涌出，使开关现场的瓦斯浓度达到爆炸界限，检修过程中产生的火花引起瓦斯爆炸。在事故调查过程中还发现，2019年1—10月，该矿煤炭总产量已达到 $211×10^4$ t，为超设计能力生产。该矿未开展冲击地压监测，也未建立瓦斯抽采系统，违规组织生产。虽然该矿安装了安全监控系统，但工作面瓦斯传感器出现故障，导致信号传输中断，又未及时安排人员进行维修，导致在发生冲击地压、出现瓦斯超限情况下，安全监控系统未能报警。

事故当天没有矿领导下井带班，且检修现场无瓦检员和安全员，事故发生时找不到生产值班负责人。8名死亡人员和2名受伤人员均未佩戴自救器和瓦斯检测仪。事故当班下井人员未经过安全培训，也未参加过相关事故应急预案的演练。事故发生后，为加强安全生产工作，H煤矿委托某中介机构对本单位进行了安全评价，对发现的事故隐患进行了积极整改。

根据以上场景，回答下列问题：

1. 请简述安全评价的程序。

2. 请说明H煤矿可采取的局部防冲措施。

3. 当发生瓦斯爆炸后，H 煤矿应当采取哪些应急处置措施？

4. 为防止类似事故再次发生，H 煤矿应当采取哪些防范性措施？

案 例 38

B 煤矿为一井工矿井，核定生产能力为 $420×10^4$ t/a，矿井采用立井多水平开拓方式，两翼对角式通风。B 煤矿为高瓦斯矿井，水文地质类型为复杂型。该矿井依法取得了各种证照，矿级领导均参加了安全资格培训，取得了安全生产知识和管理能力考核合格证，矿井设有安全管理部和专职分管安全工作副经理，安全机构、专职安全管理人员配备齐全。

2019 年 8 月 2 日 12 时 24 分，风井煤柱区 F5010 联络巷，发生一起冲击地压事故，共造成 7 人死亡、5 人受伤，直接经济损失为 614.024 万元。

后经调查，事故区域具有发生冲击地压的地质条件，5 号煤层及其顶板具有弱冲击倾向性。事故区域开采深度近 800 m，地质构造复杂，构造应力高，事故地点地处"半岛"形煤柱区，应力高度集中；且该地区受到回采工作面走向和倾向支撑压力叠加影响。在联络巷进行掘进作业时，对该地区形成扰动影响，最终引发冲击地压事故。

B 煤矿 2019 年升级为冲击地压矿井后，未及时实施区域防冲措施和局部防冲措施，也未开展冲击危险性评价；同时多数员工事后对冲击地压概念及防范措施不清楚，安全生产管理人员也未对防治措施的施行进行监督检查。煤矿安全监管监察部门要求该矿立即停产整顿，在未消除事故风险前不得从事生产活动，该矿按照规定进行了积极整改。

根据以上场景，回答下列问题：

1. 请确定该起事故的等级，并说明该起事故应逐级上报至哪一级政府安全部门。

2. 请分析该煤矿发生冲击地压的具体原因。

3. 请简述冲击地压的防范性措施。

4. 请简述间接经济损失的统计范围。

案 例 39

E 矿为国有重点煤矿，属于井工矿，核定生产能力 $330×10^4$ t/a。E 煤矿主采 3 煤层，煤尘具有爆炸性。矿井采用斜井开拓方式，共有主斜井、副斜井、风井 3 个井口。

矿井地面建有生活水池，容量 200 m³，井下防尘、供水施救系统与消防共用一趟管，供水主管为 ϕ89 mm×5 mm 无缝钢管，各采掘工作面迎头安装了供水软管，煤仓（溜煤眼）放煤口安装了喷雾洒水装置。但在后期发现，各供水、喷雾洒水并未得到很好的应用。东西两翼、煤巷和半煤巷掘进工作面等地点均设有隔爆水棚。

2020 年 8 月 20 日，该矿综放工作面采煤机截割过程中，滚筒截齿与中间巷（工作面内与运输巷、回风巷平行的煤巷）金属支护材料机械摩擦产生火花，且采煤机的内外喷雾处于故障状态未打开，使得滚筒处煤尘浓度大，最终引发了煤尘爆炸。

后经事故调查，该矿没有按照作业规程和补充措施的规定拆除巷道锚索和钢带，采煤机过中间巷时，锚索和钢带缠绕滚筒，摩擦产生火花。该矿防尘管理不到位，未严格按设计进行煤层注水，未对中间巷沉积煤尘进行清扫、冲洗；推进回采过程中支架间喷雾、放顶煤喷雾使用不正常；采煤机内外喷雾产生故障。同时 E 矿对重大风险隐患管控治理不力，事故前该工作面在采煤过程中，采煤机滚筒曾多次因机械摩擦产生火花，但该矿未认真分析原因、未采取针对性的治理措施。

根据以上场景，回答下列问题：

1. 请分析该起事故发生的间接原因。

2. 请简述煤尘爆炸的条件。

3. 该矿应当采取哪些综合防尘措施？

4. 请简述直接经济损失统计的范围。

案 例 40

某煤矿核定生产能力 660×10⁴ t/a，2019 年度瓦斯等级鉴定结果为煤与瓦斯突出矿井，矿井测定绝对瓦斯涌出量为 182.28 m³/min，相对瓦斯涌出量为 63.56 m³/t，煤尘爆炸指数为 41.52%，具有爆炸性。矿井采用立井单水平开拓，现生产水平为-650 m 水平，有 3 个立井，通风方式为中央并列与对角混合式，通风方法为抽出式。

一采区采煤工作面回风巷设计净断面积 17.25 m²，采用锚杆+锚索+钢筋梯+金属网联合支护。2020 年 12 月 8 日，该掘进工作面在掘进时，产生大量大块硬矸石，掘进一队为及时处理上述大块岩石，队领导决定采用裸眼爆破的方式。结果在进行爆破时，爆破激起大量煤尘，爆破产生的高温引起煤尘爆炸，发生大型煤尘爆炸事故，造成该掘进工作面 8 人死亡。爆炸引起相邻巷道顶板产生冒落，7 人被困。后经救援，被困 7 人全部获救。

事故调查发现，现场经常出现违章指挥、违章作业，安全员熟视无睹。该矿多项措施未能落实到位，矿方虽然对掘进工作面爆破作业提出严格明确的要求，但现场作业人员未按规定执行，安全监督管理人员未能及时发现并制止；且掘进队中的安全教育培训流于形式，员工安全意识淡薄。该矿技术管理不到位，作业规程编制不严谨、不细致，贯彻亦流于形式，未深刻分析爆破等产生的风险。同时，该矿多次组织的安全生产检查和隐患排查也未能发现上述违章行为；且该矿只有兼职的安全生产管理人员。

根据以上场景，回答下列问题：

1. 请分析该起事故发生的间接原因。

2. 当发生大型煤尘爆炸后，附近矿工应如何展开自救和互救工作。

3. 请简述主要隔爆棚和辅助隔爆棚的设置位置。

4. 该矿应采取哪些技术措施防止煤尘爆炸事故的发生？

案 例 41

A 煤矿为一井工矿，共有职工 1060 人，该矿地质构造复杂，煤层自燃倾向性为容易自燃，自然发火期为 3~5 个月，矿井正常涌水量 42 m^3/h。

A 煤矿采用抽出式通风，主要通风机为 2 台轴流对旋式风机，大巷采用矿用防爆型架线电机车牵引矿车运输；采用综合机械化采煤法，垮落法管理顶板。

A 煤矿一采区 3177 采煤工作面回采率不高，在采空区内遗留了大量遗煤，在推进回采过程中，又因反复遇有大小断层，致使该采煤工作面的推进速度不断减慢，结果引发该工作面后方的采空区产生煤炭自燃。在自燃初期，工作面出现烟雾、煤油味等征兆，但是并没有引起现场安全管理人员的重视。采煤工作面采空区散发出的烟雾逐渐向采区其他区域进行扩散，扩大了事故影响范围。部分人员在安全员的带领下，沿避灾路线撤退到新鲜风流处。部分人员在撤退过程中，由于对周围环境不熟悉，并且没有参加过火灾事故的应急演练，结果被火灾产生的有毒有害气体熏倒。

经过救援，部分人员安全升井，但该起事故导致了 14 人死亡，25 人受重伤，直接经济损失 1542 万元。事后，A 煤矿认识到应急演练的重要性，积极组织各项事故的专项应急演练，提高了员工应对灾害事故的应急能力，同时，该矿采取了注氮、灌浆等防灭火技术措施，有效消除了火灾事故隐患。

根据以上场景，回答下列问题：

1. 请说明本次事故的等级，并且说明组成的事故调查组的组成成员。

2. 依据《煤矿重大事故隐患判定标准》，列举"自然发火严重，未采取有效措施"包含的情形。

3. 发生火灾事故后,相关人员应采取哪些自救措施?

4. 当发生火灾后,该矿可以采取的风流控制技术有哪些?

案 例 42

A 煤矿为一井工矿,设计生产能力为 $90×10^4$ t/a,该煤矿属于低瓦斯矿井,煤层自燃倾向性为自燃,煤尘具有爆炸危险性,水文地质条件为复杂。各巷道施工采用综合机械化掘进,遇有硬岩时采用打眼爆破的方式进行掘进。

2321 区段回风平巷掘进工作面位于二水平南三采区,深度为 642 m,设计长度为 1049 m,设计规格为 4.5 m×2.6 m,沿顶板掘进,顶板采用锚杆锚索配合金属网进行支护,锚杆规格为直径 20 mm、长度 2.0 m,锚索长度为 6.5 m。两帮采用塑编网进行配合支护。

2020 年 6 月 12 日 11 时,2321 掘进工作面已经掘进 581 m。由于煤层赋存深度增大,煤层瓦斯涌出量在掘进过程中逐渐增大,且 2321 掘进工作面顶板淋水较大。在掘进到 583 m 时,当班班长张某发现工作面瓦斯检测仪浓度逐渐上升,张某遂派组长刘某带领 1 人查看局部通风机通风情况,后刘某反馈风筒漏风严重,已经进行封堵处理。之后,瓦斯浓度逐步稳定,掘进到 585 m,瓦斯检测仪浓度继续上升至 1.2%,掘进工作面断电。张某命令现场作业人员立即撤出,撤退到进风流中,并报告矿调度室及掘进队值班室。A 煤矿于 17 时决定对 2321 掘进工作面采取排放瓦斯的措施。

事后,A 煤矿对该起瓦斯超限事故进行了调查,发现该掘进工作面的局部通风机风压不稳,缺少维护,且沿线风筒漏风较为严重,同时煤层瓦斯涌出量增大,造成掘进工作面所需风量不足。

根据以上场景,回答下列问题:

1. 根据《煤矿安全规程》,请简述巷道内排放瓦斯的规定。

2. 简述影响矿井瓦斯涌出量的主要因素。

3. 依据《煤矿安全规程》的规定，请简述对矿井主要通风机的要求。

4. 为防止此类瓦斯超限事故，A 矿应采取哪些预防性措施？

案 例 43

井工煤矿 A 现有职工 682 人，其采用平硐、斜井综合开拓，煤层的自燃倾向性为容易自燃，且煤尘具有爆炸性，矿井水文类型为中等。该矿日产煤量为 3000 t，总回风巷风量为 7000 m³/min，总回风巷风流中的瓦斯浓度为 0.7%。

A 煤矿一采煤工作面采用综合机械化采煤法，在生产过程中，于 2020 年 4 月 17 日上午发现上隅角瓦斯达到 2%，并且有继续上升的趋势，当班班长王某立即将相关情况报告给矿调度室及带班领导，但该煤矿未采取相关处置措施，也未下达撤人的指令。班长王某指派组长利用风帘稀释上隅角瓦斯，继续组织生产。当天下午，煤矿监察部门检查组来到该煤矿进行监察，测出该采煤工作面上隅角挡风帘瓦斯浓度高达 5%，检查组立即要求 A 煤矿断电，迅速撤出人员。事后，检查组还发现 A 煤矿瓦斯超限频繁断电，调度主任不作记录，也未作任何处理；在对该煤矿员工的问询中得知，大部分员工不清楚瓦斯的爆炸浓度极限，也不了解瓦斯的其他危害。煤监局依法暂扣该矿的安全生产许可证，并责令其停产整顿。

A 煤矿为彻底解决瓦斯问题，计划建立瓦斯抽放系统，并投入运转，并完善瓦斯电闭锁装置。针对安全生产管理人员及员工安全意识淡薄方面，A 煤矿组织对员工进行矿井灾害的教育培训，使其掌握各类灾害的特点及应急处置措施。

根据以上场景，回答下列问题：

1. 请计算该矿井的绝对瓦斯涌出量和相对瓦斯涌出量。

2. 请简述综采一队采煤机司机等人员的队级岗前安全培训的内容。

3. 针对采煤工作面上隅角瓦斯超限，该矿应采取哪些技术措施？

4. 简述瓦斯抽放主要设备设施。

案 例 44

E 煤矿为井工生产矿井，核定生产能力为 90×10^4 t/a，该矿采用斜井开拓，综合机械化采煤和掘进，主采 M29、M30 号煤层。矿井水文地质类型为中等，正常涌水量为 50 m^3/h，最大涌水量为 150 m^3/h；矿区内无含水层，主要充水为大气降雨通过地表裂隙充入井下。井田范围内有 7 处已关闭的小煤窑，且构造复杂，该矿未按要求重新探明井田范围内的采空区。

2019 年 6 月 3 日零点班，井下作业人员共 45 人。1301 回风巷综掘工作面（当遇有火成岩时，采用凿岩机打眼，乳化炸药进行爆破）共有 10 人作业，4 时 6 分，当 1301 回风巷掘进工作面综掘机截割至迎头左上帮时，突然发生透水，造成在迎头作业的 7 人被困。矿调度室接到井下报告后，立即向矿长汇报，并启动应急预案。矿长向当地监察部门进行了报告。后经救援，成功将 3 名被困矿工救出，另外 4 名矿工死亡，事故直接经济损失 465 万元。

事故发生后，当地人民政府成立了事故调查组。经调查，事故发生前，1301 回风巷迎头出现顶板破碎、淋水加大且"挂红"等现象，但现场作业人员在带班队长的指挥下继续作业，结果掘透小窑老空水。E 煤矿安全技术管理混乱，未查清老空区积水情况，也未按照规定留设防隔水煤柱；同时隐患排查制度形同虚设，弄虚作假；未设置安全生产管理机构，未起到保障安全的作用；掘进工作面现场信号缺失，配备的警铃不全；机电设备有多处漏电情况；安全生产投入不足。

根据以上场景，回答下列问题：

1. 依据《生产过程危险和有害因素分类与代码》（GB/T 13861）的规定，辨识该掘进工作面存在的危险和有害因素。

2. 请简述探放小窑老空区"三线"的含义。

3. 简述应当留设防隔水煤(岩)柱的情形。

4. 请简述成立的事故调查组应履行的职责。

案 例 45

某煤矿属于井工矿,设计生产能力为 $90×10^4$ t/a,属于煤与瓦斯突出矿井,煤层自燃倾向性为容易自燃,煤尘具有爆炸性,水文地质条件为中等。矿井采用立井开拓,走向长壁综合机械化采煤法,采用全部垮落法处理顶板。

该矿井供电系统类型为深井供电系统,下井电压为 6 kV,该矿综采工作面的常用动力电压为 1140 V,井下掘进工作面综掘机的动力用电电压为 660 V,照明及信号装置的用电电压为 127 V,远距离控制线路的额定电压为 36 V。

2020 年 3 月 9 日,该矿工人刘某在井下进行电气检修作业时,切断了上级电源,检查瓦斯时发现浓度为 1.2%,然后进行了验电、放电等工作。

2020 年 3 月 15 日,该矿安全检查部门组织了一次针对机电设备隐患排查行动。检查结果如下:①某开关设备的一个连接螺栓折断在螺孔中;②通孔螺栓外露范围为 3~5 mm;③两处馈电开关的螺孔与螺栓不匹配;④一密封圈与电缆护套之间用包扎物进行了包裹;⑤2 处密封圈刀削后,其锯齿差为 1.5~1.8 mm;⑥一线嘴的金属垫圈放在了挡板与密封圈之间;⑦一电气开关外壳严重变形长度为 65 mm,凹坑深度为 5.6 mm;⑧电缆有没采用接线盒的接头。

针对上述检查情况,该矿安全检查部门对数据进行了汇总,对发现的事故隐患逐一下达了整改通知单,强调要杜绝失爆现象的发生,并且整改措施要督促落实到位。

根据以上场景,回答下列问题:

1. 依据《煤矿安全规程》的规定,请判定案例背景中出现的电压等级。

2. 请简述电气设备操作时应遵循的规定。

3. 请识别工作场所内的失爆现象。

4. 为防止失爆现象的发生，该矿应采取哪些措施？

案 例 46

2020年6月10日，G煤矿1105运输巷综掘工作面发生一起煤与瓦斯突出事故，造成7人死亡，2人受重伤，直接经济损失1666万元。

G煤矿设计生产能力为60×10^4 t/a，矿井绝对瓦斯涌出量为8.77 m³/min，相对瓦斯涌出量为8.41 m³/t，地面建立了煤与瓦斯抽采系统。矿井采用立井开拓，中央边界式通风，采用综合机械化采煤法，全部垮落法管理顶板。该矿的煤尘有爆炸危险性，煤层自燃倾向性为自燃。采煤工作面采用全负压U型通风方式，掘进工作面采用局部通风机压入式通风。

事故发生后的勘察过程中发现，1105运输巷掘进工作面通过S3向斜轴部后进入S3向斜北翼，逐步向前方50 m左右的小型背斜构造延伸，受地质原生沉积环境影响，该部分区域地质构造应力集中，煤层产状及厚度变化大，煤层厚度由最小0.6 m增加到6.75 m，煤层倾角变化较大。1105运输巷掘进工作面迎头中部煤壁在施工过程中，依照相关规定采取了钻孔卸压等局部防突措施。但在后来检查过程中发现，施工的钻孔卸压孔数量不足以及抽采系统未正常投入使用。且该矿地质工作落实不到位，未及时掌握采掘作业周边地质情况，也未对掘进过程中出现的喷孔、顶钻、卡钻等预兆进行分析判断，采取有效措施。企业组织的培训内容和考试内容中均无煤与瓦斯突出灾害防治和突出预兆的情况，且死亡的员工中有3人未经岗前培训便入井作业。

根据以上场景，回答下列问题：

1. 简述瓦斯抽放的指标。

2. 请简述"四位一体"综合防突措施中"安全防护措施"包含的内容。

3. 依据《防治煤与瓦斯突出细则》的规定,突出矿井的通风系统应当符合哪些要求?

4. 为防止煤与瓦斯突出事故的发生,该矿井应采取哪些措施?

案 例 47

某煤矿属于井工矿,2020年核定的生产能力为 $120×10^4$ t/a,煤层自燃倾向性为容易自燃,煤的自然发火期为3~6个月,煤尘具有爆炸性。该矿职工数量为1200人,职工每天工作时间为8 h,有效工作天数为330天。该矿井2020年发生大小事故共8起,死亡2人,重伤5人,20人轻伤。

导致2人死亡的事故是由于该矿一采煤工作面采空区发生火灾产生的烟气所致,且员工对火灾发生前的预兆认识不清,也没有按照演练中的避灾路线进行逃生。后经调查,采空区发生火灾的主要原因是回采工作面的回采率不高,在采空区中遗留有大量的煤炭,为煤炭燃烧提供了物质基础。且在2020年3月,回采工作面的回采未能实现正规循环,推进速度较慢,给煤炭和氧气的反应提供了充足的时间。为防止采空区火灾的发生,该矿一方面要求各个采煤工作面提高回采率,另一方面建立了灌浆防灭火系统,对火区进行了惰化处理。同时,该矿加强了对员工的安全教育培训工作,培训内容及考试内容中明确了火灾发生前的征兆,做到及时发现,及时进行处理。经过一段时间治理后,采空区火灾现象逐步减少。

2020年7月5日,为提升本矿的安全生产管理水平,该矿参照《煤矿安全生产标准化管理体系基本要求及评分方法(试行)》计划逐步建立安全生产标准化管理体系。

根据以上场景,回答下列问题:

1. 请计算该煤矿2020年的百万工时死亡率和百万吨死亡率。

2. 依据《煤矿安全生产标准化管理体系基本要求及评分方法（试行）》，指出该煤矿应建设的标准化要素内容。

3. 该矿除采取灌浆防灭火措施外，还可采取哪些防灭火措施？

4. 请简述该矿建立的灌浆防灭火系统中选择的制浆材料应满足的要求。

案 例 48

某煤矿位于山区，煤层埋藏较浅，设计生产能力为 $90×10^4$ t/a，属于低瓦斯矿井，水文地质条件为复杂，该矿井井田范围内有多条季节性河流，其中大型河流 1 条，小型河流 3 条，且经常受到洪水影响。其中，2 条小型河流与采空区有直接水力联系。

该矿按照国家要求，积极设置井下安全避险"六大系统"，安装瓦斯监控、一氧化碳等有毒有害气体监测的安全监测监控系统，同时具备瓦斯电和风电闭锁。在矿井的 3 个水平各建有永久避难硐室，且各类设施储备齐全，在采煤工作面等相应区域建有临时避难硐室等。每名下井人员均配备了人员定位识别卡，各采掘工作面建设完善了压风自救系统和供水施救系统。此外，矿井建立完善了通信系统，涵盖了矿用调度通信系统、矿井广播通信系统等。

2020 年 6 月 30 日，因洪水突发，排洪沟挡墙被洪水冲垮，且该矿山未能及时提前进行预警，导致洪水直接从井口灌入井下，该起事故最终造成 11 人死亡，10 人受重伤，直接经济损失为 1655 万元。

事故发生后，相关政府组织成立了事故调查组，调查发现该矿的安全生产许可证颁发日期为 2017 年 5 月，且 2020 年 6 月 5 日该矿开始着手办理安全生产许可证的延期手续。该矿未建立地面水预警机制，所建立的排洪沟挡墙多年未进行维护，强度下降；且该矿井下排水能力不足，也是造成该起事故的原因之一。

根据以上场景，回答下列问题：

1. 确定该起事故的等级，说明理由，并说明该企业负责人进行事故上报的时限要求。

2. 指出该煤矿所具有的井下安全避险"六大系统"种类。

3. 简述该矿应采取的防治地面水措施。

4. 该矿安全生产许可证的办理是否符合规定，并简述安全生产许可证的有关时限要求。

案 例 49

某煤矿为设计生产能力 $60×10^4$ t/a 的井工矿，矿井开拓方式为斜井开拓，主采 14 号、16 号煤层，现生产水平共 2 个。矿井通风方式为中央边界式，2019 年矿井瓦斯等级鉴定结果为低瓦斯矿井，煤尘爆炸指数为 9%，之后该矿将主采煤层自行认定为无爆炸危险性煤层，煤层具有自燃倾向性。

该矿煤尘较大，建立了综合防尘系统，为保障工人的身体健康，按照相关技术规定，于近期采购了一批防尘口罩，并教育、要求现场工人进行佩戴，做好相关宣传教育工作。

2020 年 11 月 23 日，采煤六区人员开始下井接班，由于采煤工作面遇有火成岩，需要使用爆破的方法进行处理。在使用凿岩机打眼过程中，由于防尘管路系统长时间处于故障状态，工人在干打眼的状态中完成了炮眼的钻进工作，造成现场粉尘浓度较大。装药前，班长等人员按照规定进行了洒水，然后进行了第一次爆破作业，但爆破效果不佳。在现场煤尘较大，同时也没有采取洒水降尘等措施的情况下，爆破工进行了第二次爆破工作，结果引发现场煤尘爆炸，事故最终造成 11 人死亡，9 人重伤，直接经济损失 1826.6 万元。

事后调查发现，爆破工未接受安全教育培训，也没有取得相应资质。在封堵炮眼过程中，未使用水泡泥封堵严实，造成裸眼爆破等违章行为。现场虽然有安全员在场，但其并未制止相关人员的违章行为。

根据以上场景，回答下列问题：
1. 指出上述事故中暴露出的问题。

2. 简述煤层注水设计中应考虑的参数。

3. 该煤矿在选择防尘口罩时，应遵循哪些基本要求？

4. 指出该矿煤尘爆炸性鉴定的基本要求。

案 例 50

F煤矿矿田面积为 11.4585 km²，开采方式为露天开采，开采工艺为单斗、卡车间断工艺，2019 年核定生产能力为 200×10⁴ t/a。采用 2.5 m³ 液压挖掘机采装，设计平盘高度 10 m，采宽 20 m，最小工作平盘宽度 45 m。采用载重 32 t、20 t 的自卸卡车运输，道路系统为端帮固定坑线与工作帮移动坑线相结合方式。采场最终边坡角 35°，内外排土场最终边坡角 22°。矿区周围设简易监测点对边坡进行监测。在采场最低处设置积水坑，采用泵站+水车的方式进行排水。

该矿田划分为 4 个采区，现开采四采区。2020 年 6 月 17 日，该地已有连续多日降雨，为完成当月任务量，四采区抓紧进行采掘工作，其中 A7 区 31 号、21 号、58 号和 80 号挖掘机司机在下取煤平台作业，同时在下取煤平台的有 A6 区工程队人员 6 人。15 时 30 分左右，该地区发生滑坡事故，在上取煤平台作业的 1 人连同挖掘机被滑坡土石推落至工区底部，最终获救，下取煤平台 6 人被埋遇难。

事故发生后，F煤矿的主要负责人为逃避处罚，并未将事故进行上报，而是自行组织救援工作。后经人民政府依法查处发现，该矿边坡隐患排查制度执行不到位，安全管理混乱；该矿安全生产投入严重不足，也未对相关员工进行有针对性的安全教育培训；且四采区 A6、A7 区段边坡高陡，底板赋存不稳定且倾角大，在底板岩层完整性被破坏且连续降雨的情况下，矿方违规冒险作业，引起边坡失稳，导致滑坡事故的发生。

根据以上场景，回答下列问题：

1. 依据《企业职工伤亡事故分类》（GB 6441）的规定，列举该露天矿采掘带可能发生的事故类别。

2. 请简述事故上报的时限要求。

3. 指出该矿在安全生产管理中存在的问题。

4. 针对不稳定边坡，该矿可采取哪些防治技术措施？

案 例 51

A 煤矿属于井工矿，核定生产能力为 $180×10^4$ t/a，矿井开拓方式为立井单水平开拓，采用走向长壁后退综采放顶煤采煤法。2019 年 9 月，相关单位先后对该矿开采煤层及顶底板进行了冲击倾向性鉴定，整体评价为中等冲击地压矿井。且该矿井瓦斯等级为高瓦斯矿井。

该矿按规定建立了冲击地压防治领导机构，明确了矿长和总工程师等人员的防冲职责，组建了防冲科和防冲队，装设了以微震、地音为主，包含煤体应力、电磁辐射、支护体受力和钻屑法一体的综合监测预警系统，采取大直径钻孔、断顶、煤体爆破等卸压和解危方法，建立了锚网索+可缩全封闭式 U 型棚+液压支架为主的三级支护体系。

A 煤矿 305 综采工作面区域内有 F13 和 K1 正断层，其中 305 综采工作面运输巷距巷口 100~500 m 区域内为强冲击危险区，该巷采用锚网索+U 型棚全封闭式"O"型支护，使用防冲液压支架加强支护。2019 年 10 月 9 日 17 时，31 人到达 305 综采工作面各作业地点，其中运输巷 19 人，实行多段平行作业，且均位于强冲击危险区，工作面 11 人，回风巷瓦检员 1 人。19 时 48 分，综采一区工程师在检查 305 综采工作面下隅角附近顶板时，被运输巷冲出的气浪冲倒，之后其向矿调度室报告了事故，最终事故造成 9 人死亡，12 人受伤，直接经济损失 1906.06 万元。后经调查，在 305 综采工作面下出口 0~220 m 运输巷范围内发生冲击地压，该处受构造应力及采掘活动影响，应力水平上升，放顶煤采动诱发断层活化导致弹性能突然释放，从而导致了本次冲击地压事故的发生。同时 A 煤矿防冲管理制度未明确进入冲击危险区域的人员数量；全员防冲安全教育培训效果差，相关作业人员及安全管理人员对冲击地压知识掌握不足。

根据以上场景，回答下列问题：

1. 简述冲击危险性评价可采用的方法及评价结果分级。

2. 简述该煤矿总工程师在冲击地压防治工作中的职责。

3. 简述该煤矿矿长在冲击地压防治工作中的职责。

4. 指出 A 煤矿在防治冲击地压工作中暴露出的问题。

案 例 52

C 井工煤矿设计生产能力为 150×10⁴ t/a，属于高瓦斯矿井，所采煤层具有爆炸性，煤层自燃倾向性为Ⅲ级，水文地质条件复杂。矿井采用斜井开拓，共设 2 个开采水平，目前布置有 2 个采煤工作面和 3 个综掘工作面。

03304 掘进工作面沿 03 号煤层底板掘进，规格为 5.0 m（净宽）×2.8 m（净高），净断面面积为 14.0 m²，采用锚网索支护。开切眼规格为 6.5 m（净宽）×2.6 m（净高），净断面面积为 16.9 m²，采用锚梁网支护。2020 年 5 月 22 日，该巷施工完成，开切眼共施工 66.7 m。部分巷道及开切眼迎头位于探水线与积水线之间。

5 月 22 日中班 19 时 40 分左右，作业人员发现 03304 掘进工作面及开切眼工作面有积水，综掘一区班长开始安排人员进行排水作业并带人去支护顶板，约 20 min 后工作面积水变多，水泵无法排净。向调度室汇报相关情况，地测科派人下井查看情况，发现水量约 20 m³/h，并且伴有臭鸡蛋味。综掘一区随后安排人员另外安装 1 台水泵进行排水，21 时 15 分工人在安装水泵时，工作面发生透水，接到事故报告后，矿长安排调度立即撤人并赶到调度室启动应急预案。

经奋力抢救，其中 5 人获救，6 人死亡，直接经济损失 505.05 万元。经事故调查组调查，认定 C 矿对老空区探放水设计不符合规定，没有探明周边老空情况，且发现透水征兆后并未立即停止作业，及时撤人，而是继续安装水泵。在后续整改中，煤矿安全监管监察部门要求该矿采取综合防治水措施,严格按照规定进行探放水设计,查明老空位置并安装钻机进行探放水作业,确保安全生产。

根据以上场景,回答下列问题:
1. 简述老空发生透水前的征兆。

2. 简述"探、防、堵、疏、排、截、监"综合防治水措施的基本内容。

3. 简述在安装钻机进行探水前,应当遵循的规定。

4. 当C矿遇有工作面"挂红""挂汗"等现象发生时,应采取哪些措施?

案 例 53

某煤矿设计生产能力为 $60×10^4$ t/a,采用立井开拓方式,井下目前布置有一个开采的采煤工作面,1个备采工作面,5个掘进工作面,其中一个炮掘工作面。矿井通风方式为混合式,通风方法采用机械抽出式。采煤工作面采用全负压通风,掘进工作面均采用局部通风机通风,具有"双风机双电源"自动切换功能。2020年瓦斯鉴定结果为低瓦斯矿井。

10306掘进工作面采用爆破作业方式掘进,设计长度167 m,采用锚网索梁联合支护。2020年11月20日已掘进施工11 m,为半煤岩巷,毛断面7.29 m²。工作面有40 T刮板输送机一部,风动锚杆钻机1台,风钻2台,且在2020年9月10日该工作面发生1起刮板输送机伤人事件。

11月20日10时左右,10306掘进工作面炮眼施工完毕,首先起爆了工作面下部的29个炮眼(工作面实际打眼38个,分为上部炮眼9个,下部炮眼29个)。班长贾某与副班组长李某在工作面连接雷管脚线快结束时,贾某走出工作面找到另一爆破工张某,张某在没有听清的情况下启动了发爆器,结果造成在掘进工作面迎头连线的李某死亡。

事故调查组调查后,认定爆破工张某未履行连接爆破母线的职责,在未执行"三人连锁"爆破制度的情况下直接启动发爆器,是造成该起事故的直接原因,且张某的安全培训记录不全。调查中还发现,第一次进行起爆的炮眼,封泥长度不符合《煤矿安全规程》的规定,且存在放糊炮的违章现象。

根据以上场景,回答下列问题:
1. 请简述"三人连锁"爆破制度。

2. 依据《煤矿安全规程》的规定,简述炮眼深度(1 m以下)和炮眼封泥应遵守的规定。

3. 依据《煤矿安全培训规定》,说明煤矿企业从业人员安全培训档案的内容。

4. 简述刮板输送机使用安全技术要求。

案 例 54

某矿设计生产能力为 120×10^4 t/a,该矿现开采3号煤层,该煤层煤尘具有爆炸危险性,具有自燃倾向性,水文地质类型为中等,属于低瓦斯矿井。

该矿 30201 运输巷掘进工作面设计长度为 830 m,巷道宽度为 4 m,高度为 2.5 m,采用锚杆+锚索+锚梁+金属网联合支护。锚网支护规格:每个循环 1.6 m,打 2 排锚杆,每排 5 根,排距 0.8 m,间距 0.9 m。临时支护形式:综掘机停掘退出后,在提前打好的临时锚杆上固定 120 mm 的方形铁吊环,将 2 根 3.3 m 长的Ⅱ型梁穿入吊环,直至工作面迎头,然后在Ⅱ型梁上方垫衬木板与顶板背紧。

2020 年 11 月 20 日 14 时,综掘队班长卫某等 6 人到 30201 运输巷综掘工作面进行掘进作业。卫某先对工作面进行了全面检查,确认工作面无隐患后,安排相关人员进行作业,自己负责现场安全。

15 时 30 分,开始掘进割煤,待完成第一个循环进尺 1.6 m 之后进行前探梁临时支护和永久支护，临时支护距离迎头煤壁 0.6 m。在未架设临时支护时，瓦检员直接进入空顶区域检查了迎头的瓦斯浓度。第一循环工序全部结束，之后开始第二循环作业，开机割了 1 m 时，机组切割部回转油缸液压油管爆裂，停掘更换油管。20 时，换好油管后继续掘进。21 时左右，第二循环割煤结束，班长卫某为及时完成当班任务，命令工人无须采取临时支护作业，直接进入空顶区域进行永久支护作业，在没有确认顶板安全时，亲自操作锚杆机进行打眼工作。在打完第一根锚杆后，顶板突然发生垮落，将班长卫某砸倒，附近工人立即进行施救，将大块矸石挪开，卫某经抢救无效死亡。后经调查，发现现场无安全员进行检查，现场员工也未对违章行为提出异议。

根据以上场景，回答下列问题：
1. 请列出常用的锚杆支护理论方法。

2. 简述事故发生的直接原因和间接原因。

3. 指出冒顶发生前后，30201 掘进工作面存在的事故隐患。

4. 为防止类似顶板事故的发生，该矿应采取哪些预防措施？

案 例 55

A 集团公司为某省大型煤炭集团，其中下属的 4 个煤矿基本情况如下：甲煤矿为井工矿，2020 年瓦斯等级鉴定结果如下，矿井绝对瓦斯涌出量为 45 m^3/min，矿井相对瓦斯涌出量为 9.5 m^3/min，各掘进工作面绝对瓦斯涌出量均小于 3 m^3/min，各采煤工作面的绝对瓦斯涌出量均小于 5 m^3/min。井工煤矿乙 2020 年瓦斯鉴定为低瓦斯矿井。露天矿丙设计生产能力为 1000×10^4 t/a，且 2019 年和 2020 年各发生一起边坡滑坡事故。丁煤矿在 2019 年发生一起煤与瓦斯突出事故，之后建立了瓦斯抽采系统。

2020 年，A 集团公司对甲煤矿和丁煤矿进行了重点检查，并发现如下问题：①甲煤矿的瓦斯抽采系统不能正常使用；②甲煤矿一采煤工作面上隅角瓦斯浓度达到2.0%，但仍继续作业；③甲煤矿一掘进工作面未使用临时支护进行空顶作业；④丁煤矿建立了井下临时瓦斯抽采系统；⑤丁煤矿未进行工作面突出危险性预测；⑥丁煤矿一掘进工作面风量不足；⑦丁煤矿一采煤工作面瓦斯超限后未能报警。

A集团公司要求下属煤矿对检查出的事故隐患进行积极整改，确保安全生产。

丁煤矿对近两年的费用支出进行了统计，主要花费项目范围：落实"两个四位一体"综合防突措施支出，"一通三防"等设备改造支出，实施采空区治理支出，锚杆支护材料支出，扩建项目安全评价支出，安全生产教育培训支出，配备安全帽及自救器等用品支出，开展重大事故隐患整改的支出等。

根据以上场景，回答下列问题：

1. 依据《企业安全生产费用提取和使用管理办法》，指出A集团公司下属各煤矿安全费用提取标准。

2. 依据《煤矿重大事故隐患判定标准》，指出A集团公司发现的重大事故隐患。

3. 指出丁煤矿哪些费用属于安全费用的使用范围。

4. 简述重大事故隐患的治理方案内容。

案 例 56

K煤矿为设计生产能力180×10^4 t/a的井工矿，矿井水文地质类型为复杂，属于低瓦斯矿井，开采的各煤层自燃倾向性为不易自燃，煤尘均无爆炸性。该矿采用走向长壁采煤法，一次采全高，全部垮落法管理顶板。该矿设立了专门的防治水机构，并组建了专门的探放水队伍。

K矿井田范围内存在的水害类型有：地面有2条河流流过，顶板赋存有孔隙含水层和裂隙含水层，且受到地面水的补给；井田范围内存在多条断层，据地质资料及矿井地球化学勘探方法探明，断层与底板灰岩水之间普遍存在水力联系。且在 2018 年该矿发生过 1 次回采工作面导通陷落柱的突水事故。

K 煤矿 2135 回风巷设计长度为 756 m，支护形式为锚网支护，采用综掘工艺施工。2020 年 8 月 9 日，在掘进施工中，当班向断层方向打了 1 个探放水钻孔，在未觉察到异常后，综掘一队开始组织施工。在第一个掘进循环后，支护工刘某发现煤壁出现渗水现象，遂向当班班长进行了报告，但是班长王某未进行处理。掘进机在进行第二个循环作业时，掘进机突然导通了断层水，导致掘进工作面内的 8 人被淹并遇难。

事后经调查查明，断层突水发生后，大量底板灰岩水岩断层水涌入掘进空间，使事故进一步扩大。K 矿违规在留设的防隔水煤柱内布置采掘工作面，且在掘进作业过程中也未执行探放水规定。在调查当班日常教育培训记录时，发现部分掘进工未参加相应的安全培训。

根据以上场景，回答下列问题：
1. 简述在水害预测中多种探查手段综合应用较为成功的模式。

2. 依据《煤矿防治水细则》，简述在布置探放断层构造水时应遵循的规定。

3. 简述哪些情况下应当留设防隔水煤（岩）柱。

4. 简述断层突水和陷落柱突水的征兆。

案 例 57

某煤矿设计生产能力为 $40×10^4$ t/a，矿井证照齐全，2015 年被鉴定为低瓦斯矿井，截至 2020 年尚未做过瓦斯等级鉴定，且现开采煤层属于冲击地压煤层。由于存在重大事故隐患，该矿井被责令停产整顿，但该矿以检维修为名，擅自从事采掘作业。

1025 上山掘进工作面采用金属拱形架棚配合木板进行支护，设计长度为 625 m，截至 2020 年 8 月 25 日，该巷道共掘进长度为 165 m。1025 掘进工作面通风采用压入式局部通风机，且距离掘进工作面巷道回风口为 9 m，采用柔性的风筒。8 月 25 日，通风区人员在此处检查通风情况时，发现该掘进工作面的局部通风机存在"循环风"，遂向本单位及矿调度室进行了汇报。该工作面未配备备用局部通风机，未采用"三专""两闭锁"。

此时负责掘进 1025 上山的掘进一区早班正在进行掘进工作，在完成第一个循环 1.6 m 之后，当班班长赵某发现现场风量不足，瓦斯传感器开始报警，浓度达到 1.2%并继续上升。为不耽误生产，赵某派丁某沿巷道检查风筒及通风机的完好状态，后丁某反馈说，巷道 53 m 处发生大块岩石冒顶，将部分风筒埋压，已经进行了处理，赵某则继续组织生产。

8 月 26 日早班，1025 上山迎头遇到火成岩，需要进行爆破掘进，在完成打眼后爆破过程中发生了瓦斯爆炸事故，产生的大量有毒有害气体涌入到其他区域，事故进一步扩大。事故共造成 9 人死亡，20 人重伤，直接经济损失为 1653.25 万元。后经调查，沿线风筒存在多处漏风。

根据以上场景，回答下列问题：

1. 简述矿井瓦斯等级鉴定的规定。

2. 简述该矿发生的瓦斯爆炸事故的直接原因并确定该起事故的事故等级。

3. 指出该矿 1025 掘进工作面布置的局部通风机及风筒存在的问题。

4. 简述为防止掘进工作面瓦斯超限，该矿可采取的措施。

案 例 58

某煤矿为设计生产能力 60×10^4 t/a 的井工矿，该矿煤层的自燃倾向性为容易自燃，煤尘具有爆炸危险性。矿井通风方法为压入式，该矿火灾严重，曾经发生过多起火灾事故。

2019 年 6 月 20 日，该矿一集中运输巷内的带式输送机产生燃烧并最终引发火灾事故，迫使周边区域人员紧急撤退，后被矿山救护队扑灭，未造成人员伤亡。事后，该矿为防止火灾事故的发生，一是选择阻燃性能和抗静电性能符合规定的输送带，二是安装了带式输送机火灾监测系统，做到早发现、早治理。

2020年8月9日，该矿一综采工作面后方的采空区有自燃现象，该矿初期采用均压防灭火方式处理采空区煤炭自燃，自燃现象有缓解现象。但随着采煤工作面推进速度减慢，后方采空区自燃现象严重，并最终演变为火灾，该矿不得不将该综采工作面封闭。在封闭期间，矿井积极监测火区内的各项数据，如空气温度、出水温度及有害气体的浓度。当监测到气体合格后，便重新打开了火区，但不久之后，煤炭再次发生自燃，矿方不得不再次将工作面封闭。后达到合格标准并且指标稳定后，重新进行了启封。

为了防止采空区火灾的发生，该矿井建立了注氮防灭火系统，采取连续注氮的方式，沿工作面进风巷道外侧敷设无缝钢管，并且根据采煤工作面的实际情况，确定了注氮量。

根据以上场景，回答下列问题：

1. 简述采空区防灭火耗氮量需要考虑的因素。

2. 简述外因火灾的特点并指出启封火区时4项指标的持续时间。

3. 简述带式输送机监测系统的测点布置及用途。

4. 指出均压防灭火的类别并简述均压防灭火的原理。

案　例　59

L煤矿为设计生产能力$300×10^4$ t/a的井工煤矿，后进行了扩建，在扩建前该矿按照相关规定进行了预评价。2018年批复L煤矿核定生产能力为$420×10^4$ t/a，并配套建设同等规模的选煤厂。矿井证照齐全、合法有效。

矿井采用立井单一水平开拓，走向长壁采煤法、综采放顶煤采煤工艺。矿井通风方式为中央分列式，通风方法为抽出式，主、副井进风，风井回风。所开采的3号煤层具有强冲击倾向性，煤层顶板岩层具有弱冲击倾向性，底板冲击倾向性未经鉴定。

矿井装备了1套覆盖全矿井的SOS微震监测系统，2采煤工作面各安装1套应力在线监测系统，配合钻屑法、电磁辐射法对采掘工作面冲击危险性进行检测；冲击危险煤层采煤工作面采用大直径钻孔卸压、底煤爆破等措施实施防冲措施。

1305综放工作面东邻一采区轨道下山，西邻七采区边界，北侧为回采完毕的1304工作面，南为回采完毕的1306和1307工作面。1305工作面于2020年4月2日掘进施工完毕，7月25日安装完成，7月27日开始生产。

7月28日夜班2时45分左右，采煤机正在割煤，工作面突然出现煤炮，跟班副队长邢某和安监员王某决定暂停生产撤人，在准备撤人时，工作面内突然发生巨大声响和震动，发生了冲击地压，工作面内的19名工人，受到不同程度的冲击，造成2人重伤。

L矿在接到事故报告后，立即下达停产撤人的命令，后经调查，事故的直接原因是1305属于孤岛工作面，应力集中，且受到采煤机的扰动，诱发了冲击地压。

根据以上场景，回答下列问题：

1. 确定L煤矿冲击地压监测方法的类别。

2. 依据《煤矿建设项目安全设施监察规定》，简述建设项目安全预评价报告的内容。

3. 简述冲击地压的显现特征。

4. 当采煤工作面发生冲击地压后，L煤矿应采取哪些应急处置措施？

案 例 60

某矿井为井工矿，目前矿井核定综合生产能力为$470×10^4$ t/a，证照齐全，井田开拓方式采用立井、多水平集中运输大巷、集中上山、阶段石门开拓方式，采用走向长壁后退式全部垮落采煤方法，综合机械化回采工艺。公司共有4个综采队、3个掘进区、1个开拓区，现有员工5012人。煤种为肥煤，煤尘均具有爆炸性，爆炸指数在29.4%~34.89%之间。

该矿由于采掘接替紧张，在开拓新水平过程中，在尚未形成完整通风系统的前提下，在新水平采用"剃头下山"开采来保证矿井产量。开拓新水平后，瓦斯鉴定结果为高瓦斯矿井。

该矿于2017年6月因相关工人违章作业，违反"行车不行人，行人不行车"的规定，发生1起运输事故；2018年3月某掘进工作面相关人员因未严格执行敲帮问顶制度，发生1起顶板事故（局部冒顶），2起事故分别造成1人死亡。当地煤矿安全监察局在对上述事故调查的基础上，加大了对该煤矿的监察力度，发现了上述开采过程中存在的重大事故隐患，且发现该矿井瓦斯爆炸事故专项应急预案不完善。该矿根据地方煤矿安全监察部门的检查通报情况，重新编制了矿井瓦斯专项应急预案并对"剃头下山"开采隐患进行了整改。此后，为提升安全管理水平，矿井根据国家标准积极开展安全生产标准化建设。

根据以上场景，回答下列问题：

1. 根据《安全生产事故隐患排查治理暂行规定》，简述该煤矿"剃头下山"开采重大事故隐患治理方案应包含的主要内容。

2. 简述该煤矿安全生产主体责任的内容。

3. 简述该煤矿编制瓦斯爆炸事故专项应急预案的程序。

4. 请简述专项应急预案包含的要素及编制应急预案前风险评估的内容。

5. 当接到井下掘进工作面发生顶板事故时，该煤矿应当采取哪些应急处置措施？

案 例 61

2016年3月28日13时12分,某煤业有限责任公司A所属矿井在基建施工中发生透水事故,造成38人死亡、115人受伤,直接经济损失4937.29万元。

该矿为基建矿井,设计生产能力$600×10^4$ t/a。该矿采用平硐、斜井开拓方式,设计分2个水平开采,按高瓦斯矿井设计。该矿区范围内小窑开采历史悠久,事故发生前该矿井田内及相邻共有小煤矿18个。

施工单位为B煤业第一建设公司,具有矿山工程施工总承包特级资质。

矿井于2005年10月开始三期工程施工。事故发生前,井底车场、临时变电所、临时煤仓、临时水仓、泵房等措施工程已完成。发生事故的首采工作面20101回风巷,由B公司27队负责施工。该工作面于2009年11月10日开工,截至事故发生时已掘进797.8 m。采用直流电法、瑞利波物探方法进行井下超前探水。

2016年3月28日早班,入井人员分别在20101回风巷、20101皮带巷等15个开拓、掘进工作面及运输、供电等辅助环节作业。10时30分,在20101回风巷掘进工作面作业的工人发现迎头后方7~8 m处的巷道右帮渗水并报告当班技术员吴某,吴某和B公司生产副经理曹某经查看在底板向上约20~30 cm的煤壁上有明显的出水点,曹某立即命令暂停掘进,加强排水,对已掘巷道两帮补打锚杆。约11时25分,吴某又和B公司技术副经理张某到现场实地查看,发现水流没有明显变化,且水质较清无异味,也要求停止掘进、加强支护并观察水情,随后升井并在约11时55分向项目部经理姜某汇报了情况。12时10分,姜某向负责的研究院的电法与瑞利波勘探项目现场技术负责人咨询情况,但均没有做出正确判断,也没有采取有效防范措施。

13时15分,当班瓦检员李某突然听见风筒接口处有异常响声,并看到有约20 cm高的水从20101回风巷向外流出,且巷道中煤尘飞扬,于是他转身向外跑,并沿途喊:"27队出水了,快跑!"13时40分,李某跑到进风斜井底的电话处向地面调度室进行了汇报,调度室当即向姜某进行了汇报,姜某立即打电话通知各队升井,此时20101回风巷掘进工作面电话已打不通。随后相关负责人向当地煤矿监察局进行了汇报。

后经调查发现,B公司没有按照国家相关规定,在探放水工作做到"三专"和"两探";A公司违规安排三期工程施工,疏于管理,也未及时纠正B公司在生产中存在的相关问题。

根据以上场景,回答下列问题:

1. 该起事故的直接原因是什么?简述防治水的"十六字"原则及《煤矿防治水细则》中关于"三专""两探"的内容。

2. 简述透水的一般征兆。

3. 请简述采掘工作面遇有哪些情况时，应进行探放水工作。

4. 当20101回风巷掘进工作面出现透水征兆时，应采取哪些处置措施？

5. 简述A公司对承包商的安全管理责任。

案 例 62

2017年11月11日2时26分，某省A矿西三上采区702综采工作面回风巷发生一起重大顶板（冲击地压）事故，造成10人死亡、1人轻伤，直接经济损失1456.6万元。2017年该矿核定生产能力 $480×10^4$ t/a，采用走向或者倾斜长壁采煤法，综合机械化采煤工艺，顶板管理采用全部垮落法。煤巷掘进采用综掘机掘进，岩巷掘进采用炮掘和综掘机掘进两种方式，其最大开采深度1193 m。至事故发生前，未曾发生过冲击地压事故，没有进行过冲击地压危险性鉴定。2017年矿井瓦斯测定，绝对瓦斯涌出量为69.4 m^3/min，相对瓦斯涌出量为8.15 m^3/t。全矿建有完善的安全生产责任体系，制定了安全生产规章制度和操作规程，设置了专职安全生产管理机构，配备了专兼职安全生产管理人员。

702综采工作面开采7号煤层，该煤层属于容易自燃煤层，上覆有20 m厚度的坚硬岩层。该区域内断层发育，为大中型断层。设计长度2418 m，设计采高3.2 m，工作面倾斜长度200 m。事故发生地点位于702综采工作面回风巷，其上方为北二采区703采空区，区间煤柱宽度32 m。事发时共有10名员工从事高位钻孔工作，主要用于抽采上邻近层6号煤体卸压瓦斯。根据以往经验值，7号煤层采煤工作面顶板周期来压步距一般为25 m。

11日2时26分，当采煤机割煤至37号支架，支架移至75号支架时，40号支架处员工周某听到一声巨大的闷响，随后发现工作面照明灯熄灭、煤尘飞起、回风巷发生冲击地压。事故发生后，A矿立即启动应急救援预案，下达井下人员撤离命令，并将事故情况报告矿有关领导。在设立井下救援指挥基地后，组织人员探查，至26日救援工作结束，共造成10人死亡、1人轻伤。

事故后经现场探查，事故的直接原因为开采深度大，原岩应力高，煤层具有冲击倾向性，且受断层构造、区间煤柱及702综采工作面采动影响及回风巷钻机施工扰动影响，造成该区域巷道周边煤岩失稳，诱发冲击地压。事故调查组提出该矿矿压观测周期大于来压周期；且对冲击地压风险辨识不到位，应加强安全生产双重预防机制建设，防范事故的再次发生。

根据以上场景，回答下列问题：

1. 依据《企业职工伤亡事故分类》(GB 6441)，辨识702综采工作面回风巷高位钻孔施工中存在的危险和有害因素。

2. 依据《煤矿安全规程》的规定，哪些情况下应当进行煤岩冲击倾向性鉴定？

3. 依据相关规定，A矿如何进行冲击地压的防治工作？

4. 依据《国务院安委会办公室关于实施遏制重特大事故工作指南构建双重预防机制的意见》(安委办〔2016〕11号)，简述该矿构建双重预防机制的主要内容。

5. 确定该矿井的瓦斯等级并说明理由。

案 例 63

H煤矿属低瓦斯矿井,经测定,绝对瓦斯涌出量为0.61 m³/min,相对瓦斯涌出量为1.05 m³/t。H煤矿主采的6号煤层,煤层自燃倾向性为自燃,自然发火期为1.5~3个月,煤尘有爆炸性。该矿前期为露天开采,后因采深加大,转入地下开采。建设完成后,H矿委托安全评价公司对其开展了安全评价工作,并对指出的问题进行了整改。

在后期转入地下开采中,由于在某采区布置独立通风存在困难,故采取了6042掘进工作面和6040综放工作面串联通风的方式。掘进工作面掘进方式为炮掘,使用局部通风机通风,其通风方式为压入式,污风进入6040综放工作面进风巷。

2018年12月3日10时左右,6042掘进工作面因局部通风机故障,备用局部通风机未及时开启而停风1 h,故障处理完成后,该矿未按照相关规定,直接开启局部通风机"一风吹"。此时6040综放工作面,电焊工正在使用电焊机对综放支架进行维修作业。11时7分左右,6040综放工作面进风巷发生瓦斯爆炸。

事故发生后,该矿切断了灾区的全部电源,并立即下达停产撤人的命令,同时井下矿工积极组织自救和互救,最后有15名受伤矿工获救。

后经统计,该起事故共造成32人死亡、20人受伤,事故直接经济损失4399万元。事故发生后,事故单位按照相关规定将事故情况进行了上报。

根据以上场景,回答下列问题:

1. 依据《煤矿建设项目安全设施监察规定》,简述该煤矿在建设地下矿山时开展的安全验收评价报告应当包括的内容及验收评价结论中应包含的内容。

2. 简述露天开采中,为预防滑坡事故应采取的开采控制技术。

3. 依据《生产安全事故报告和调查处理条例》(国务院令493号),简述报告事故时应包含的内容。

4. 请简述瓦斯爆炸的条件。

5. 预防综合机械化采煤工作面瓦斯爆炸技术措施的内容。

案 例 64

C 煤矿为井工矿，生产能力为 $180×10^4$ t/a，有 6 个可采煤层，煤层自燃倾向性等级均为Ⅱ类，属自燃煤层，为高瓦斯矿井，煤尘具有爆炸危险性，未设置安全生产管理机构。2018 年 3 月 28 日发生瓦斯爆炸事故。事故发生在 −416 m 采区东采煤工作面上区段采空区。−416 m 采区工作面采用走向长壁综合机械化采煤法，自然垮落法管理顶板，埋管抽放采空区瓦斯。

C 煤矿采用采后封闭注惰气防止煤层自然发火。由于煤层倾角大（55°左右），留设的 6 m 宽区段隔离煤柱在工作面回采后垮落，导致上下区段采空区相通，不能起到有效隔离采空区的作用；同时密闭附近巷道压力大，密闭周边存在裂隙，导致向采空区漏风；该区域在封闭采空区后仅注过一次氮气，未根据采空区内氧气含量上升的异常情况及时补充注氮，且没有采取灌浆措施；该矿采区防灭火设计中要求 −416 m 采区回采前要预先构筑防火门，使采区着火时能够及时阻断风流、封闭火区，以防灾区范围扩大，但该矿回采前未按规定预先构筑防火门。

2018 年 3 月 28 日 16 时左右，−416 m 采区附近采空区发生瓦斯爆炸，该矿采取了在 −416 m 采区 −380 m 石门密闭外再加一道密闭和新构筑 −315 m 石门密闭两项措施。29 日 14 时 55 分，−416 m 采区附近采空区发生第二次瓦斯爆炸，新构筑密闭被破坏，−416 m 采区 −250 m 石门一氧化碳传感器报警，该采区人员撤出，两次爆炸均未造成人员伤亡。为尽量缩小封闭区域，不影响生产，该矿矿长及总工程师经研究决定在靠近火区危险区域的 −315 m、−380 m 石门及东一、东二、东三分层巷施工 5 处密闭。21 时左右，井下现场指挥人员强令施工人员再次返回实施密闭施工作业，21 时 56 分，该采空区发生第三次瓦斯爆炸，该矿才通知井下停产撤人并向政府有关部门报告。爆炸共造成 36 人死亡。

根据以上场景，回答下列问题：

1. 简述该起事故发生的直接原因并说明封闭火区时的原则及注意事项。

2. 说明煤炭自燃的基本条件并针对上述采空区火灾，列举可采取的预防煤炭自燃的技术。

3. 根据《煤矿安全规程》，简述火区启封的条件。

4. 分析该煤矿在安全生产中存在的主要问题。

5. 若该矿对采空区实施灌浆防灭火，简述设计灌浆防灭火系统的工艺阶段。

案 例 65

C煤矿为井工矿，为省属国有煤矿，设计生产能力为 $450×10^4$ t/a，服务年限为65年，其基建施工年限为5年。该煤矿通过了安全设施设计审查，并在2015年完成一期工程建设，于2018年投产，在建设过程中，该矿严格按照"三同时"有关规定进行了施工。矿井主要开采3号煤层和4号煤层，且该煤矿井属于低瓦斯矿井，煤层上部岩层中有3个含水层，且煤矿周边历年有乱采现象出现，经探明存在众多的采空区和废弃井巷，并且已经探明采空区具有充水条件。

2021年1月12日10时，C矿一掘进工作面在掘进过程中，发现巷道局部有"挂汗""挂红"现象，班长赵某立即向带班副矿长进行报告，但副矿长以此为正常现象为由未采取任何处置措施，强令现场工人继续作业。13时20分，该掘进工作面掘透老空水，发生透水事故。事发时，井下共有作业人员201人，紧急升井102人，由于缺少透水事故的专项应急预案，C煤矿成立的现场指挥部未能采取有效的施救措施，后经政府相关部门救援，最终井下70人获救，但事故最终导致29人死亡。

事故处置完成后，C煤矿在煤矿安全监管监察部门的指导下，完善并落实了一系列整改措施，包括专项应急预案的制定、应急处置卡的编制。其制定的透水专项应急预案内容中包括：应急组织机构及职责、处置措施。该应急预案编制完成后，经C矿内部论证后，由安全副矿长签署并向企业从业人员公布,并在应急预案公布之日后的第 30 个工作日向当地人民政府进行了备案,同时向社会进行了公布。之后,为检验应急预案的可操作性,C 煤矿多次组织有针对性的应急演练,同时为保证安全,聘请多名注册安全工程师参与日常的安全管理工作。

  根据以上场景,回答下列问题:

1. 请说明 C 煤矿透水专项应急预案中缺少的内容及应急处置卡应规定的内容。

2. 请指出 C 煤矿在编制、实施、备案应急预案中存在的问题。

3. 请简述当掘进工作面发生透水事故后,现场矿工应如何展开自救和互救工作。

4. 请简述注册安全工程师可参与哪些安全生产工作并签署意见。

5. 依据《煤矿建设项目安全设施监察规定》,C 煤矿在申请建设项目的安全设施设计审查时,应提交哪些资料?

案 例 66

  甲煤矿 2020 年核定的生产能力为 $210×10^4$ t/a,其所属公司为丁企业,采用斜井开拓,采煤工艺为综采放顶煤。矿井所开采煤层为 3 号和 4 号煤层,其自燃倾向性为自燃,瓦斯鉴定等级为低瓦斯矿井。其井田范围内老空水数量较多,水文地质类型为复杂。

  40108 运输巷掘进工作面设计长度为 841 m,采用锚网索支护,掘进方式为综掘。丁企业将该掘进工作面作为独立工程整体发包给乙公司,并明确涉及该掘进工作面的所有事宜均由乙公司负责,但乙公司没有相应防治水的安全管理经验,其组建的掘进队伍亦没有防治水专业技术人员和专职探放水队伍,临时拼凑人员组成了探水队。40108运输巷掘进工作面地质资料显示,其前方及东侧区域存在老空区、废弃巷道和大量老空积水。在具体掘进过程中,为尽快完成掘进施工任务,乙公司未能按照防治水设计施工探放水钻孔,且编制的探放水设计中钻孔数量及间距不符合《煤矿防治水细则》中的规定。

2020年11月11日,40108运输巷掘进工作面掘进到210 m时,由于超出允许掘进距离直接掘透废弃巷道,导致大量老空水瞬间涌出,造成事故发生。事故当场造成5人死亡,后经矿山救护队救援,被困的10人安全升井。后经问询,该10人由1名有经验的老工人赵某带领,躲避到透水点以上的独头巷道中。其他人员未参加过类似的应急演练,也未接受过安全生产教育培训,公司提供的应急预案没有针对性。该起事故造成的直接经济损失约为2570万元。

根据以上场景,回答下列问题:

1. 依据《煤矿整体托管安全管理办法(试行)》,说明承托方应具备的条件。

2. 依据《煤矿防治水细则》等相关规定,简述在布置探放水钻孔时应遵循的规定。

3. 请简述应急演练的基本内容。

4. 请指出40108运输巷掘进工作面存在的违规行为。

5. 若丁企业将甲煤矿整体托管于某具有资质的企业,依据《煤矿整体托管安全管理办法(试行)》,简述两公司签订的托管合同协议应明确的内容。

案 例 67

A省某煤矿属于井工煤矿,核定生产能力为$120×10^4$ t/a。2017年该矿进行了瓦斯鉴定工作,矿井相对瓦斯涌出量为8.2 m^3/t,矿井绝对瓦斯涌出量为20.7 m^3/min,经监测该矿任一采煤工作面的绝对瓦斯涌出量均保持在4 m^3/min以下,所有掘进工作面的绝对瓦斯涌出量均在2 m^3/min以下。

随着开采深度不断加大,该矿瓦斯涌出量也逐步上升,为保证瓦斯不超限,该矿采取了增大通风等相关措施,保证各采掘工作面的供风量,同时采取措施积极治理采空区瓦斯涌出情况。

2020年6月8日,某采煤工作面机巷与开切眼贯通前,机巷、开切眼均采用综合机械化掘进,在两巷道贯通前30 m时,该煤矿地测部门将地质条件、顶板稳定性、瓦斯情况、岩性及水文地质条件报告给了矿技术负责人,并通知了通风部门及掘进一区。掘进一区立即停止了开切眼的掘进工作,机巷则继续按照原设计进行掘进施工作业。在贯通时,发生了瓦斯爆炸事故,接着又引起其他4条盲巷内瓦斯煤尘的3次连续爆炸,造成15人死亡、50人重伤,直接经济损失2000万元。

后经调查发现,事故的直接原因是开切眼工作面有2节风筒脱节落地导致停掘的工作面瓦斯积聚,同时机巷与开切眼贯通时,掘进机强行截割顶板硬岩,产生火花,引起瓦斯爆炸。且在贯通前,矿方未制定贯通专项措施,并且现场无专人进行统一指挥,只有基层生产单位在场,通风部门人员在班前向掘进一区人员交代注意事项后即离开。

根据以上场景,回答下列问题:

1. 请简述机巷与开切眼贯通过程中,该矿应采取的措施。

2. 该矿在实施贯通作业中存在的问题。

3. 该矿在进行巷道掘进前,需要进行工作面的需风量计算,请简述计算方法。

4. 针对该矿2017年进行的瓦斯鉴定工作,判定该矿的瓦斯等级并说明理由。

5. 该矿可采取哪些技术措施治理采空区瓦斯的异常涌出?

案 例 68
【2021 年真题】

某煤矿设计生产能力 1.20 Mt/a, 2004 年 11 月投产, 2008 年矿井核定生产能力为 1.80 Mt/a。该矿为高瓦斯矿井, 有冲击地压危险, 水文地质类型复杂, 最大涌水量为 2000 m³/h, 采用双回路供电。井田内有 8 号煤层和 10 号煤层两个可采煤层, 均为自燃煤层, 平均厚度为 6.68 m。

目前有 8 号煤层 4 采区和 10 号煤层 5 采区两个生产采区, 采区上山两翼布置走向长壁综采工作面, 8 号煤层布置 8402 综采工作面, 10 号煤层布置一个备用综采工作面。

2020 年 10 月 15 日, 该煤矿邀请专家组进行了安全生产标准化达标预验收。专家组在检查中发现: 该煤矿共配备生产、掘进、通风、机电 4 名副总工程师; 1 月生产原煤 15.2×10⁴ t, 2 月生产原煤 17.5×10⁴ t; 进风大巷有 1 盏照明灯失爆; 8402 综采工作面生产班安排了 51 名职工作业, 有 1 台电气开关失爆; 8 号煤层 4 采区东翼有 2 个煤巷掘进面和 1 个半煤岩巷掘进面同时掘进; 主排水泵房的工作水泵额定工作能力为 2500 m³/h; 水灾专项应急预案包括事故风险分析、应急指挥机构、处置程序和注意事项 4 部分内容。

该煤矿针对专家检查发现的问题, 矿长口头指定了整改责任人, 但没有开展实际整改工作, 最终导致该矿未通过安全生产标准化达标验收。

根据以上场景, 回答下列问题:

1. 补充该矿水灾专项应急预案缺少的 2 项内容。

2. 根据《煤矿重大事故隐患判定标准》, 指出该矿存在的重大事故隐患。

3. 根据《煤矿安全生产标准化管理体系基本要求及评分方法(试行)》, 辨识该矿 8402 综采工作面的重大安全风险。

案例 69
【2021年真题】

某煤矿开采4号煤层,核定年生产能力为3 Mt。该矿有主斜井、副斜井、回风立井3个井筒,采用中央边界式通风。副斜井主进风,回风立井回风,地面建有永久瓦斯抽放系统。综采工作面采用U型通风,上隅角附近设置木板隔墙引导风流稀释冲淡瓦斯,该工作面采取了喷雾降尘措施,未进行煤层注水。掘进工作面采用局部通风机压入式通风,选用FBD-No6.3/2×30局部通风机,配套柔性风筒。备用采煤工作面进风巷内设置调节风门进行风量调节。采区进风上山和回风上山之间的联络巷内按要求砌筑永久性挡风墙隔断风流。相邻采煤工作面之间设置了隔爆水棚。

矿井煤层瓦斯含量为12.9 m^3/t,矿井绝对瓦斯涌出量为90.1 m^3/min,相对瓦斯涌出量为55.5 m^3/t,综采工作面绝对瓦斯涌出量为59.3 m^3/min,掘进工作面绝对瓦斯涌出量为3.8 m^3/min。矿井采取抽采措施后,综采工作面风排瓦斯量为18.5 m^3/min,工作面瓦斯涌出不均衡备用风量系数按1.2考虑;综采工作面平均采高2.4 m,最大控顶距6.2 m,最小控顶距5.6 m,综采工作面有效通风断面面积按70%考虑;综采工作面同时最多作业人数为25人。综采工作面上隅角一氧化碳浓度为0.0012%。

根据2017年3月矿井通风阻力测定报告,矿井通风路线长度为12000 m,较投产初期增加4000 m;矿井有5处巷道失修,变形严重,断面减小;1处有严重积水。测定结果显示:矿井自然风压为353 Pa,总进风量为10476 m^3/min,总回风量为10671 m^3/min,总阻力为2660 Pa,副斜井风速为6.9 m/s,采区回风石门风速为6.4 m/s,总回风巷风速为7.8 m/s,回风立井风速为10.6 m/s。矿井风量大且过于集中。根据矿井通风阻力测定报告反映出的问题,矿领导责成相关部门制定整改方案,对通风系统进行优化改造。

根据以上场景,回答下列问题:

1. 判断该矿井瓦斯等级,并列出该等级的判定标准。

2. 根据《煤矿安全规程》,列出该矿井副斜井、采区回风石门、总回风巷、回风立井的最高允许风速,并指出风速超限的井巷。

3. 列出该矿井构筑的通风设施。

4. 根据风排瓦斯量和作业人数分别计算综采工作面的配风量，按照风速进行验算并给出结论。

案 例 70
【2021 年真题】

某煤矿属于水文地质类型复杂的矿井，设计生产能力为 1.5 Mt/a。该矿只有 13 号煤层一个可采煤层，平均厚度 7 m，埋深 240~385 m，倾角 0°~5°，属于全区稳定可采煤层。该煤层上部岩层有含水层，无冲击地压倾向性。

2017 年 4 月 1 日，矿井开始沿井田边界施工 13201 回风顺槽掘进工作面，巷道沿底板掘进，宽 4.8 m，高 3.8 m。经调查邻近矿井为已经废弃的封闭老窑，开采图纸等资料不详。该矿制定了探放水措施，但在生产过程中并未严格按规定进行探放水作业。

4 月 28 日 19 时 30 分，当班工人在 13201 工作面回风顺槽掘进工作面作业时，发现迎头附近出现雾气，煤帮出现淋水且淋水量不断增大，局部出现掉渣、片帮等现象。20 时 05 分，该矿生产技术部副部长到该工作面巡查，但未作任何安排便自行离开。当班工人继续进行掘进作业。21 时 40 分，13201 工作面回风顺槽掘进工作面迎头发生透水事故。

21 时 45 分，当班瓦检员第二次巡检行至该巷道口时，听到异常响声，看到风筒摆动、巷道底板积水不断增加，马上向矿调度室汇报。矿调度员立即通知井下所有人员升井，同时向矿领导进行了汇报。经统计，当班井下作业人员 158 人，紧急升井 153 人，事故共造成 5 人死亡。

事故调查发现：

① 安全管理比较混乱。

② 防治水技术管理仅由一名机电专业的助理工程师负责。

③ 除掘进迎头附近区域外，13201 工作面回风顺槽与邻近矿井采空区之间的煤柱宽度为 21~25 m。

④ 13201 回风顺槽邻近矿井采空区积水量达 425600 m³，水头压力达 0.4 MPa。

⑤ 13 号煤的抗拉强度为 0.3 MPa。

根据事故调查结论，政府相关部门要求该矿深刻吸取教训，严格遵循煤矿防治水工作原则，按照《煤矿安全规程》和《煤矿防治水细则》相关规定，对存在问题或隐患进行整改。

[注] 防隔水煤（岩）柱计算公式 $L=0.5 KM (3p/K_p)^{1/2}$，式中：L——煤柱留设的宽度，m；K——安全系数，一般取 2~5，本题取 5；M——煤层的厚度或者采高，m；p——实际水头值，MPa；K_p——煤的抗拉强度，MPa。

根据以上场景，回答下列问题：

1. 列出煤矿防治水工作应坚持的"十六字"原则。

2. 简述 13201 工作面回风顺槽探放水钻孔布置应考虑的参数。

3. 指出 13201 工作面回风顺槽防治老空积水应监测的内容。

4. 判断 13201 工作面回风顺槽与邻近矿井采空区之间 21~25 m 的煤柱是否安全,并计算说明。

5. 提出防治 13201 工作面透水事故应采取的措施。

案 例 71
【2020 年真题】

某煤矿瓦斯涌出量较大,自然发火严重,矿井通风总阻力 h 为 2880 Pa、矿井总风量 Q 为 7200 m³/min。进回风井口标高均为+50 m,开采水平标高为-350 m。2017 年 3 月该矿进行改扩建,通风系统发生重大变化。为保证矿井安全生产,提高矿井的抗灾能力,该矿决定进行全面的通风系统优化改造。通风科编制了通风阻力测定方案,制定了相关安全措施,组织相关部门进行全矿井通风阻力测定。鉴于矿井通风系统线路长、坡度大、直角拐弯多、巷道内局部堆积物较多、有矿车滞留现象、盘区内设置有较多调节风窗,决定采用气压计法测定矿井通风阻力,迎面法进行测风。测量仪器有干湿球温度计、精密气压计、机械式叶轮风表(高、中、低速)和巷道尺寸测量工具等。其中,风表启动初速度设定为 0,校正系数为 1.2。

经测定,矿井进风井空气密度为 1.25 kg/m³,回风井空气密度为1.20 kg/m³;石门测风站巷道净断面为 10 m²,风表的表风速为 5 m/s;二盘区下部的 3211 回采工作面的风量为 1200 m³/min,分三段测定了该回采工作面的通风阻力,其中进风巷通风阻力为 44 Pa,作业面通风阻力为 60 Pa,回风巷通风阻力为 40 Pa。

根据通风阻力测定结果,通风科等部门掌握了矿井风量和通风阻力分布情况,对矿井通风系统进行了分析评价,并针对部分高阻力巷道采取了降阻优化措施。

根据以上场景,回答下列问题:
1. 计算该煤矿自然风压、石门测风站风量及矿井总风阻。

2. 计算 3211 回采工作面(包括进风巷、作业面、回风巷)的通风阻力、风阻和等积孔。(保留小数点后两位)。

3. 列出降低该煤矿局部通风阻力的技术措施。

4. 列出煤矿发生火灾时通常可采取的风流控制措施。

案　例　72
【2020 年真题】

某井工煤矿采用平硐-斜井开拓方式,机械抽出式通风,其中主、副井为平硐,回风井为斜井;矿井有一个可采煤层;经鉴定,矿井为低瓦斯矿井,煤尘具有爆炸危险性,开采煤层自燃倾向性类别为容易自燃。

矿井开采原煤由主平硐运至地面后经皮带走廊送入选煤厂,洗选后的精煤送入 5000 t 储煤仓。井下的矸石由矿车从平硐运出后,用矸石山绞车提升运至翻矸架排放。

矿井布置一个采煤工作面和两个掘进工作面。采煤工作面采用综采工艺,全部垮落法管理顶板,通风方式为"U"型通风;掘进工作面采用综掘工艺,锚杆支护,局部通风机通风；采掘工作面均安装有防尘管路、洒水降尘装置和隔爆水棚。

该煤矿配备了经安全培训合格的矿长、总工程师、安全副矿长、生产副矿长、机电副矿长、通防副总工程师等管理人员，设置有安全科等安全管理机构，建有完善的安全生产责任制、安全管理制度和安全操作规程，编制有完整的事故应急预案。近年来，由于安全管理到位，生产状况良好，井下未发生伤亡事故。但2017年10月8日发生一起交通事故，该矿员工甲在骑车上班途中闯红灯与正常行驶的车辆相撞，造成重伤骨折。

根据以上场景，回答下列问题：

1. 根据《企业职工伤亡事故分类》（GB 6441），列出皮带走廊可能发生的事故类型。

2. 根据《工伤保险条例》，判断员工甲是否应被认定为工伤，并列出应视同工伤的情形。

3. 列出矿井煤尘爆炸应急预案编制的程序。

4. 列出矿长的安全管理职责。

案 例 73
【2020年真题】

某开采单一煤层的冲击地压矿井，各类证照齐全。该矿明确了各级负责人的冲击地压防治职责，编制了冲击地压事故应急预案，且每年组织一次应急预案演练，制定了冲击地压防治安全技术管理制度、岗位安全责任制度、培训制度、事故报告制度等。

该矿2211采煤工作面为孤岛工作面，开采深度448~460 m，倾斜长度180 m，走向长度1000 m，与两侧采空区之间设计留有30 m宽的煤柱，煤层伪顶为0.2~3 m的炭质页岩，直接顶为5.2~14.9 m的灰色粉砂岩，基本顶为19.3~70.4 m的中粗砂岩，局部发育有断层。该工作面回风巷在掘进至657 m接近前方断层时，发生一起冲击地压事故，导致该工作面回风巷 590~630 m 处底鼓、冒顶严重。当班出勤的 15 名员工中，6 人被困掘进工作面附近，其余 9 人撤离至安全地点。事故发生后，煤矿立即启动应急预案，组织救护队下井救援。经过 24 小时全力抢救，被困人员全部脱险，除爆破员左腿胫骨骨折外，其他人员均未受伤。

为吸取本次事故教训，该矿以《防治煤矿冲击地压细则》为依据，重新编制了防冲设计，加强了冲击危险性预测、监测工作，制定了有针对性的区域与局部防冲措施，完善了防冲管理制度和安全防护措施。

根据以上场景，回答下列问题：

1. 根据《防治煤矿冲击地压细则》，指出煤矿主要负责人、总工程师和其他负责人在防治煤矿冲击地压工作中的职责分工。

2. 列出此次冲击地压事故发生的客观影响因素。

3. 列出冲击地压矿井的冲击危险性监测方法。

4. 分别列出适合于该矿的区域与局部防冲措施。

5. 列出 2211 工作面冲击地压安全防护措施的内容。

案例 74
【2019 年真题】

某地方煤矿生产能力 $60×10^4$ t/a，采用立井上下山开拓方式，中央并列式通风。开采 3 号煤层，煤层平均厚度 2.1 m，平均倾角 15°，煤层无煤与瓦斯突出危险，自燃倾向性为不易自燃，煤尘有爆炸危险性。矿井井下辅助运输采用无轨胶轮车，主运输采用胶带输送机。矿井布置一个回采工作面，采用综采开采工艺，全部垮落法管理顶板；布置 3 个掘进工作面，均采用炮掘工艺，工字钢梯形梁支护。2017 年矿井瓦斯等级鉴定时测得绝对瓦斯涌出量 25.6 m^3/min，相对瓦斯涌出量 1.9 m^3/t。

掘进一队负责 3301 回风巷的掘进，该掘进工作面绝对瓦斯涌出量为 3.2 m^3/min。按照生产计划，该巷道将于 6 月中旬与已经施工完毕的 3301 工作面切眼贯通，截至 6 月 11 日 12 时，距离贯通点还有 22 m，技术员乙向掘进一队队长甲汇报，并编制贯通预报通知单上报调度室。6 月 13 日中班，队长甲组织召开班前会，布置了正常掘进的工作任务，当日 18 时开始爆破，炮响 5 min 后，跟班班长带领爆破员和掘进工贸然进入掘进头查看，被爆破烟熏倒。

经调查，在爆破后 3301 回风巷掘进工作面与 3301 工作面切眼之间崩出直径约为 40 cm 的小洞。3301 工作面切眼局部通风机在爆破贯通前因故障已停止运转，切眼贯通点瓦斯浓度高达 2%。技术员乙虽已编制巷道贯通专项措施，但没有组织本队员工学习；调度室收到贯通预报通知单后，没有通知通风部门检查 3301 工作面切眼的通风状况、瓦斯和二氧化碳浓度。

根据以上场景，回答下列问题：

1. 判断该矿瓦斯等级，并简述矿井瓦斯等级判定的依据。

2. 简述 3301 回风巷掘进工作面风量计算方法。

3. 列出贯通前 3301 工作面切眼恢复正常通风应开展的工作。

4. 指出该矿在3301回风巷掘进工作面贯通时通风安全管理存在的问题。

案 例 75
【2019年真题】

某井工煤矿采用斜井多水平开拓，一水平为生产水平，2016年瓦斯等级鉴定为高瓦斯矿井。井下运输大巷采用架线式电机车牵引矿车运输。该矿取得了采矿证、煤矿安全生产许可证等证照，设置有安全科等安全生产管理机构，制定了安全生产岗位责任制，建立了安全生产规章制度，编制了相关操作规程和矿井瓦斯防治等安全技术措施；该矿矿长、总工程师、安全副矿长等安全管理人员取得了安全资格证，井下瓦斯检查员等人员取得了相应资格证书，所有井下作业人员按要求经过培训并取得相应证书。

为了保证正常的生产接续，该矿决定于2017年1月开始施工连接一水平与二水平之间的暗斜井。其中运输暗斜井沿煤层布置，由掘进一区负责施工，采用炮掘工艺，锚网喷支护。掘进一区在施工运输暗斜井过程中，因顶板破碎、淋水较大、支护困难，工人经常干打眼作业。2017年6月10日中班，因未如期完成当班任务，掘进队长要求工人延时作业。6月11日0时20分，掘进工作面揭穿了一个落差2 m的逆断层，造成煤与瓦斯突出，涌出的高浓度瓦斯逆流进入运输大巷，遇大巷架线电机车铝质取电弓与架线间产生的电火花引发爆炸。

事后调查，该矿运输暗斜井掘进工作面曾发生数次瓦斯超限现象，安全副矿长张某曾组织相关人员进行了现场安全隐患排查，编制了重大生产安全事故隐患治理方案及相应的事故救援应急预案。6月10日早班，在掘进过程中，瓦检员王某又检测到瓦斯浓度严重超限，并及时向调度室汇报，调度室值班人员向总工程师李某做了报告，但未引起李某重视，没有采取相应措施。

根据以上场景，回答下列问题：

1. 对照《安全生产许可证条例》，列出该矿已具备的安全生产条件。

2. 按照《生产过程危险和有害因素分类与代码》（GB 13861），指出运输暗斜井掘进工作面存在的危险和有害因素。

3. 列出本矿存在的重大生产安全事故隐患，并给出治理方案的内容。

4. 煤矿总工程师李某参加初次安全生产培训内容应包括哪些？

5. 依据《中华人民共和国安全生产法》，安全副矿长张某的安全生产职责有哪些？

参考答案与解析

第一章 煤矿安全基础知识

1. C

【解析】在地质历史发展的过程中，由含碳物质沉积形成的基本连续的大面积含煤地带称为煤田。

2. B

【解析】井田是指在矿区内，划归给一个矿井开采的那一部分煤田。

3. D

【解析】井田划分的原则：

（1）充分利用自然等条件。

（2）要有与矿井开采能力相适应。

（3）合理规划矿井开采范围，处理好相邻矿井之间的关系。

（4）要为矿井的发展留有余地。

（5）直线或折线的境界划分。

（6）保证有良好的安全经济效果。

4. C

【解析】按井筒（硐）形式可分为立井开拓、斜井开拓、平硐开拓、综合开拓。

5. A

【解析】壁式体系采煤法：根据煤层厚度不同，对于薄及中厚煤层，一般采用一次采全厚的单一长壁采煤法；对于厚煤层，一般是将其分成若干中等厚度的分层，采用分层长壁采煤法。按照回采工作面的推进方向与煤层走向的关系，壁式采煤法又可分为走向长壁采煤法和倾斜长壁采煤法两种类型。缓倾斜及倾斜煤层采用单一长壁采煤法所采用的回采工艺主要有炮采、普通机械化采煤（高档普采）和综合机械化采煤3种类型。

6. C

【解析】采煤方法是指采煤系统和采煤工艺的综合及其在时间、空间上的相互配合。不同采煤工艺与采区内相关巷道布置的组合，构成了不同的采煤方法。按照采煤工作面布置方式不同，基本上可以分为壁式和柱式两大体系。

7. B

【解析】采用无底柱分段崩落法采矿时，为维持回采进路良好的稳定性，必须掌握回采进路周围岩体中的应力分布、回采顺序对进路的影响，以便采取相应的维护措施。采用有底柱崩落采矿法的地压控制问题，主要是维护出矿巷道的稳定性。

8. D

【解析】平硐开拓方式的特点：施工方法和施工设备简单，其单位长度的掘进费低，建设速度快；出矿系统简单，大型设备少、投资低；生产安全可靠、潜在能力大，改扩建投资少，见效快，排水自流；管理简单、经营费低。

但是，这类开拓方法只适用于矿体赋存在山岳地区或丘陵地区侵蚀基准面以上的矿床。

9. D

【解析】（1）按空间位置和形状可分为：①垂直巷道——立井、暗立井、溜井；②倾斜巷道——斜井、暗斜井、上山、下山；③水平巷道——平硐、石门、煤门、平巷。

（2）按服务范围及其用途可分为：

①开拓巷道：为全矿井或一个开采水平服务的巷道。例如运输大巷、回风大巷、井底车场等。

②准备巷道：为采区、一个以上区段、分段服务的运输、通风巷道。例如采区上山、采区车场等。

③回采巷道：形成采煤工作面并为其服务的巷道。例如区段平巷、开切眼等。

10. A

【解析】平硐开拓是利用水平巷道穿过岩层到达煤层的一种开拓方式。该方式较适宜于丘陵地带或山岭地区的煤层开拓。

11. B

【解析】片盘斜井开拓是斜井开拓的一种最简单的形式。它是将整个井田沿倾斜方向划分成若干个阶段，每个阶段倾斜宽度可以布置一个采煤工作面。

12. C

【解析】立井开拓的优缺点：

优点：井筒长度短、提升速度快、提升能力大及管线敷设短、通风阻力小、维护容易。此外，立井对地质条件适应性强，不受煤层倾角、厚度、沼气等条件限制。

缺点：井筒掘进施工技术要求高，开凿井筒所需设备和井筒装备复杂，井筒掘进速度慢，基建投资大等。

13. D

【解析】综合开拓根据地质条件和生产技术条件而定。根据井硐的三种基本形式，组合后理论上有6种综合开拓方式，即：

立井—斜井、斜井—立井；

平硐—立井、立井—平硐；

平硐—斜井、斜井—平硐。

14. D

【解析】采煤方法分为地下开采和露天开采。通过由地下开掘井巷采出煤炭的方法称为地下开采；直接从地表揭露并采出煤炭的方法称为露天开采。

15. A

【解析】采煤工艺是指在采煤工作面内按照一定顺序完成各项工序的方法及其配合。

16. D

【解析】回采工艺过程包括（采煤主要工序）：破煤、装煤、运煤、支护和处理采空区等。

17. B

【解析】图中：a——开始采煤前；b——破煤；c——装运煤；d——移输送机；e——支护；f——采空区处理。

18. D

【解析】采煤工作面安全管理措施包括：

（1）加强职工安全管理意识。

（2）健全安全管理制度。

（3）加强采煤工作面工程质量管理。

（4）严格执行安全管理制度。

（5）采用先进的安全技术设备。

（6）制定完善安全技术措施。

19. C

【解析】采区设计依据包括：

（1）采区地质资料。

（2）矿井生产技术条件。

（3）类似采区开采情况。

（4）遵循文件及设计参考系数。

20. A

【解析】巷道的选择：回采巷道、平巷、开切眼宜采用矩形或梯形断面；

开拓巷道、斜井平硐、井底车场、运输大巷及石门宜采用拱形断面。

21. B

【解析】《煤矿安全规程》第九十一条规定：新建矿井、生产矿井新掘运输巷的一侧，从巷道道碴面起 1.6 m 的高度内，必须留有宽 0.8 m（综合机械化采煤及无胶轮车运输的矿井为 1 m）以上的人行道，管道吊挂高度不得低于 1.8 m。

22. C

【解析】题干中要求的是按照"开采方式"划分开拓方式。

A 选项，按井筒（硐）形式进行分类，该煤矿的开拓方式为综合开拓。

B、C 选项中，按照题干中的描述，且按照开采方式进行分类，该煤矿的开拓方式为上山及上下山混合式开拓，故选择 C 选项。

D 选项，按开采水平大巷布置方式分类，该煤矿的开拓方式为集中大巷开拓。

23. D

【解析】开采倾角很小的近水平煤层，井田沿倾斜方向的高差很小，很难将其划分成若干以一定标高为界的阶段，则可将井田直接划为盘区或带区，故 A 选项错误。

阶段表示的是井田范围中的一部分，强调的是煤层开采范围和储量，故 B 选项错误。

井田内水平和阶段的开采顺序，一般是先采上部水平和阶段，后采下部水平和阶段，故 C 选项错误。

D 选项正确。

24. D

【解析】综合机械化采煤用自移式液压支架支护工作面并隔离采空区，故 A 选项错误。

在采场内根据煤层的自然赋存条件和采用的采煤机械，按照一定顺序完成采煤工作面各道工序的方法及其相互配合叫作采煤工艺，故 B 选项错误。

采煤在煤房中进行，煤柱可留下不采，或在煤房采完后再回采煤柱，前者称为房式采煤法，后者称为房柱式采煤法，故 C 选项错误。

D 选项正确。

25. B

【解析】本题考查的是巷道的分类。为采区一个以上区段、分段服务的巷道叫准备巷道，属于这类巷道的有采区上（下）山、区段集中巷、区段石门、采区车场、采区变电所等，故选择 B 选项。A 选项，采区石门属于开拓巷道；C 选项（区段回风平巷）和 D 选项（开切眼）均属于回采巷道。

26. A

【解析】采区设计的步骤为：

（1）掌握设计依据，明确设计任务。

（2）深入现场，调查研究。

（3）酝酿方案，编制设计方案。

（4）设计方案审批。

（5）编制采区设计。

（6）采区设计的实施与修改。

尤其要注意，在掌握设计依据，明确设计任务（序号①）后，要进行第二步深入现场进行调查研究（序号③），上述两步骤是选择的关键，故选择 A 选项。

27. B

【解析】巷道断面形状的选择，可根据围岩压力等地质条件进行，一般巷道围岩压力小的情况下采用折线形巷道，故 3123 巷道断面可采用折线形；围岩压力大、围岩松软破碎时采用曲线形断面，因 3177 巷道围岩压力大且顶板破碎，故断面采用曲线形。综上所述，本题选择 B 选项。

28. C

【解析】《煤矿安全规程》第六百五十五条规定：当采掘工作面空气温度超过 26 ℃、机电设备硐室超过 30 ℃时，必须缩短超温地点工作人员的工作时间，并给予高温保健待遇。

第二章 煤 矿 通 风

1. D

【解析】煤矿井下的有害气体主要是由 CO、CH_4、SO_2、CO_2、H_2S、NO_2、H_2、NH_3

气体组成。

2. A

【解析】《煤矿安全规程》第一百三十五条中规定,有害气体的浓度不超过下表的规定。

矿井有害气体最高允许浓度

名　　称	最高允许浓度/%
一氧化碳 CO	0.0024
氧化氮（换算成 NO_2）	0.00025
二氧化硫 SO_2	0.0005
硫化氢 H_2S	0.00066
氨 NH_3	0.004

3. A

【解析】《煤矿安全规程》第一百三十五条中规定,井下空气成分必须符合的要求之一是:采掘工作面的进风流中,氧气浓度不低于20%,二氧化碳浓度不超过0.5%。

4. A

【解析】温度:井下适宜温度是15~20 ℃。
湿度:人感到舒适的相对湿度为50%~60%。

5. C

【解析】根据进、出风井筒在井田相对位置不同,矿井通风方式可分为中央式、对角式、混合式。

6. B

【解析】局部通风机的通风方式有压入式、抽出式和混合式3种。

7. D

【解析】通风网络中各分支的基本连接形式有串联、并联和角联,不同的连接形式具有不同的通风特性和安全效果。

8. D

【解析】矿用通风机按结构和工作原理不同可分为轴流式通风机和离心式通风机两种;按服务范围不同可分为主要通风机、辅助通风机和局部通风机。

9. B

【解析】局部风量调节是指在采区内部各工作面之间、采区之间或生产水平之间的风量调节。调节方法有降阻法、增阻法。

10. C

【解析】当矿井或一翼总风量不足或过剩时,需要调节总风量,即调整主要通风机的工况点。采取的措施主要是改变主要通风机的工作特性或改变矿井通风网络总风阻。

11. A

【解析】矿用通风机按结构和工作原理不同可分为轴流式通风机和离心式通风机两种。

12. C

【解析】为了保证风流沿需要的路线流动，就必须在某些巷道中设置相应的通风设施（又称通风构筑物），如风门、风桥、风墙、风窗等，以便对风流进行控制。

13. B

【解析】《煤矿安全规程》第一百三十八条中规定，压入式局部通风机和启动装置，必须安装在进风巷道中，距掘进巷道回风口不得小于 10 m；全风压供给该处的风量必须大于局部通风机的吸入风量。

14. A

【解析】《煤矿安全规程》第一百三十八条中规定，矿井需要的风量应当按要求分别计算，并选取其中的最大值。其中，按井下同时工作的最多人数计算，每人每分钟供给风量不得少于 4 m^3。

15. B

【解析】根据主要通风机的工作方法，地下矿山通风方式分为抽出式、压入式和压入—抽出联合式。

16. B

【解析】在矿井通风系统中，中央分列式通风方式是指进风井布置在矿区井田中央，而回风井则布置在矿区井田上部边界沿走向的中央，回风井相隔一定距离，以这样方式布置的矿井通风叫作中央分列式通风。

17. D

【解析】矿山通风机按其服务范围的不同，可分为主要通风机、辅助通风机、局部通风机；按通风机的构造和工作原理，可分为离心式通风机和轴流式通风机。

18. A

【解析】《煤矿安全规程》第一百五十八条中规定，矿井必须采用机械通风。主要通风机的安装和使用应符合的要求之一是：必须安装 2 套同等能力的主要通风机装置，其中 1 套作备用，备用通风机必须能在 10 min 内开动。

19. B

【解析】井下各作业地点与巷道中的瓦斯允许浓度和超限时的管理要求包括：矿井总回风巷或一翼回风巷中瓦斯或二氧化碳浓度超过 0.75% 时，必须立即查明原因，进行处理。

20. A

【解析】地下矿山漏风是指通风系统中风流沿某些细小通道与回风巷或地面发生渗漏的短路现象。

21. A

【解析】《煤矿安全规程》第一百五十八条中规定，矿井必须采用机械通风。主要通风机的安装和使用应符合的要求之一是：新安装的主要通风机投入使用前，必须进行试运转和通风机性能测定，以后每 5 年至少进行 1 次性能测定。

22. D

【解析】本题考查的是矿井有害气体最高允许浓度。

A 选项中，NO_2 的最高允许浓度为 0.00025%，故 A 选项错误。

B 选项中，H_2S 的最高允许浓度为 0.00066%，故 B 选项错误。

C 选项中，CO 的最高允许浓度为 0.0024%，故 C 选项错误。

D 选项正确。有关井下有害气体的最高允许浓度标准，可参见下表。

有害气体名称	符号	最高允许浓度/%
一氧化碳	CO	0.0024
氧化氮（换算成二氧化氮）	NO_2	0.00025
二氧化硫	SO_2	0.0005
硫化氢	H_2S	0.00066
氨	NH_3	0.004

23. C

【解析】A 选项中，B 煤矿中的采煤工作面空气温度为 31 ℃（超过了 30 ℃），必须停止工作，故 A 选项错误。

B 选项中，D 煤矿中的掘进工作面空气温度为 29 ℃（超过了 26 ℃，但小于 30 ℃），故必须缩短工作人员的工作时间，并给予高温保健待遇，而不是必须停止工作，故 B 选项错误。

C 选项正确，A 煤矿中的掘进工作面空气温度为 28 ℃（超过了 26 ℃，但小于 30 ℃）。

D 选项中，C 煤矿的机电硐室空气温度为 33 ℃（超过了 30 ℃，但小于 34 ℃），故必须缩短工作人员的工作时间，并给予高温保健待遇，而不是必须停止工作，故 D 选项错误。

24. A

【解析】本题考查的是降阻措施。降低摩擦阻力的措施：

(1) 减小摩擦阻力系数 α（锚喷支护的巷道，应尽量采用光面爆破，使巷壁的凹凸度不大于 50 mm）。

(2) 保证有足够大的井巷断面，故 D 选项正确。

(3) 尽量选用周长 U 较小的断面（井巷断面相同的条件下，圆形断面的周长最小，拱形断面次之，矩形、梯形断面的周长较大），故 A 选项错误，应选用周长较小的形状。

(4) 减少巷道长度 L。

(5) 避免巷道内风量过于集中，即减小风量。尽可能使矿井的总进风早分开，使矿井的总回风晚汇合，故 C 选项正确。

25. B

【解析】本题考查的是自然风压。

自然风压与矿井自然风压的大小取决于矿井进回风两侧（严格讲并不一定是进回风侧，而是以最低水平巷道为准的进回风侧）空气的密度差和矿井深度，而空气密度又受温度 T、大气压力 p、气体常数 R 和相对湿度等因素影响，故 A 选项错误。

B 选项正确。

在山区应尽可能增大进回风井井口标高差，并使进风井口布置在阴面，回风井口布置在阳面，故 C 选项错误。

主要通风机工作对自然风压的大小和方向也有一定影响，故 D 选项错误。

26. D

【解析】压入式局部通风机和启动装置安装在进风巷道中，距掘进巷道回风口不得小于 10 m；全风压供给该处的风量必须大于局部通风机的吸入风量，故 D 选项正确。

延伸知识点：压入式通风的风流从风筒末端以自由射流状态射向工作面，其风流的有效射程校长，一般可达 7~8 m，易于排出工作面的污风和矿尘，通风效果好。局部通风机安装在新鲜风流中，污风不经过局部通风机，因而局部通风机一旦发生电火花，不易引起瓦斯、煤尘爆炸，故安全性好。压入式局部通风既可使用硬性风筒，又可使用柔性风筒，适应性较强。

27. D

【解析】依据《煤矿安全规程》的规定，瓦斯喷出区域和突出煤层采用局部通风机通风时，必须采用压入式，故上述观点中，D 选项（序号②）正确，其他选项错误。

28. B

【解析】本题考查的是通风方法的特点及适用情况。

A 选项错误，抽出式通风在主要进风巷道不需要安设风门。

B 选项正确，因采用抽出式通风正常工作时，井下处于负压状态，主要通风机停止运转时，井下风流压力提高，会短时间内防止瓦斯从采空区涌出。

C 选项错误，应是开采煤田上部第一水平而且瓦斯不太严重、地面塌陷区分布较广的矿井时，宜采用压入式通风，注意是"第一水平"且"瓦斯不太严重"，这样可以把一部分有害气体通过塌陷区压到地面，减轻通风机的负荷。

D 选项错误，当矿井火区危害比较严重，如采用抽出式通风易将火区中的有毒气体抽至巷道中威胁安全时，可采用压入式通风，而不是"严禁"。

29. C

【解析】三条巷道为并联关系，则其通风特性为：

A 选项错误，通风阻力的关系为 $h_并 = h_a = h_b = h_c$。

B 选项错误，风量的关系为 $Q_并 = Q_a + Q_b + Q_c$。

C 选项正确。

D 选项错误，$R_并 = \dfrac{h_并}{Q_并^2} = \dfrac{1}{\left(\sqrt{\dfrac{1}{R_1}} + \sqrt{\dfrac{1}{R_2}} + \cdots + \sqrt{\dfrac{1}{R_n}}\right)^2}$。

30. A

【解析】对角巷道 BC 中的风流是不稳定的，其风流方向取决于各临近巷道风阻值的比例，当 $\dfrac{R_1}{R_2} > \dfrac{R_3}{R_4}$ 时，风流由 C 流向 B，风流发生反向。

A 选项，刷扩 AB 段巷道断面，则断面积 S 增大，R_1 减小，则 $\dfrac{R_1}{R_2} < \dfrac{R_3}{R_4}$，风流从 B 流向

C，故不能使 BC 段巷道中的风流反向，选择 A 选项。

B 选项，CD 段中的堆积材料过多，增加了局部阻力，使得 R_4 增大，满足 $\dfrac{R_1}{R_2} > \dfrac{R_3}{R_4}$，风流由 C 流向 B，能够使风流发生反向。

C 选项，K 处的风门未关闭，导致 R_2 减小，满足 $\dfrac{R_1}{R_2} > \dfrac{R_3}{R_4}$，风流由 C 流向 B，能够使风流发生反向。

D 选项，刷扩 AC 段中的进风巷道，会导致 R_3 减小，则满足 $\dfrac{R_1}{R_2} > \dfrac{R_3}{R_4}$，风流由 C 流向 B，能够使风流发生反向。

综上所述，只有 A 选项不能使风流发生反向。

31. D

【解析】按井下同时工作的最多人数计算，每人每分钟供给风量不得少于 4 m³，故 A 选项错误。

采煤工作面的最低风速不得低于 0.25 m/s，故 B 选项错误。

掘进煤巷或半煤岩巷道的最低允许风速为 0.25 m/s，故 C 选项错误。

D 选项正确。

32. C

【解析】本题考查的是矿井各用风点风量计算。

A 选项错误，矿井需要的风量按相关要求分别计算后，应选取其中的最大值，而不是"最小值"。

B 选项错误，使用煤矿用防爆型柴油动力装置机车运输的矿井，行驶车辆巷道的供风量还应当按照同时运行的最多车辆数增加配风量，配风量不小于 4 m³/(min·kW) 的配风量，而不是按"平均车辆数"。

C 选项正确，采煤工作面风量计算中，应按以下因素分别计算，取其中的最大值：①按瓦斯涌出量计算；②按进风流温度计算；③按使用炸药量计算；④按工作人员数量计算；⑤按巷道中同时运行的最多车辆数计算。其中，有"按使用炸药量计算"这一因素。

D 选项错误，依据《煤矿安全规程》的规定，煤矿企业应当根据具体条件制定风量计算方法，至少每 5 年修订 1 次。选项中的 6 年超过了至少每 5 年的规定。

33. A

【解析】本题考查的是局部风量调节。局部风量调节方法有增加风阻调节法和降低风阻调节法。本题中，a、b 巷道构成了并联关系，故可以充分利用并联网络的特性进行局部风量调节。

A 选项正确，在 a 巷道中安设调节风窗，增大了巷道的局部阻力，a 巷道中的风量减小，从而增大了并联巷道 b 中的风量。

B 选项不适宜，增加主要通风机的风量属于矿井总风量调节方法，在调节时，需要考虑全矿井的通风要求，如果盲目增加主要通风机的风量，可能会使某些巷道中风量过大而超过《煤矿安全规程》中的规定。

C 选项错误，依据《煤矿安全规程》的规定，井下严禁安设辅助通风机。

D 选项不适宜，扩大 a 巷道的断面，减小了 a 巷道的风阻，从而增加了 a 巷道中的风量，降低了与其并联巷道 b 的风量。

34. B

【解析】本题考查的是矿井总风量调节。矿井总风量调节的方法，一是改变主要通风机特性的方法，具体为：①改变通风机转速，②改变轴流式通风机工作轮叶片安装角，③利用前导器调节；二是改变通风机工作风阻。

A 选项错误，增加调节风窗相当于增加了矿井风阻，不能增加风量，且属于局部风量调节方法。

B 选项正确，增大主要通风机的叶片安装角能够增加主要通风机的风量。

C 选项错误，应该在矿井最大通风阻力路线上采取降低摩擦阻力和局部阻力的措施，而不是在最小通风阻力路线上。

D 选项错误，应是增大主要通风机的转速能够增加矿井总风量。改变通风机转速主要方法有更换电动机和改变减速器传动比。

35. A

【解析】本题主要考查对从事矿井通风所使用仪器的熟悉情况。A 选项为风扇湿度计（又称通风干湿表），主要用于矿井空气湿度测量；B 选项为补偿式微压计，主要用于压差测量；C 选项为机械叶轮式风表、D 选项为电子叶轮式风速计，主要用于井巷风速测量。

36. C

【解析】本题主要考查对矿井通风机电动机类型选择知识的掌握情况。对于电动机类型，输入功率小于 200 kW 时，宜选用低压鼠笼式（JS 系列）电动机；输入功率大于 250 kW 时，宜选用高压鼠笼式（JS 系列）电动机；输入功率大于 400 kW 时，可选用同步电动机。当可以用高压电动机时，应优先选用高压电动机；当风机有调速要求时，宜选用绕线式（JR 系列）异步电动机。

37. D

【解析】本题主要考查对矿井通风设计所依据的资料知识掌握情况。矿井通风设计依据主要包括：

（1）矿区气象资料：常年风向，历年气温最高月、气温最低月的平均温度，月平均气压。

（2）矿区恒温带温度，地温梯度，进风井口、回风井口及井底气温。

（3）矿区降雨量、最高洪水位、涌水量、地下水文资料。

（4）井田地质地形。

（5）煤层的瓦斯风化带垂深，各煤层瓦斯含量、瓦斯压力及梯度等。

（6）煤层自然发火倾向，发火周期。

（7）煤尘的爆炸危险性及爆炸指数。

（8）矿井设计生产能力及服务年限。

（9）矿井开拓方式及采区巷道布置。

（10）主、副井及风井的井口标高。

（11）矿井各水平的生产能力及服务年限，采区及工作面的生产能力。

（12）矿井巷道断面图册。

（13）矿区电费。

38．C

【解析】 本题主要考查对井下地点需风量计算的熟悉情况。

A选项错误，应按照最低风速（0.25 m/s）和最高风速（4 m/s）验算。

B选项错误，最少不应低于采煤工作面实际需要风量的50%。

D选项错误，应按照最高风速（4 m/s）验算。

39．C

【解析】 本题主要考查对矿井自然风压测算方法知识的掌握情况。矿井自然风压测算方法包括分段平均密度测算法、简略测算法、直接测算法、停主要通风机测定风量测算法、间接测算法等。C选项的等值法，以及示踪气体法，都是测定矿井外部漏风的方法。

40．B

【解析】 本题主要考查对矿井通风阻力测定内容的熟悉情况。B选项错误，用压差计在主要运输巷和主要回风巷测定通风阻力时，应尽可能增加两测点的长度，以减少分段测定的积累误差和缩短测定时间。

41．C

【解析】 本题考查的是通风设施的相关内容。

A选项错误，风硐应有足够大的断面，依据《煤矿安全规程》的规定，要求风速不超过15 m/s，而不是20 m/s。

B选项错误，风门属于隔断风流的通风设施。

C选项正确，依据为《煤矿安全规程》第一百五十五条。

D选项错误，在不允许风流通过也不允许行人或行车的巷道应设置挡风墙，而不是风门，风门是用于不允许风流通过，但需行人或行车的巷道中。

42．C

【解析】 停掘的工作面必须保持正常通风，设置栅栏及警标，每班必须检查风筒的完好状况和工作面及其回风流中的瓦斯浓度，瓦斯浓度超限时，必须立即处理。故C选项错误。

43．D

【解析】 矿井外部漏风率＝（矿井主通风机风量－矿井总回风风量）÷矿井主通风机风量×100%＝（5500－5000）÷5500×100%＝9.1%。

44．C

【解析】 矿井采用全负压通风，上部1号煤层已开采完毕，则2号煤层回风量大于进风量。

45．B

【解析】 为增加某一阻力较大的分区风量，可在阻力较大的分区减少风阻，而在需要减少风量的分区安设风窗。

46．A

· 161 ·

【解析】B 选项错误。在局部阻力物前布置测点，距离不得小于巷宽的 3 倍。

C 选项错误，在局部阻力物后布置测点，距离不得小于巷宽的 8~12 倍。

D 选项错误，测点应选择在风流较稳定的区域。

47. A

【解析】根据通风阻力定律，若已测得巷道的摩擦阻力、风量和该段巷道的几何参数，参阅有关公式，即可求得巷道的摩擦阻力系数。现场测定时应注意以下几点：

（1）必须选择支护形式一致、巷道断面不变和方向不变（不存在局部阻力）的巷道。

（2）测定断面应选择在风流较稳定的区域。在局部阻力物前布置测点，距离不得小于巷宽的 3 倍；在局部阻力物后布置测点，距离不得小于巷宽的 8~12 倍。

（3）用风表测断面平均风速时应和测压同步进行，防止由于各种原因（风门开闭、车辆通过等）使测段风量变化产生影响。

48. C

【解析】自然风压的影响因素：

（1）矿井某一回路中两侧空气柱的温差是影响自然风压的主要因素。

（2）空气成分和湿度影响空气密度，因而对自然风压也有一定影响。

（3）井深对自然风压有一定影响。

（4）主要通风机工作对自然风压的大小和方向也有一定影响。

49. C

【解析】并联网络的总风量等于并联各分支风量之和。并联网络的总风压等于任一并联分支的风压。并联网络的总等积孔等于并联各条分支等积孔之和。

50. D

【解析】根据《煤矿安全规程》第一百三十六条，井巷中的风流速度应符合下表要求。

井巷名称	允许风速/(m·s^{-1}) 最低	允许风速/(m·s^{-1}) 最高
无提升设备的风井和风硐		15
专为升降物料的井筒		12
风桥		10
升降人员和物料的井筒		8
主要进、回风巷		8
架线电机车巷道	1.0	8
输送机巷，采区进、回风巷	0.25	6
采煤工作面、掘进中的煤巷和半煤岩巷	0.25	4
掘进中的岩巷	0.15	4
其他通风人行巷道	0.15	

51. A

【解析】两台通风机串联运行时，应在阻力较大的管网中工作，当在某一管网中采用两台或多台通风机串联工作时，必须将通风机的压力曲线与管网阻力曲线绘制在同一坐标上，并通过分析与比较后，再决定是否采用串联工作。

52. C

【解析】某矿井一采区的无分支独立进风巷 L 被均匀的分为 a、b、c 3 段。因中间没有风流分汇点的线路叫串联风路，风流依次流经各串联风路（巷道）且中间无分支风路（巷道）的通风方式叫串联通风。串联风路各段风路上的风量相等，即 $Q_a = Q_b = Q_c$。在井巷断面相同的条件下，圆形断面的周长最小，拱形次之，矩形、梯形断面周长较大，而当风量、断面面积、巷道长度相同的情况下，通风阻力与风阻与巷道的断面周长成正比，因此 h_a 最小，R_a 最小。等积孔公式为 $A = \dfrac{1.19}{\sqrt{R}}$，因此 3 段的等积孔不相等。

53. D

【解析】增加矿井总风量的措施：

（1）改变主要通风机特性的方法。包括改变通风机转速和改变轴流式通风机工作轮叶片安装角。通风机转速越大，矿井总风量越大；轴流式通风机工作轮叶片的安装角度越大，获得的风量也越大。

（2）改变通风机工作风阻。可通过采取减阻措施来改变矿井风阻特性曲线，从而达到增加矿井风量的目的。减阻措施包括降低矿井巷道的摩擦阻力系数、增加矿井总回风巷的巷道断面面积等。

第三章 矿井瓦斯灾害治理

1. A

【解析】煤矿瓦斯是指从煤和围岩中逸出的以甲烷（CH_4）为主的混合气体，其主要成分是以甲烷为主的烃类气体。

2. D

【解析】瓦斯的来源：①从煤层与围岩内涌入到矿井的气体；②矿井生产过程中生成的气体；③井下空气与煤、岩、矿物、支架和其他材料之间的化学或生物化学反应生成的气体。

3. C

【解析】瓦斯造成的危害包括：

（1）高浓度瓦斯引起的窒息死亡。瓦斯本身无毒，但不能供人呼吸，空气中瓦斯浓度增加会相对降低空气中氧的含量。当瓦斯浓度达到 40% 时，因氧气缺乏会使人窒息死亡。

（2）瓦斯燃烧。井下作业地点环境中瓦斯浓度不在爆炸界限内，但在外因火源（如摩擦、撞击火花、电火花、爆破火花等）的作用下，积聚的瓦斯发生燃烧，可造成外因火灾事故或发生次生瓦斯爆炸。

（3）瓦斯爆炸。当井下作业地点环境中瓦斯浓度达到爆炸界限、氧气浓度符合爆炸浓度，同时在有一定温度的引燃火源的条件下，可发生瓦斯爆炸事故。

4. D

【解析】煤层瓦斯含量主要影响因素如下。

（1）煤的吸附特性（瓦斯保存条件）。煤的吸附性能决定于煤化程度，一般情况下，煤的煤化程度越高，存储瓦斯的能力越强。主要是物理吸附，煤分子与瓦斯分子间的作用力（范德华力）。

（2）煤层露头。长时间与大气接触。

（3）煤层的埋藏深度。埋藏深，瓦斯大。

（4）围岩透气性。泥岩、完整石灰岩透气性低。

（5）煤层倾角。倾角大，瓦斯小；倾角小，瓦斯大。

（6）地质构造。封闭的地质构造，瓦斯大；开放的地质构造，瓦斯小。

（7）水文地质条件。水流带走瓦斯。水大瓦斯小；水小瓦斯大。

（8）岩浆活动。接触变质和热变质作用使煤变质程度提高；而岩浆高温作用强化了煤层排放瓦斯。

（9）煤田地质史。早期构造运动导致地层缺失，使瓦斯长时间处于地表，直接排放到空气中。

5. A

【解析】（1）低瓦斯矿井需同时满足下列条件：①矿井相对瓦斯通出量不大于 10 m³/t；②矿井绝对瓦斯涌出量不大于 40 m³/min；③矿井任一掘进工作面绝对瓦斯涌出量不大于 3 m³/min；④矿井任一采煤工作面绝对瓦斯涌出量不大于 5 m³/min。

（2）高瓦斯矿井需具备下列条件之一：①矿井相对瓦斯涌出量大于 10 m³/t；②矿井绝对瓦斯涌出量大于 40 m³/min；③矿井任一掘进工作面绝对瓦斯涌出量大于 3 m³/min；④矿井任一采煤工作面绝对瓦斯涌出量大于 5 m³/min。

（3）煤（岩）与瓦斯（二氧化碳）突出矿井是指矿井发生过煤（岩）与瓦斯（二氧化碳）突出现象。

6. D

【解析】根据矿井相对瓦斯涌出量、矿井绝对瓦斯涌出量、工作面绝对瓦斯涌出量和瓦斯涌出形式，矿井瓦斯等级划分为：高瓦斯矿井、低瓦斯矿井和煤与瓦斯突出矿井。

7. C

【解析】煤层中瓦斯赋存两种状态：游离状态、吸附状态。

（1）游离状态。也叫自由状态，这种状态的瓦斯以自由气体存在，存在于煤体或围岩的裂隙和较大孔隙（孔径大于 0.01 μm）内。

（2）吸附状态。吸附状态的瓦斯主要吸附在煤的微孔表面上和煤的微粒结构内部。

8. D

【解析】（1）直接测定法。直接测定煤层瓦斯压力的方法是用钻机由岩层巷道或煤层巷道向预定测量瓦斯压力的地点打一钻孔，然后在钻孔中放置测压装置，再将钻孔严密封闭堵塞并将压力表和测压装置相连来测出瓦斯压力的。直接测压法中的关键是封闭钻孔的质量。

(2) 间接测定法：①利用瓦斯压力梯度间接计算。一般情况下，未受采动影响的煤层内的瓦斯压力，随深度的增加而有规律地增加。通过不同深度煤层瓦斯压力测定，求出该煤层的瓦斯压力梯度，就可以预测其他深度的瓦斯压力。②利用原煤瓦斯含量间接计算。煤的瓦斯容量指在一定瓦斯压力、温度、水分和孔隙率条件下，煤中所含有的瓦斯量。煤的瓦斯容量是根据试验室测出的煤的吸附瓦斯等温线和孔隙率计算确定的。

9. A

【解析】《煤矿安全规程》第一百六十九条中规定：一个矿井中只要有一个煤（岩）层发现瓦斯，该矿井即为瓦斯矿井。瓦斯矿井必须依照矿井瓦斯等级进行管理。

10. D

【解析】影响瓦斯涌出量的主要因素有以下几点：①煤层瓦斯含量；②开采规模；③开采程序；④采煤方法与顶板管理方法；⑤生产工序；⑥地面大气压力的变化；⑦通风压力；⑧采空区管理方法。

11. B

【解析】采用负压通风（抽出式）的矿井，风压越高，瓦斯涌出量就越大；而采用正压通风（压入式）的矿井，风压越高，瓦斯涌出量就越小。这主要是风压与瓦斯涌出压力相互作用的结果。

12. A

【解析】开采规模是指矿井的开采深度、开拓与开采的范围及矿井产量而言。开采深度越深，煤层瓦斯含量越高，瓦斯涌出量越大；开拓与开采范围越大，瓦斯涌出的暴露面积越大，其涌出量也就越大；在其他条件相同时，产量高的矿井，其瓦斯涌出量一般较大。

13. A

【解析】地面大气压力的变化对涌出量的影响：当大气压力突然降低时，瓦斯涌出的压力高于风流压力，破坏了原来的相对平衡状态，瓦斯涌出量就会增大；反之，瓦斯涌出量变小。因此，当地面大气压力突然下降时，必须提高警惕，加强瓦斯检查与管理；否则，可能造成重大事故。

14. B

【解析】瓦斯爆炸必须具备3个基本条件，缺一不可。一是空气中瓦斯浓度达到5%~16%；二是要有温度为650~750 ℃的引爆火源；三是空气中氧含量不低于12%。瓦斯只有在5%~16%这个浓度范围内才能爆炸，这个范围称为瓦斯爆炸界限。5%是最低爆炸浓度，称爆炸下限；16%是最高爆炸浓度，称爆炸上限。必须指出，瓦斯爆炸界限并不是固定不变的，当受到一定因素影响时，爆炸界限会相应缩小或扩大。

15. C

【解析】突出强度是指每次突出抛出的煤岩量或喷出的瓦斯量。按突出强度一般可分为：①小型突出：强度小于100 t；②中型突出：强度等于或大于100 t、小于500 t；③大型突出：强度等于或大于500 t、小于1000 t；④特大型突出：强度等于或大于1000 t。

16. B

【解析】1. 有声预兆

（1）响煤炮。由于各矿区、各采掘工作面的地质条件、采掘方法、瓦斯大小及煤质特征等的不同，所以预兆声音的大小、间隔时间、在煤体深处发出的响声种类也不同，有的像炒豆似的噼噼啪啪声，有的像鞭炮声，有的像机枪连射声，有的似跑车一样的闷雷声、嘈杂声、沙沙声、嗡嗡声以及气体穿过含水裂缝时的吱吱声等。

（2）压力突然增大。发生突出前，因压力突然增大，支架会出现嘎嘎响、劈裂折断声，煤岩壁会开裂，打钻时会喷煤、喷瓦斯等。

2. 无声预兆

（1）煤层结构构造方面表现是：煤层层理紊乱、煤变软、变暗淡、无光泽、煤层干燥和煤尘增大，煤层受挤压褶曲、变粉碎、厚度变大、倾角变陡。

（2）地压显现方面表现是：压力增大使支架变形，煤壁外鼓、片帮、掉渣，顶底板出现凸起台阶、断层、波状鼓起，手扶煤壁感到震动和冲击。炮眼变形装不进药，打钻时垮孔、顶夹钻等。

（3）其他方面的预兆有：瓦斯涌出异常、忽大忽小，煤尘增大，空气气味异常、闷人，煤或空气变冷、有时变热。

17. A

【解析】产生瓦斯喷出的原因是：天然的或因采掘工作形成的孔洞、裂隙内，积存着大量高压游离瓦斯，当采掘工作接近或贯通这样的地区时，高压瓦斯就能沿裂隙突然喷出。

18. B

【解析】凡符合下列情况之一的矿井，必须建立地面永久瓦斯抽放系统或者井下移动泵站瓦斯抽放系统。

（1）一个采煤工作面绝对瓦斯涌出量大于 5 m³/min 或一个掘进工作面绝对瓦斯涌出量大于 3 m³/min，用通风方法解决瓦斯问题不合理的。

（2）矿井绝对瓦斯涌出量达到以下条件的：①大于或等于 40 m³/min；②年产量 1.0~1.5 Mt 的矿井，大于 30 m³/min；③年产量 0.6~1.0 Mt 的矿井，大于 25 m³/min；④年产量 0.4~1.0 Mt 的矿井，大于 25 m³/min；年产量等于或小于 0.4 Mt 的矿井，大于 15 m³/min。

19. B

【解析】瓦斯积聚是指瓦斯浓度超过 2%、其体积超过 0.5 m³ 的现象。

20. A

【解析】《煤矿安全规程》第一百六十九条规定，一个矿井中只要有一个煤（岩）层发现瓦斯，该矿井即为瓦斯矿井。瓦斯矿井必须依照矿井瓦斯等级进行管理。

根据矿井相对瓦斯涌出量、矿井绝对瓦斯涌出量、工作面绝对瓦斯涌出量和瓦斯涌出形式，矿井瓦斯等级划分为：

（1）低瓦斯矿井。同时满足下列条件的为低瓦斯矿井：①矿井相对瓦斯涌出量不大于 10 m³/t；②矿井绝对瓦斯涌出量不大于 40 m³/min；③矿井任一掘进工作面绝对瓦斯涌出量不大于 3 m³/min；④矿井任一采煤工作面绝对瓦斯涌出量不大于 5 m³/min。

（2）高瓦斯矿井。具备下列条件之一的为高瓦斯矿井：①矿井相对瓦斯涌出量大于

10 m³/t；②矿井绝对瓦斯涌出量大于 40 m³/min；③矿井任一掘进工作面绝对瓦斯涌出量大于 3 m³/min；④矿井任一采煤工作面绝对瓦斯涌出量大于 5 m³/min。

（3）突出矿井。

21. A

【解析】《煤矿安全规程》第一百七十三条规定，采掘工作面及其他巷道内，体积大于 0.5 m³ 的空间内积聚的甲烷浓度达到 2.0%时，附近 20 m 内必须停止工作，撤出人员，切断电源，进行处理。

22. D

【解析】瓦斯爆炸的条件概括为 3 条：①瓦斯在空气中必须达到一定的浓度；②必须有高温火源；③必须有足够的氧气。因此本题选 D 项。

23. C

【解析】局部性措施包括：卸压排放钻孔、深孔或浅孔松动爆破、卸压槽、固化剂、水力冲孔等。

24. D

【解析】煤与瓦斯突出的主要危害是：①它能摧毁井巷设施、破坏通风系统；②能使井巷中瞬间堆积大量的煤岩和充满高浓度的瓦斯，造成人员被埋压和窒息；③突出的瓦斯遇火源则可能发生燃烧或爆炸事故。

25. D

【解析】（1）发生煤与瓦斯突出事故，不得停风和反风，防止风流紊乱扩大灾情。如果通风系统及设施被破坏，应设置风障、临时风门及安装局部通风机恢复通风。

（2）发生煤与瓦斯突出事故时，要根据井下实际情况加强通风，特别要加强电气设备处的通风，做到运行的设备不停电，停运的设备不送电，防止产生火花引起爆炸。

（3）瓦斯突出引起火灾时，要采用综合灭火或惰气灭火。

（4）救护小队在处理突出事故时，检查矿灯，要设专人定时定点用 100% 瓦斯检定器检查瓦斯浓度，设立安全岗哨。

（5）处理岩石与二氧化碳突出事故时，除严格执行处理煤与瓦斯突出事故各项规定外，还必须对灾区加大风量，迅速抢救遇险人员。矿山救护队进入灾区时，要戴好防护眼镜。

26. C

【解析】预防瓦斯爆炸的技术措施包括：①防止瓦斯积聚和超限；②严格执行瓦斯制度；③防止瓦斯引燃的措施；④防止瓦斯爆炸灾害扩大的措施。

27. B

【解析】《煤矿安全规程》第一百八十六条中规定，开采有煤尘爆炸危险煤层的矿井，必须有预防和隔绝煤尘爆炸的措施。矿井的两翼、相邻的采区、相邻的煤层、相邻的采煤工作面间，掘进煤巷同与其相连的巷道间，煤仓同与其相通的巷道间，采用独立通风并有煤尘爆炸危险的其他地点同与其相连通的巷道间，必须用水棚或者岩粉棚隔开。

28. C

【解析】瓦斯抽放的主要设备设施有：瓦斯抽放泵、瓦斯抽放管路、瓦斯抽放施工用

· 167 ·

钻机、瓦斯抽放参数测定仪表、瓦斯抽放钻孔的密封。瓦斯抽放泵是进行瓦斯抽放最主要的设备。

29. B

【解析】本题考查的是瓦斯的赋存及其影响因素。

A选项错误，在压力降低时会发生解吸（即吸附状态瓦斯转化为游离状态瓦斯），而不是吸附。

B选项正确，温度升高时，气体分子热运动加剧，会发生解吸。

C选项错误，在煤层结构遭受破坏时会发生解吸。

D选项错误，游离状态和吸附状态的瓦斯并不是固定不变的，而是处于不断交换的动态平衡中，一旦条件破坏，平衡就会破坏。

30. C

【解析】本题考查的是影响煤层瓦斯赋存的因素，主要因素有煤层埋藏深度、煤层和围岩透气性、煤层倾角、煤层露头、煤化作用程度及煤系地层的地质史。

A选项错误，煤化作用程度越高，其储存瓦斯的能力就越强，而不是越弱。

B选项错误，煤层和围岩透气性越大，煤层瓦斯含量就越小。

C选项正确，在同一埋深及条件相同的情况下，煤层倾角越小，煤层瓦斯含量就越高。

D选项错误，当煤层埋藏深度不大时，煤层瓦斯含量随着埋深的增大基本呈线性规律增加，当埋深达到一定数值后，煤层瓦斯含量将趋于常量，而不是瓦斯含量梯度逐渐变大。

31. B

【解析】本题考查的是瓦斯喷出的预兆。沿采掘地压生成裂隙的瓦斯喷出在濒临发生时，往往伴随着地压显现效应，如煤壁片帮严重（A选项），底板突然鼓起（C选项），支架承载力加大甚至破坏（D选项），此外还有煤层变软、潮湿等。故B选项中的煤层结构发生变化、变硬不能作为判断的依据。

32. C

【解析】在瓦斯爆炸的条件中，混合气体中氧气含量不低于12%，故C选项错误。

33. B

【解析】本题考查的是瓦斯爆炸的危害。瓦斯爆炸的主要危害是产生爆炸冲击波、火焰锋面和有害气体。

B选项错误，瓦斯爆炸后的气体成分：O_2 含量为 6%～10%，N_2 含量为 82%～88%，CO含量为 2%～4%，CO_2 含量为 4%～8%。

其他选项正确。

34. D

【解析】突出的预兆（分为无声预兆和有声预兆），故A选项错误（其中煤层变潮湿属于瓦斯喷出预兆）。

（1）无声预兆：①煤层结构变化，层理紊乱，煤层由硬变软、由薄变厚，倾角由小变大，煤由湿变干，光泽暗淡，煤层顶底板出现断裂，煤岩严重破坏等；②工作面煤体和支架压力增大、煤壁外鼓、掉碴、煤块迸出等；③瓦斯增大或忽小忽大，煤尘增多。

（2）有声预兆：出现煤爆声、闷雷声、深部岩石或煤层破裂声、支柱折断声等。

突出的一般规律中，石门揭煤工作面平均突出强度最大，煤巷掘进工作面平均突出次数最多，爆破作业最易引发突出，采煤工作面突出防治技术难度最大，故 B 选项错误。

突出的一般规律中，突出危险性随采掘深度的增加而增加；突出危险性随煤层厚度的增加而增加，尤其是软分层厚度，故 C 选项错误。

D 选项正确。

35. C

【解析】本题考查的是相对瓦斯涌出量和绝对瓦斯涌出量的概念。该矿相对瓦斯涌出量 = 3861×0.7%×60×24/3636 ≈ 10.7（m³/t），故 C 选项正确。注意区分相对瓦斯涌出量和绝对瓦斯涌出量的单位。

36. A

【解析】本题考查的是影响矿井瓦斯涌出量的因素。自然因素：煤层及围岩的瓦斯含量、开采深度、地面大气压力变化。开采技术因素：开采顺序与回采方法、回采速度与产量、落煤工艺、基本顶来压步距、通风压力、采空区密闭质量、采场通风系统等。故 A 选项正确。

37. B

【解析】（1）突出矿井。具备下列条件之一的矿井为突出矿井：①在矿井井田范围内发生过煤（岩）与瓦斯（二氧化碳）突出的煤（岩）层。②经鉴定、认定为有突出危险的煤（岩）层。③在矿井的开拓、生产范围内有突出煤（岩）层的矿井。

（2）高瓦斯矿井。具备下列条件之一的矿井为高瓦斯矿井：①矿井相对瓦斯涌出量大于 10 m³/t；②矿井绝对瓦斯涌出量大于 40 m³/min；③矿井任一掘进工作面绝对瓦斯涌出量大于 3 m³/min；④矿井任一采煤工作面绝对瓦斯涌出量大于 5 m³/min。

（3）低瓦斯矿井。同时满足下列条件的矿井为低瓦斯矿井：①矿井相对瓦斯涌出量不大于 10 m³/t；②矿井绝对瓦斯涌出量不大于 40 m³/min；③矿井任一掘进工作面绝对瓦斯涌出量不大于 3 m³/min；④矿井任一采煤工作面绝对瓦斯涌出量不大于 5 m³/min。

A 选项应当同时具备《煤矿安全规程》中规定的四个条件时，确定为低瓦斯矿井，故 A 选项错误。

B 选项正确。

当矿井任一采煤工作面绝对瓦斯涌出量大于 5 m³/min 时，为高瓦斯矿井，故 C 选项错误。

在矿井井田范围内发生过煤（岩）与瓦斯（二氧化碳）突出的煤（岩）层，即确定为突出矿井，故 D 选项错误。

38. B

【解析】《煤矿安全规程》第一百八十一条规定，突出矿井必须建立地面永久抽采瓦斯系统。

有下列情况之一的矿井，必须建立地面永久抽采瓦斯系统或者井下临时抽采瓦斯系统：

· 169 ·

（1）任一采煤工作面的瓦斯涌出量大于 5 m³/min 或者任一掘进工作面瓦斯涌出量大于 3 m³/min，用通风方法解决瓦斯问题不合理的。

（2）矿井绝对瓦斯涌出量达到下列条件的：①大于或者等于 40 m³/min；②年产量 1.0~1.5 Mt 的矿井，大于 30 m³/min；③年产量 0.6~1.0 Mt 的矿井，大于 25 m³/min；④年产量 0.4~0.6 Mt 的矿井，大于 20 m³/min；⑤年产量小于或者等于 0.4 Mt 的矿井，大于 15 m³/min。

故经分析，A、C、D 选项错误，B 选项符合题意。

39．C

【解析】本题考查的是采煤工作面上隅角瓦斯积聚治理。治理的常用方法有风障或风帘法、尾巷法、改变采空区的漏风方向、上隅角抽排瓦斯等。

①中的方法适用于采空区瓦斯涌出量（<3 m³/min）、上隅角瓦斯浓度超限不多时，题干中采空区瓦斯涌出量为 4.2 m³/min，故不适用。

②中的方法可以采用，下行通风能排除上隅角瓦斯（注意：倾角大于 12°的采煤工作面，在有突出危险的采煤工作面严禁采用下行通风）。

③可采用移动泵站对采空区瓦斯进行抽放，进而减少瓦斯的涌出量，可以治理上隅角瓦斯积聚。

④中，《煤矿安全规程》规定，采煤工作面禁止采用局部通风机稀释瓦斯，必须采用矿井全风压通风，故错误。综上所述，C 选项中的②③符合题意。

40．C

【解析】本题考查的是煤与瓦斯突出的防治。防治突出的技术措施主要分为区域性措施和局部性措施。

区域性措施：①开采上保护层；⑥大面积预抽煤层瓦斯。

局部性性措施：②注水湿润采煤工作面煤体；③对采煤工作面进行超前钻孔排放瓦斯；④采用固化剂；⑤深孔松动爆破。故选择 C 选项。

41．B

【解析】 (6-3.1)(5000+250)/(24×60)+1.5≈12.07（m³/min）

42．A

【解析】根据《防治煤与瓦斯突出细则》第五十八条，区域突出危险性预测所依据的临界值应当根据实验考察确定，在确定前可暂按下表预测。

瓦斯压力 P/MPa	瓦斯含量 W/(m³·t⁻¹)	区域类别
$P<0.74$	$W<8$（构造带 $W<6$）	无突出危险区
除上述情况以外的其他情况		突出危险区

开拓区域存在构造带，瓦斯含量为 7.3 m³/t，大于 6 m³/t，故该区域属于突出危险区。

43．C

【解析】A 选项错误，当喷出量小或裂缝不大时可用罩子或铁风筒等设施将喷出的裂缝封堵好，加盖水泥密封。

B 选项错误，职工应配备隔绝式自救器。

D 选项错误，抽放卸压钻孔的数量应根据初期卸压面积估算卸压瓦斯量来确定。

44. C

【解析】有下列情况之一的煤层，应当立即进行煤层突出危险性鉴定，否则直接认定为突出煤层；鉴定未完成前，应当按照突出煤层管理：

（1）有瓦斯动力现象的。

（2）瓦斯压力达到或者超过 0.74 MPa 的。

（3）相邻矿井开采的同一煤层发生突出事故或者被鉴定、认定为突出煤层的。

45. B

【解析】在压力降低、温度升高、煤体结构遭遇破坏时就会发生解吸，即吸附状态瓦斯转化为游离状态瓦斯。煤层及围岩的瓦斯含量越高，瓦斯涌出量越大。矿井瓦斯涌出量与工作面回采速度成正比。

46. C

【解析】目前区域性措施主要有 3 种，即开采保护层、大面积瓦斯预抽采、控制预裂爆破。局部措施有卸压排放钻孔、深孔或浅孔松动爆破、泄压槽、固化剂、水力冲孔等。

47. B

【解析】该煤矿 6 月瓦斯涌出总量为 10000×60×24×30×0.2% = 864000（m³）。

48. A

【解析】《煤矿瓦斯抽采达标暂行规定》第七条规定，有下列情况之一的矿井必须进行瓦斯抽采，并实现抽采达标：

（1）开采有煤与瓦斯突出危险煤层的；

（2）一个采煤工作面绝对瓦斯涌出量大于 5 m³/min 或者一个掘进工作面绝对瓦斯涌出量大于 3 m³/min 的；

（3）矿井绝对瓦斯涌出量大于或等于 40 m³/min 的；

（4）矿井年产量为 1.0~1.5 Mt，其绝对瓦斯涌出量大于 30 m³/min 的；

（5）矿井年产量为 0.6~1.0 Mt，其绝对瓦斯涌出量大于 25 m³/min 的；

（6）矿井年产量为 0.4~0.6 Mt，其绝对瓦斯涌出量大于 20 m³/min 的；

（7）矿井年产量等于或小于 0.4 Mt，其绝对瓦斯涌出量大于 15 m³/min 的。

《煤矿瓦斯抽采达标暂行规定》第八条规定，煤矿企业主要负责人为所在单位瓦斯抽采的第一责任人，负责组织落实瓦斯抽采工作所需的人力、财力和物力，制定瓦斯抽采达标工作各项制度，明确相关部门和人员的责、权、利，确保各项措施落实到位和瓦斯抽采达标。

49. B

【解析】《煤矿安全规程》第一百五十三条规定，采煤工作面必须采用矿井全风压通风，禁止采用局部通风机稀释瓦斯。

第四章 防灭火技术

1. D

【解析】矿井火灾中按发火位置分为：①上行风流；②下行风流；③进风流。

2. C

【解析】矿井火灾发生的原因虽多种多样，但构成火灾的基本要素归纳起来有热源、可燃物和空气3个方面，俗称火灾三要素。

3. C

【解析】燃烧四面体为热源、可燃物、链式反应和空气。

4. B

【解析】矿井火灾按引火的热源不同分为：外因火灾，内因火灾。

按发火地点的不同分为：井筒火灾，巷道火灾，采面火灾，采空区火灾等。

按燃烧物的不同分为：机电设备火灾，油料火灾，火药燃烧火灾，坑木火灾，瓦斯燃烧火灾等。

5. D

【解析】外因火灾的预防措施：①安全设施；②明火管理；③消防器材管理。

6. C

【解析】预防性灌浆的作用：①泥浆中的沉淀物将碎煤包裹，从而与空气隔绝；②沉淀物充填于浮煤和冒落的矸石缝隙之间，堵塞漏风通道；③泥浆对已经自热的煤炭有冷却散热作用。

7. C

【解析】惰性气体防灭火的关键是控制火区的氧气含量。如灭明火时，应使氧气含量小于15%。

8. D

【解析】防止采空区遗煤自燃，氧气含量应小于7%～10%。

9. A

【解析】均压是通过降低漏风通道两端的压差，即削弱漏风的动力源来达到减少漏风的目的。常用的均压防火技术措施有调压气室辅以连通管、风门辅以主调压风机、改变风流路线等。

10. A

【解析】直接灭火法包括：挖除可燃物、用水灭火、隔绝灭火、灌浆灭火、泡沫灭火、胶体材料灭火。

11. D

【解析】封闭火区灭火法的工作原则：封闭火区要立足一个"早"字，同时要遵循3条原则：小、少、快。即封闭范围要尽可能小，建立最少的防火墙，防火墙施工要快。

12. C

【解析】井下火灾的特点：很难及时发现，井下空气供给有限，难以完全燃烧，有毒有害烟雾大量产生，随风流到处扩散，毒化矿井空气，威胁工人的生命安全，在瓦斯和煤尘爆炸危险的矿井，还可能引起爆炸，酿成重大恶性事故。

13. A

【解析】内因火灾的主要特点：①一般都有预兆；②火源隐蔽；③持续燃烧的时间较长，范围较大，难于扑灭；④内因火灾频率较高。

14. C

【解析】A 类火灾：固体物质火灾。

B 类火灾：液体或可熔化的固体物质火灾。

C 类火灾：气体火灾。

D 类火灾：金属火灾。

E 类火灾：带电火灾。

F 类火灾：烹饪器具内的烹饪物（如动植物油脂）火灾。

15. A

【解析】防火的基本原理：

（1）控制可燃物。使用难燃或不燃材料代替易燃和可燃材料；加强通风；防止可燃气体和易燃液体泄漏。

（2）隔绝助燃物。实行密闭操作，防止空气接触；使用惰性气体保护。

（3）消除热源。

（4）阻止火势蔓延。

16. A

【解析】隔离法的具体措施：

（1）关闭可燃气体、液体管道的阀门，以减少和阻止可燃物质进入燃烧区。

（2）将火源附近的可燃、易燃、易爆和助燃物品搬走。

（3）排除生产装置、容器内的可燃气体或液体。

（4）设法阻挡流散的液体。

（5）拆除与火源毗连的易燃建（构）筑物，形成阻止火势蔓延的空间地带等。

17. A

【解析】窒息法的具体措施：

（1）用砂、石棉布、湿棉被、帆布等不燃或难燃物捂盖燃烧物，阻止空气流入燃烧区，使已燃烧的物质得不到足够的氧气而熄灭。

（2）用水蒸气或惰性气体（如 CO_2、N_2）来降低燃烧区内氧浓度。

（3）密闭起火的建筑、设备的孔洞和硐室。

（4）用泡沫覆盖在燃烧物上使之得不到新鲜空气而窒息。

18. A

【解析】（1）工程技术（Engineering）对策：①灾前对策，指防止起火、防止火灾扩大；②灾后对策，指报警、控制、灭火、避难。

（2）教育（Education）对策：知识、技术、态度。

（3）管理（法制 Enforcement）对策：制定各种法规和标准，且强制性执行。

这3种对策简称"三E"对策。前两者是防火的基础,后者是防火的保证。

19. C

【解析】 锁风启封火区具体做法是:

(1) 先在火区进风密闭墙外 5~6 m 的地方构筑一道带风门的临时密闭,形成一个过渡空间,并在这两道密闭之间储备足够的水泥、砂石和木板等材料。

(2) 救护队员佩戴呼吸器进入两道密闭之间,将临时密闭墙的风门关好,形成一个不通风的封闭空间。

20. C

【解析】《煤矿安全规程》第二百七十九条规定,封闭的火区,只有经取样化验证实火已熄灭后,方可启封或注销。

火区同时具备下列条件时,方可认为火已熄灭:

(1) 火区内的空气温度下降到 30 ℃ 以下,或与火灾发生前该区的日常空气温度相同。

(2) 火区内空气中的氧气浓度降到 5.0% 以下。

(3) 火区内空气中不含有乙烯、乙炔,一氧化碳浓度在封闭期间内逐渐下降,并稳定在 0.001% 以下。

(4) 火区的出水温度低于 25 ℃,或与火灾发生前该区的日常出水温度相同。

(5) 上述 4 项指标持续稳定 1 个月以上。

21. D

【解析】 煤层倾角在 35°以上的火区下部区段严禁进行采掘工作。

22. C

【解析】 强火区的检查工作中,须定期检查密闭墙外的空气温度、瓦斯浓度、密闭墙内外空气压差以及密闭墙墙体,发现封闭不严或有其他缺陷或火区有异常变化时,必须采取措施,及时处理。

23. A

【解析】 矿井要进行大的风量调整时,应测定密闭墙内的气体成分和空气温度。

24. A

【解析】 绘制火区位置关系图时应注意:

(1) 煤矿企业必须绘制火区位置关系图,注明所有火区和曾经发火的地点。

(2) 火区位置关系图和火区管理卡片必须永久保存。

25. B

【解析】 在通风封闭火区中,在保持火区通风的条件下,同时在进回风两侧构筑密闭。这时火区中的氧气浓度高于失爆界限(O_2 浓度 > 12%),封闭时存在着瓦斯爆炸的危险性。

26. B

【解析】 密闭墙的位置选择,具体要求是:

(1) 密闭墙的数量尽可能少。

(2) 密闭墙的位置不应离新鲜风流过远。为便于作业人员的工作,密闭墙的位置不应离新鲜风流过远,一般不应超过 10 m,也不要小于 5 m,以便留有另筑建密闭墙的位置。

(3) 密闭墙周围岩体条件要好。密闭墙前后5 m范围内的围岩应稳定，没有裂缝，保证筑建密闭墙的严密性和作业人员的安全，否则应用喷浆或喷混凝土将巷道围岩的裂缝封闭。

(4) 密闭墙与火源间不应存在旁侧风路。为了防止火区封闭后引起火灾气体和瓦斯爆炸，在密闭墙与火源之间不应有旁侧风路存在，以免火区封闭后风流逆转，将有爆炸性的火灾气体和瓦斯带回火源而发生爆炸。

(5) 施工地点必须通风良好，施工现场要吊挂瓦斯检测装置。

(6) 密闭墙应尽量靠近火源。不管有无瓦斯，密闭墙的位置（特别是进风侧的密闭墙）应距火源尽可能近些。这是因为空间越小，爆炸性气体的体积越小，发生爆炸的威力越小，启封火区时也容易。

27. B

【解析】常用的干粉灭火剂有碳酸氢钠、硫酸铵、溴化氨、氯化铵、磷酸铵盐等。其中以磷酸铵盐用得最多。

28. D

【解析】冲击作用属于水的直接灭火法。

29. B

【解析】矿领导与救护队领导和有关业务部门的领导人员一起研究救灾措施，包括：

(1) 派救护队员下井侦察火源性质、火区情况，侦察人员应注意顺新鲜风流接近火源。

(2) 组织险区人员撤离（迎着新鲜风流撤退）。

(3) 组织人力、设备器材，积极为救人灭火创造条件。

(4) 确定控制风流的措施。

30. D

【解析】按照《矿井灾害预防和处理计划》的规定，应立即采取以下措施：

(1) 通知矿救护队。

(2) 通知矿领导和总工程师。

(3) 通知所有受火灾威胁的人员撤出险区。

(4) 向救护队和矿领导如实汇报火源地点、范围及性质。

31. D

【解析】在以下情况下可考虑停主要通风机：①火源位于进风井口或进风井筒，不能进行反风；②独头掘进面发火已有较长的时间，瓦斯浓度已超过爆炸上限，这时不能再送风（如若再送风，会将高浓度瓦斯带入火区）；③主要通风机已成为通风阻力。

停主要通风机时，应同时打开回风井的防爆门，使风流在火风压作用下自动反风，采用这种通风措施应慎重。

32. C

【解析】处理地下矿山火灾事故时，应遵循以下基本技术原则：控制烟雾的蔓延，不危及井下人员的安全；防止火灾扩大；防止引起瓦斯、煤尘爆炸；防止火风压引起风

· 175 ·

流逆转而造成危害；保证救灾人员的安全，并有利于抢救遇险人员；创造有利的灭火条件。

33. B

【解析】内因火灾是指煤（岩）层或含硫矿场在一定的条件和环境下自身发生物理化学变化积聚热量导致着火而形成的火灾。

34. D

【解析】封闭的火区，只有经取样化验证实火已熄灭后，方可启封或注销。火区同时具备下列条件时，方可认为火已熄灭：①火区内的空气温度下降到30 ℃以下，或者与火灾发生前该区的日常空气温度相同；②火区内空气中的氧气浓度降到5.0%以下；③火区内空气中不含有乙烯、乙炔，一氧化碳浓度在封闭期间内逐渐下降，并稳定在0.001%以下；④火区内的出水温度低于25 ℃，或者与火灾发生前该区的日常出水温度相同；⑤以上4项指标持续稳定1个月以上。本题中条件①不知是否满足，不可认为4项均满足。

35. B

【解析】最新研究成果表明，可以使用一氧化碳、乙烯及乙炔3个指标综合地将煤炭自燃划分为3个阶段：矿井风流中只出现10^{-6}级的一氧化碳时的缓慢氧化阶段；出现10^{-6}级的一氧化碳、乙烯时的加速氧化阶段；出现10^{-6}级的一氧化碳、乙烯及乙炔时的激烈氧化阶段，此时即将出现明火。

36. C

【解析】采用氮气防灭火时，应当遵守下列规定：氮气源稳定可靠；注入的氮气浓度不低于97%；至少有1套专用的氮气输送管路系统及其附属安全设施等。

37. A

【解析】本题考查的是内因火灾的特点。内因火灾的主要特点是：

（1）一般都有预兆，有烟、有味道，作业场所温度升高，一氧化碳或二氧化碳浓度升高，作业人员感觉头痛、恶心、四肢无力等，故C选项错误。

（2）多发生在隐蔽地点，如题干中的采空区。

（3）持续燃烧的时间较长，故D选项错误。

（4）发火率较高，故A选项正确。

B选项错误，属于外因火灾的特点。

38. C

【解析】本题考查的是煤炭自燃的条件。煤炭自燃需同时具备4个条件：

（1）煤具有自燃倾向性。

（2）有连续的通风供氧条件。

（3）破碎状态堆积热量积聚。

（4）持续一定的时间。

②中，放顶煤工作面推进速度过快，则氧气进入到采空区内与煤炭反应的时间降低，不能充分进行氧化反应，也减少了漏风，有利于采空区火灾的防治，故不是引起煤炭自燃的主要因素。其他选项均是引起煤炭自燃的因素。

39. C

【解析】煤炭自燃分为3个阶段：缓慢氧化阶段、加速氧化阶段和出现明火的激烈氧化阶段。一般以地下矿山风流中只出现 10^{-6} 级的 CO 作为主要检测早期自然发火的指标气体；随着煤的继续升温，煤炭自燃进入加速氧化阶段时，10^{-6} 级的烯烃气体 C_2H_4 逐渐由煤体氧化分解产生。当 10^{-6} 级的 C_2H_2 产生时，表明煤已进入发生高温裂解的激烈氧化阶段，常常出现明火。

题意中，无乙炔出现，故可判断煤层处于加速氧化阶段，C 选项正确。

40. C

【解析】灌浆防灭火分为采前预灌、随采随灌和采后封闭灌浆。随采随灌适用于自燃倾向性强、自然发火期较短的长壁工作面，故 A 选项错误。

均压防灭火的原理：在建立科学合理的通风网络的基础上和保持矿井主要通风机运转工况合理的条件下，通过对井下风流有意识地进行调整，改变相关巷道的风压分布，均衡火区或采空区进回风两侧的风压差，减少或杜绝漏风，使火区或自燃隐患点处的空气不产生流动和交换，减弱或断绝氧气的供给，达到惰化、窒息火区或自燃隐患点，抑制煤炭自然发火的目的，故 B 选项错误。

C 选项正确。

采用注氮防灭火时，注氮浓度不低于97%；液态二氧化碳内没有氧气，纯度可以达到100%，而氮气最高达到97%，故 D 选项错误。

41. B

【解析】本题考查的是灌浆防灭火的方法。

A 选项，采前预灌是在工作面尚未回采前对其上部采空区进行灌浆，本题是针对采煤工作面后方的采空区，故不适用。采前预灌适用于开采特厚煤层，以及采空区多且极易自燃的煤层。

B 选项，埋管灌浆属于随采随灌中的一种，适用于自燃倾向性强的长壁工作面、自然发火期短的煤层，故可以采用。

C、D 选项均属于采后封闭灌浆，适合自然发火期较长的煤层。

42. C

【解析】当火源的下风侧有遇险人员尚未撤出或不能确定遇险人员是否已牺牲时，应保持正常通风，故 A 选项错误。

处理火灾时应避免出现富燃料燃烧，故 B 选项错误。

C 选项正确。

如果火灾发生在某一采区或工作面的进风侧，应当采用局部反风措施，防止烟流进入人员汇集的工作地点，减少灾害损失，故 D 选项错误。

43. C

【解析】本题考查的是封闭火区的做法。

A 选项错误，依据《煤矿安全规程》的规定，封闭火区时，应当合理确定封闭范围，而不是尽可能地缩小范围。

B 选项错误，依据《煤矿安全规程》的规定，不能实现同时封闭的，应先封闭次要进回风通道，后封闭主要进回风通道。

C 选项正确，依据《煤矿安全规程》的规定，检查或者加固密闭墙等工作，应当在火区封闭完成 24 h 后实施。

D 选项错误，依据《煤矿安全规程》的规定，发现已封闭火区发生爆炸造成密闭墙破坏时，严禁调派救护队侦察或者恢复密闭墙；应当采取安全措施，实施远距离封闭。

44．B

【解析】只有经取样化验分析证实，同时具备下列条件时，方可认为火区已经熄灭，准予启封：

（1）火区内温度下降到 30℃ 以下，或与火灾发生前该区的空气日常温度相同。

（2）火区内空气中的氧气浓度降到 5% 以下。

（3）火区内空气中不含有乙烯、乙炔，一氧化碳浓度在封闭期间内逐渐下降，并稳定在 0.001% 以下。

（4）火区的出水温度低于 25℃，或与火灾发生前该区的日常出水温度相同。

（5）以上 4 项指标持续稳定的时间在 1 个月以上。

A 选项应为 30℃，故错误；C 选项应为 25℃，故错误；D 选项参照上述内容，故错误；B 选项正确。

45．A

【解析】本题考查的是火区的启封。

A 选项错误，启封火区时，应当逐段恢复通风，而不是采取"一风吹"，同时测定回风流中一氧化碳、甲烷的浓度和风流温度。其他选项正确。

46．B

【解析】本题考查的是对制浆材料的选择。

B 选项错误，其要求应是收缩率小，而不是收缩率大。其他选项正确。

制浆用的材料应满足以下要求：

（1）加入少量水即可成浆。

（2）浆液渗透力强，收缩率小，来源广泛，成本低。

（3）不含可燃、助燃成分。

（4）泥浆要易于脱水，且具有一定的稳定性，一般要求含砂量为 25%～30%。

（5）泥土粒度不大于 2 mm，细小粉粒（粒度小于 1 mm）应占 75% 以上。

（6）主要物理性能指标：密度为 2.4～2.8 t/m³，塑性指数为 9～14，胶体混合物为 25%～30%，含砂量为 25%～30%。

47．B

【解析】本题考查的是煤矿防灭火系统。

B 选项错误，井下消防管路每隔 100 m 设置支管和阀门，但在带式输送机巷道中应当每隔 50 m 设置支管和阀门。其他选项正确。

48．C

【解析】A 选项错误，火区封闭要尽可能地缩小范围，并尽可能地减少防火墙的数量。

B、D 选项错误。在多风路的火区建造防火墙时，应根据火区范围、火势大小、瓦斯涌出量等情况来决定封闭火区的顺序。一般是先封闭对火区影响不大的次要风路的巷道，然后封闭火区的主要进回风巷道。

49．B

【解析】全风压排瓦斯要坚持先拆除回风巷密闭，后拆除进风巷密闭的原则。

50．D

【解析】A选项错误，采前预灌适用于开采特厚煤层，以及采空区多且极易自燃的煤层。

B选项错误，采后灌浆充填最易发生自燃火灾的终采线空间。

C选项错误，采后灌浆是指当煤层的自然发火期较长时，为避免采煤、灌浆工作互相干扰，可在一个区域（工作面、采区、一翼）采完后，封闭上下出口进行灌浆。

51．C

【解析】处理进风井口、井筒、井底车场、主要进风巷和硐室火灾时，应当进行全矿井反风。反风前，必须将火源进风侧的人员撤出，并采取阻止火灾蔓延的措施。

52．D

【解析】煤层自然倾向性是煤的一种自然属性，它取决于煤在常温下的氧化能力，是煤层发生自燃的基本条件。

53．C

【解析】防止自燃火灾对于开拓开采的要求是：提高采出率，减少煤柱和采空区遗煤，破坏煤炭自燃的物质基础；加快回采速度，回采后及时封闭采空区，缩短煤炭与空气接触的时间，减少漏风，消除自燃的供氧条件，破坏煤炭自燃过程。

54．B

【解析】制浆用的材料应满足以下要求：

（1）加入少量水即可成浆。

（2）浆液渗透力强，收缩率小，来源广泛，成本低。

（3）不含可燃、助燃成分。

（4）泥浆要易于脱水，且具有一定的稳定性，一般要求含砂量为25%～30%。

（5）泥土粒度不大于2 mm，细小粉粒（粒度小于1 mm）应占75%以上。

（6）主要物理性能指标：密度为2.4～2.8 t/m³，塑性指数为9～14，胶体混合物为25%～30%，含砂量为25%～30%。

55．D

【解析】均压防灭火即设法降低采空区区域两侧分压差，从而减少向采空区漏风供氧，达到抑制和窒息煤炭自燃。其实质是通过风量合理分配与调节，达到降压减风、堵风防漏、管风防火、以风治火的目的。3203工作面进风巷设置风机进行增压、增加工作面风量都会使两侧压差增加。

56．B

【解析】火区启封只有经取样化验分析证实，同时具备下列条件时，方可认为火区已经熄灭，准予启封：

（1）火区内温度下降到30 ℃以下，或与火灾发生前该区的空气日常温度相同。

(2) 火区内空气中的氧气浓度降到 5% 以下。

(3) 火区内空气中不含有乙烯、乙炔，一氧化碳浓度在封闭期间内逐渐下降，并稳定在 0.001% 以下。

(4) 火区的出水温度低于 25 ℃，或与火灾发生前该区的日常出水温度相同。

以上 4 项指标持续稳定的时间在 1 个月以上。

第五章 防治水技术

1. D

【解析】煤矿防治水十六字原则是："预测预报、有疑必探、先探后掘、先治后采"。

2. A

【解析】《煤矿防治水细则》第三十八条规定，在地面无法查明水文地质条件时，应当在采掘前采用物探、钻探或者化探等方法查清采掘工作面及其周围的水文地质条件。

3. C

【解析】《煤矿防治水细则》第六十一条规定，煤矿应当建立重点部位巡视检查制度。当接到暴雨灾害预警信息和警报后，对井田范围内废弃老窑、地面塌陷坑、采动裂隙以及可能影响矿井安全生产的河流、湖泊、水库、涵闸、堤防工程等实施 24 h 不间断巡查。矿区降大到暴雨时和降雨后，应当派专业人员及时观测矿井涌水量变化情况。

4. D

【解析】《煤矿防治水细则》第一百零六条规定，矿井应当配备与矿井涌水量相匹配的水泵、排水管路、配电设备和水仓等，并满足矿井排水的需要。除正在检修的水泵外，应当有工作水泵和备用水泵。工作水泵的能力，应当能在 20 h 内排出矿井 24 h 的正常涌水量（包括充填水及其他用水）。备用水泵的能力，应当不小于工作水泵能力的 70%。检修水泵的能力，应当不小于工作水泵的 25%。工作和备用水泵的总能力，应当能在 20 h 内排出矿井 24 h 的最大涌水量。

5. D

【解析】《煤矿防治水细则》第四十六条规定，在预计水压大于 0.1 MPa 的地点探水时，预先固结套管，并安装闸阀。止水套管应当进行耐压试验，耐压值不得小于预计静水压值的 1.5 倍，兼作注浆钻孔的，应当综合注浆终压值确定，并稳定 30 min 以上；预计水压大于 1.5 MPa 时，采用反压和有防喷装置的方法钻进，并制定防止孔口管和煤（岩）壁突然鼓出的措施。

6. B

【解析】《煤矿防治水细则》第四十三条规定，探放断裂构造水和岩溶水等时，探水钻孔沿掘进方向的正前方及含水体方向呈扇形布置，钻孔不得少于 3 个，其中含水体方向的钻孔不得少于 2 个。

7. B

【解析】《煤矿防治水细则》第四十三条规定，煤层内，原则上禁止探放水压高于

1 MPa 的充水断层水、含水层水及陷落柱水等。如确实需要的，可以先构筑防水闸墙，并在闸墙外向内探放水。

8. C

【解析】备用水泵的能力应不小于工作水泵的 70%，检修水泵的能力应不小于工作水泵能力的 25%。

9. D

【解析】一般来说，"挂汗""挂红""水叫"都属于矿井透水前的预兆，空气变冷也属于预兆之一，而并不是空气变热。因此选 D 选项。

10. C

【解析】工作面底板灰岩含水层突水预兆有：①工作面压力增大，底板鼓起，底鼓量有时可达 500 mm 以上；②工作面底板产生裂隙，并逐渐增大；③沿裂隙或煤帮向外渗水，随着裂隙的增大，水量增加；④底板破裂沿裂缝有高压水喷出，并伴有"嘶嘶"声或刺耳水声；⑤底板发生"底爆"，伴有巨响，地下水大量涌出，水色呈乳白色或黄色。

11. C

【解析】处理地下矿山水灾事故时，矿山救护队到达事故地下矿山后，要了解灾区情况、突水地点、突水性质、涌水量、水源补给、水位、事故前人员分布、地下矿山具有生存条件的地点及其进入的通道等，并根据被堵人员所在地点的空间、氧气浓度、瓦斯浓度以及救出被困人员所需的大致时间，制定相应的救灾方案。

12. A

【解析】工作水泵的能力，应能在 20 h 内排出矿井 24 h 的正常涌水量（包括充填水和其他用水）。备用水泵的能力应不小于工作水泵能力的 70%。工作水泵和备用水泵的总能力，应能在 20 h 内排出矿井 24 h 的最大涌水量。检修水泵的能力应不小于工作水泵能力的 25%。

13. C

【解析】地下矿山突水预兆有：一般预兆、工作面底板灰岩含水层突水预兆、松散孔隙含水层突水预兆。其中，松散孔隙含水层突水预兆表现为：①突水部位发潮、滴水且滴水现象逐渐增大，仔细观察发现水中含有少量细砂；②发生局部冒顶，水量突增并出现流砂，流砂常呈间歇性，水色时清时混，总的趋势是水量、砂量增加，直至流砂大量涌出；③顶板发生溃水、溃砂，这种现象可能影响到地表，致使地表出现塌陷坑。

14. A

【解析】探放老空水前，应当首先分析查明老空水体的空间位置、积水范围、积水量和水压等。探放水时，应当撤出探放水点标高以下受水害威胁区域所有人员。放水时，应当监视放水全过程，核对放水量和水压等，直到老空水放完为止，并进行检测验证。

15. B

【解析】矿井水害特征见下表。

类别	水　源	水源进入矿井的途径或方式
地表水水害	大气降水、地表水体（江、河、湖泊、水库、沟渠、坑塘、池沼、泉水和泥石流）	井口、采空区冒裂带、岩溶地面塌陷坑或洞、断层带及煤层顶底板或封孔不良的旧钻孔充水或导水
老空水水害	古井、小窑、废巷及采空区积水	采掘工作面接近或沟通时，老空水进入巷道或工作面
孔隙水水害	第三系、第四系松散含水层孔隙水、流砂水或泥砂等，有时为地表水补给	采空冒裂带、地面塌陷坑、断层带及煤层顶底板含水层裂隙及封孔不良的旧钻孔导水
裂隙水水害	砂岩、砾岩等裂隙含水层的水，常常受到地表水或其他含水层水的补给	采后冒裂带、断层带、采掘巷道揭露顶板或底板砂岩水，或封孔不良的旧钻孔导水

此煤矿两层煤之间无含水层和隔水层，上层煤已经采空，现开采下层煤，且上层煤开采后产生的裂隙已经发育到地表，大气降水通过裂隙进入上层采空区形成积水。如果在下层煤开采过程中有大量水涌入开采区域，从涌水水源来看为老空水水害。

16. B

【解析】 本题考查的是矿井水害类型。老空，是指采空区、老窑和已经报废井巷的总称。水源进入矿井的途径或方式：采掘工作面接近或沟通时，老空水进入巷道或工作面。故从题意分析，该水害类型为老空水水害。其他类型水害为地表水水害、孔隙水水害、裂隙水水害和岩溶水水害。

17. A

【解析】 本题考查的是煤矿井下突水水源及涌水特征。

岩溶含水层极不均一，且多为底板充水矿床，水文地质勘探和矿井防治水难度较大，岩溶充水矿井水文地质条件多比较复杂，一般水量大、水压高（取决于埋藏条件和补给区位置）、来势猛、水量稳定、不易疏干，矿床涌水量一般较大，故 A 选项错误。

18. C

【解析】 本题考查的是矿井地球物理勘探方法。

适宜采用 C 选项中的多方位矿井瞬变电磁法，主要研究对象为煤层顶板、左右两帮及巷道超前富水性探测，对水反应敏感。

A 选项，矿井地震法主要研究对象为探测底板、侧帮及掘进工作面前方断层、裂隙发育带的位置，探测煤层小构造，对构造反应敏感。

B 选项，矿井地质雷达法主要研究对象为探测所探测方向上构造，对构造进行精细探测。

D 选项，瑞利波探测技术的探测对象是断层、陷落柱、岩浆岩侵入体等构造和地质异常体，以及煤层厚度、相邻巷道、采空区等，探测距离 80~100 m，优点是可进行井下全方位超前探测。

19. D

【解析】本题考查的是井下探放水。采掘工作面遇有下列情况之一时，应当立即停止施工，确定探水线，实施超前探放水，经确认无水害威胁后，方可施工：

（1）接近水淹或者可能积水的井巷、老空区或者相邻煤矿时。

（2）接近含水层、导水断层、暗河、溶洞和导水陷落柱时。

（3）打开隔离煤柱放水前。

（4）接近可能与河流、湖泊、水库、蓄水池、水井等相通的导水通道时。

（5）接近有出水可能的钻孔时。

（6）接近水文地质条件不清的区域时。

（7）接近有积水的灌浆区时。

（8）接近其他可能突（透）水的区域时。

故 D 选项正确。

20. B

【解析】本题考查的是小窑老空水的探放。当掘进巷道进入警戒线时，如发现有透（突）水征兆应提前探水，故 A 选项错误。

B 选项正确。

允许掘进距离是指探水后，证实前方无透水危险、可以安全掘进的长度，故 C 选项错误。

允许掘进距离的终点横剖面线上探水钻孔之间的距离，又叫孔间距，其通常规定不得超过 3 m，以防漏掉老空巷道，故 D 选项错误。

21. D

【解析】本题考查的是防隔水煤柱的留设，根据公式 $L = 0.5KM\sqrt{\dfrac{3p}{K_p}} = 0.5 \times 5 \times 1.46 \times \sqrt{\dfrac{3 \times 5}{0.8}} \approx 15.8$（m）。但根据《煤矿防治水细则》的规定，矿井应当根据地质构造、水文地质条件、煤层赋存条件、围岩物理力学性质、开采方法及岩层移动规律等因素确定相应的防隔水煤（岩）柱的尺寸。防隔水煤（岩）柱的尺寸不得小于 20 m。15.8 m＜20 m，故选择 D 选项。

22. B

【解析】本题考查的是透水预兆。发生透水前，工作面气温降低，或出现雾气或硫化氢气味，故 A 选项错误。

B 选项正确。

与陷落柱有关的突水，来势猛、突水量大，突出物总量很大且岩性复杂，这种冲出大量突出物的现象，对断层突水来说，一般极其少见，故 C 选项错误。

与陷落柱有关的突水，在突水点附近巷道或采场的突出物剖面上，常见下部是煤、岩碎屑，上部是徐灰或奥灰的碎块，故 D 选项错误。

23. C

【解析】本题考查的是水害防治技术。当断层下降盘一侧的煤层与上升盘一侧的含水层直接接触或相距很近时，可沿断层带留设一定宽度的防水煤柱，使采煤工作面至断层的最短距离乘以强度降低率后仍大于临界厚度，即可安全开采，故 A 选项错误。

局部注浆止水不宜用于隔水底板的正常厚度小于临界厚度时的突水，故 B 选项错误。

C 选项正确。

在掘透老窑区时，必须在放水孔周围补打钻孔，各钻孔都能保证进出风，证明确无积水和有害气体后，方可沿钻孔标高以上掘透，故 D 选项错误。

24. C

【解析】本题考查的是突水征兆。与陷落柱有关的突水，一般先突黄泥水，后突出黄泥和塌陷物，故选择 C 选项。

25. C

【解析】老空位置不清楚时，探水钻孔成组布设，并在巷道前方的水平面和竖直面内呈扇形，钻孔终孔位置满足水平面间距不得大于 3 m，故 A 选项错误。

探查陷落柱等垂向构造时，应当同时采用物探、钻探两种方法，根据陷落柱的预测规模布孔，但底板方向钻孔不得少于 3 个，故 B 选项错误。

C 选项正确（煤层内，原则上禁止探放水压高于 1 MPa 的充水断层水、含水层水及陷落柱水等）。

探放断裂构造水和岩溶水等时，探水钻孔沿掘进方向的正前方及含水体方向呈扇形布置，钻孔不得少于 3 个，故 D 选项错误。

26. B

【解析】正常涌水量大于 1000 m³/h 的矿井，主要水仓有效容量可以按照下式计算：

$$V = 2(Q+3000)$$

式中　V——主要水仓的有效容量，m³；

　　　Q——矿井每小时的正常涌水量，m³。

其中 $V = 10000$ m³，则 $Q = 2000$ m³；因该矿井正常涌水量为 1200 m³/h，故采空区探放水最大流量为 2000−1200 = 800（m³/h）。

27. B

【解析】工作面底板灰岩含水层突水预兆：

（1）工作面压力增大，底板鼓起，底鼓量有时可达 500 mm 以上。

（2）工作面底板产生裂隙，并逐渐增大。

（3）沿裂隙或煤帮向外渗水，随着裂隙的增大，水量增加，当底板渗水量增大到一定程度时，煤帮渗水可能停止，此时水色时清时浊，底板活动使水变浑浊，底板稳定使水色变清。

（4）底板破裂，沿裂隙有高压水喷出，并伴有"嘶嘶"声或刺耳水声。

（5）底板发生"底爆"，伴有巨响，地下水大量涌出，水色呈乳白色或黄色。

28. B

【解析】$a = 0.5\, AL \sqrt{\dfrac{3p}{k_p}} = 0.5 \times 4 \times 3 \sqrt{\dfrac{3 \times 300 \times 1000 \times 10}{0.16 \times 10^6}} = 45$（m）。

29. D

【解析】 采掘工作面遇有下列情况之一时，应当立即停止施工，确定探水线，实施超前探放水，经确认无水害威胁后，方可施工：

(1) 接近水淹或者可能积水的井巷、老空区或者相邻煤矿时。

(2) 接近含水层、导水断层、溶洞和导水陷落柱时。

(3) 打开隔离煤柱放水时。

(4) 接近可能与河流、湖泊、水库、蓄水池、水井等相通的导水通道时。

(5) 接近有出水可能的钻孔时。

(6) 接近水文地质条件不清的区域时。

(7) 接近有积水的灌浆区时。

(8) 接近其他可能突（透）水的区域时。

30. A

【解析】 与陷落柱有关的突水：一般先突黄泥水，后突出黄泥和塌陷物；来势猛、突水量大，突出物总量很大且岩性复杂；塌陷物突出过程一般都是先突煤系中的煤、岩碎屑，后突奥灰碎块。

31. B

【解析】 考虑断层水在顺煤层方向的压力时，防隔水煤柱 L 为 25 m。

当考虑底部压力时，应当使煤层底板到断层面之间的最小距离（垂距），大于安全防隔水煤（岩）柱宽度 H_a 的计算值，但不得小于 20 m。其计算公式为 $L = \dfrac{H_a}{\sin\alpha} = \dfrac{15}{\sin 30} = 30$（m）。

根据以上两种方法计算的结果，取用较大的数值，最终确定防隔水煤柱 L 至少应为 30 m。

32. B

【解析】 工作面底板灰岩含水层突水预兆：

(1) 工作面压力增大，底板鼓起，底鼓量有时可达 500 mm 以上。

(2) 工作面底板产生裂隙，并逐渐增大。

(3) 沿裂隙或煤帮向外渗水，随着裂隙的增大，水量增加，当底板渗水量增大到一定程度时，煤帮渗水可能停止，此时水色时清时浊，底板活动使水变浑浊，底板稳定使水色变清。

(4) 底板破裂，沿裂隙有高压水喷出，并伴有"嘶嘶"声或刺耳水声。

(5) 底板发生"底爆"，伴有巨响，地下水大量涌出，水色成乳白色或黄色。

工作面滴水并逐渐增大，且水中含有少量细砂为冲积层水的突水预兆。

33. B

【解析】 发现近距离探到积水，必须迅速加固钻孔周围及巷道顶帮，另选安全地点，在较远处打孔放水或扫孔冲淤。

《煤矿安全规程》规定，探放老空积水最小超前水平钻距不得小于 30 m，止水套管长度不得小于 10 m。钻探接近老空时，应当安排专职瓦斯检查工或者矿山救护队员在现场值班，随时检查空气成分。如果甲烷或者其他有害气体浓度超过有关规定，应当立即停止钻进，切断电源，撤出人员，报告矿调度室，及时采取措施进行处理。

第六章 顶板灾害防治技术

1. B

【解析】伪顶是指在煤层与直接顶之间有时存在厚度在几厘米至几十厘米之间、极易垮落的软弱岩层。随采随冒，一般炭质页岩、泥质页岩等。

2. A

【解析】煤矿采场矿山压力控制主要根据直接顶稳定性和基本顶来压强度来选择合理支护方式和支护强度。

3. B

【解析】直接顶是指直接位于煤层之上的易垮落岩层。煤矿直接顶稳定性分类主要以直接顶初次垮落步距为主要指标，将直接顶分为不稳定、中等稳定、稳定和非常稳定四类。

4. D

【解析】按冒顶范围可将顶板事故分为大型冒顶和局部冒顶两类

大型冒顶指范围较大、伤亡人数较多（每次死亡3人以上）的冒顶。

局部冒顶指范围不大、有时仅在3~5支架范围内、伤亡人数不多（1~2人）的冒顶。局部冒顶事故的次数远多于大型冒顶事故，约占采场冒顶事故的70%，总的危害比较大。常发生在靠近煤壁附近、采场两端、放顶线附近以及地质破坏带附近。

5. C

【解析】按力源划分的采场顶板事故有：

（1）压垮型冒顶：①基本顶来压时的压垮型冒顶；②厚层难冒顶板大面积冒落；③直接顶导致的压垮型冒顶。

（2）漏冒型冒顶：①大面积漏垮型冒顶；②局部漏冒型冒顶。

（3）推垮型冒顶：①复合顶板推垮型冒顶；②金属网下推垮型冒顶；③大块游离顶板旋转推垮型冒顶；④采空区冒矸冲入采场的推垮型冒顶；⑤冲击推垮型冒顶。

（4）综合类型冒顶。

6. D

【解析】《煤矿安全规程》第一百一十一条规定，采用分层垮落法回采时，下一分层的采煤工作面必须在上一分层顶板垮落的稳定区域内进行回采。

7. A

【解析】《煤矿安全规程》第一百条规定，采煤工作面必须存有一定数量的备用支护材料。严禁使用折损的坑木、损坏的金属顶梁、失效的单体液压支柱。

8. C

【解析】图中：1——基本顶；2——直接顶；3——伪顶；4——煤层；5——直接底。

9. A

【解析】《煤矿安全规程》第一百零一条规定：采煤工作面必须及时支护，严禁空顶作业。所有支架必须架设牢固，并有防倒措施。严禁在浮煤或者浮矸上架设支架。单体液压支柱的初撑力，柱径为 100 mm 的不得小于 90 kN，柱径为 80 mm 的不得小于 60 kN。对于软岩条件下初撑力确实达不到要求的，在制定措施、满足安全的条件下，必须经矿总工程师审批。严禁在控顶区域内提前摘柱。碰倒或者损坏、失效的支柱，必须立即恢复或者更换。移动输送机机头、机尾需要拆除附近的支架时，必须先架好临时支架。

10. D

【解析】通常来说，在采高大、煤质松软、顶板破碎、矿山压力大的工作面容易发生片帮，而薄煤层和煤质坚硬的工作面一般不容易发生片帮。

11. C

【解析】按照顶板一次冒落的范围及造成伤亡的严重程度，一般可分为局部冒顶和大型冒顶事故两大类。当顶板破碎、节理发育时，不进行支护就会发生冒顶。在地质条件变化的区域，也易发生冒顶。有时尽管顶板比较稳定，但忽视支架规格质量，违反操作规程，也会引起局部冒顶。

12. D

【解析】处理垮落巷道的方法主要有以下几种。

（1）木垛法。这是处理垮落巷道较常用的方法，一般分为"井"字木垛和"井"字木垛与小棚相结合的处理方法。

（2）撞楔法。当顶板岩石破碎而且继续冒落、无法进行清理冒落物和架棚时，可采用撞楔法处理垮落巷道。

（3）搭凉棚法。冒顶处冒落的拱高度不超过 1 m，且顶板岩石不继续冒落，冒顶长度又不大时，可以用 5~8 根长料搭在冒落两头完好的支架上，这就是搭凉棚法。这种方法不宜用于高瓦斯矿井。

（4）打绕道法。当冒落巷道长度较小、不易处理，并且造成堵人的严重情况时，为了想办法给被困人员输送新鲜空气、食物和水，迅速营救被困人员，可采取打绕道的方法，绕过冒落区进行救援。

13. B

【解析】冒顶事故的探测方法主要包括"敲帮问顶"法、仪器探测法、木楔探测法等。敲帮问顶法是最常用的方法，又分为锤击判断声法和振动探测法两种。木楔探测法是指在工作面顶板（围岩）的裂缝中打入小木楔，过一段时间进行一次检查，如发现木楔松动或者掉渣，表明顶板（围岩）裂缝受矿压影响在逐渐增大，可能发生冒顶事故。大面积冒顶可以用微振仪、地音仪和超声波地层应力仪等仪器探测法进行预测。

14. D

【解析】本题考查的是顶板灾害的概念及成因。冲击地压具有明显的显现特征：突发性、巨大破坏性、瞬时震动性（冲击地压发生过程急剧而短暂，一般震动持续时间不超过几十秒）。震动持续时间不长，故 D 选项错误。其他选项正确。

15. C

【解析】本题考查的是冲击地压发生的原因。

A 选项错误，在一定采深条件下，比较强烈的冲击地压一般出现在地层中具有高强度的岩层情况下，特别是在顶板中有坚硬厚层砂岩的情况，而不是在顶板中有软岩的情况下。

B 选项错误，总的来说，岩（煤）层的强度大，整体性好，冲击地压的倾向性就高，但并不是说，强度小和弹性差的岩（煤）层不会发生冲击地压。

C 选项正确。

D 选项错误，煤柱下方应力高，更容易发生冲击地压。

16. B

【解析】本题考查的是矿（地）压灾害的分类。按照矿（地）压灾害的力源，分为压垮型冒顶、漏冒型冒顶、推垮型冒顶、综合类冒顶（其他类型冒顶）和冲击地压。其中漏冒型冒顶包括局部漏冒型冒顶和大面积漏垮型冒顶，题干中的描述是由于支护不及时且顶板较为破碎，而引发的冒顶事故，属于靠煤壁附近的局部冒顶，故选择 B 选项。

17. A

【解析】本题考查的是基本顶分级。基本顶是位于直接顶之上较硬或较厚的岩层，基本顶压力显现分为 4 级，基本顶来压不明显、来压明显、来压强烈和来压极强烈，故选择 A 选项。

18. D

【解析】本题考查的是压垮型顶板灾害的防治。

A 选项能起作用，保证工作面的快速推进也是防治顶板灾害的有效技术措施。

B 选项能起作用，对坚硬顶板强制放顶能够缓解顶板破断的压力作用。

C 选项能起作用，将工作面与开切眼斜交布置，基本顶的破断不至于造成工作面全面来压，而呈局部来压，一定程度上减弱工作面来压的剧烈程度。

D 选项不能起作用，采高越大，矿压显现也越严重，采高越低，顶板活动越缓和，煤壁也较为稳定。故选择 D 选项。

19. A

【解析】本题考查的是冲击地压预测及评价。

A 选项正确。综合指数法是综合地质方面的因素（如开采深度、煤层的物理力学特性、顶板岩层的结构特征、地质构造等）和开采技术方面的因素（如上覆煤层的终采线、残采区、采空区、煤柱、老巷、开采区域的大小等），确定采掘工作面周围采矿地质条件的每个因素对冲击地压的影响程度以及确定各个因素对冲击地压危险状态影响的指数，形成冲击地压危险状态等级评定的综合指数法。

煤的冲击倾向分为强冲击、弱冲击和无冲击。动态破坏时间 DT：煤样在常规单轴压缩试验条件下，从极限载荷到完全破坏所经历的时间。该指标综合反映了能量变化的全过程。动态破坏时间 $DT \leqslant 50$ ms 时属于强冲击，大于 500 ms 时属于无冲击，故 B 选项错误。

有下列情况之一的，应当进行煤岩冲击倾向性鉴定：

(1) 有强烈震动、瞬间底（帮）鼓、煤岩弹射等动力现象的。

(2) 埋深超过 400 m 的煤层，且煤层上方 100 m 范围内存在单层厚度超过 10 m 的坚硬岩层的。

(3) 相邻矿井开采的同一煤层发生过冲击地压的。

(4) 冲击地压矿井开采新水平、新煤层的。故 C、D 选项错误。

20. B

【解析】本题考查的是冲击地压的局部措施。

冲击地压矿井应当在采取区域措施基础上，选择煤层钻孔卸压、煤层爆破卸压、煤层注水、顶板爆破预裂、顶板水力致裂、底板钻孔或爆破卸压等至少一种有针对性、有效的局部防冲措施。B 选项中的爆破卸压属于局部防冲措施。其他选项中的措施属于区域防冲措施。D 选项中，应采用长壁综合机械化采煤方法，且其属于区域防冲措施，而采煤工作面长度一般在 50 m 以上称为长壁工作面。

21. C

【解析】本题考查的是冲击地压监测方法。

区域监测可采用微震监测法，故 C 选项正确。

其他选项应力监测法、电磁辐射法和钻屑法均属于局部监测方法。

22. D

【解析】本题考查的是冲击地压防范措施。

开采冲击地压煤层时，在应力集中区内不得布置 2 个工作面同时进行采掘作业。2 个掘进工作面之间的距离小于 150 m 时，采煤工作面与掘进工作面之间的距离小于 350 m 时，2 个采煤工作面之间的距离小于 500 m 时，必须停止其中一个工作面。相邻矿井、相邻采区之间应当避免开采相互影响。严重冲击地压厚煤层中的巷道应当布置在应力集中区外。双巷掘进时 2 条平行巷道在时间、空间上应当避免相互影响。故 A、B 选项错误。

地质构造区域应采取避免或减缓应力集中和叠加的开采程序。褶皱构造区应从轴部开始回采；盆地构造应从盆底开始回采；断层或采空区附近时，应从断层或采空区开始回采，故 C 选项错误。

D 选项正确（缓倾斜、倾斜厚及特厚煤层采用综采放顶煤工艺开采时，直接顶不能随采随冒的，应当预先对顶板进行弱化处理。）

23. B

【解析】本题考查的是巷道通过地质构造带时，巷道轴向应尽量垂直断层构造带或向斜构造、背斜构造，故 B 选项错误。其他选项正确。

24. A

【解析】常用的锚杆支护的作用机理包括悬吊作用、组合梁作用、组合拱作用、围岩强度强化作用、最大水平应力理论、松动圈支护理论。

25. C

【解析】推垮型冒顶是由平行于层面方向的顶板力推倒支架而导致的冒顶。

26. C

【解析】冒顶事故发生后，抢救人员时，可用呼喊、敲击的方法听取回击声，或用声响接收式和无线电波接收式寻人仪等装置判断遇险人员的位置，与遇险人员保持联系，鼓

· 189 ·

励他们配合抢救工作。对于被堵人员，应在支护好顶板的情况下，用掘小巷、绕道通过冒落区或使用矿山救护轻便支架穿越冒落区接近被困人员。

处理冒顶事故的过程中，矿山救护队始终要有专人检查瓦斯和观察顶板情况，发现异常，立即撤出人员。

清理堵塞物时，使用工具要小心，防止伤害遇险人员；遇有大块矸石、木柱、金属网、铁架、铁柱等物压人时，可使用千斤顶、液压起重器、液压剪刀等工具进行处理，严禁用镐刨、锤砸等方法扒人或破岩。

第七章 粉 尘 防 治

1. A

【解析】工人在生产中长期吸入大量微细粉尘而引起的以纤维组织增生为主要特征的肺部疾病为尘肺病。

2. A

【解析】预防煤尘爆炸的技术措施主要包括减尘、降尘措施，防止煤尘引燃措施及限制煤尘爆炸范围扩大。

3. D

【解析】A、B、C选项均正确，D选项为A、B、C 3个选项混合在一起的干扰项，且煤层注水只有减尘作用并不能杜绝煤尘的产生。

4. D

【解析】限制煤尘爆炸范围扩大的措施为：①清除落尘；②撒布岩粉；③设置水棚。D选项属于防尘措施，不属于限制煤尘爆炸范围扩大的措施。

5. B

【解析】综合防尘技术措施分为通风除尘、湿式作业、密闭抽尘、净化风流、个体防护及一些特殊的除尘、降尘措施；水幕净化为净化风流中的一种；清除落尘为限制煤尘爆炸范围扩大的措施。

6. C

【解析】C选项为净化风流中的措施。

7. B

【解析】根据矿尘粒径组成范围分为全尘、呼吸性矿尘；根据矿尘的成因分为原生矿尘、次生矿尘；根据二氧化硅含量分为硅尘、非硅尘；根据矿尘分为岩尘、煤尘。

8. C

【解析】细尘（10~40 μm）：在明亮的光线条件下，肉眼可以观察到，在静止空气中作加速沉降运动。

9. C

【解析】矿尘具有很大的危害性，表现在以下几个方面。

(1) 污染工作场所，危害人体健康，引起职业病。

(2) 某些矿尘（如煤尘、硫化矿尘）在一定条件下可以爆炸。

(3) 加速机械磨损，缩短精密仪器使用寿命。
(4) 降低工作场所能见度，增加工伤事故的发生。

10. B

【解析】影响尘肺病的发病因素包括矿尘的成分、矿尘粒度、矿尘浓度、暴露时间、矿尘分散度。

11. C

【解析】尘肺病的预防措施包括组织措施、技术措施、卫生保健。

12. D

【解析】影响煤层注水效果的因素包括：①煤的裂隙和孔隙的发育程度；②上履岩层压力及支承压力；③液体性质的影响；④煤层内的瓦斯压力；⑤注水参数的影响。

13. B

【解析】透水性强的煤层采用低压（小于 3 MPa）注水，透水性较弱的煤层采用中压（3~10 MPa）注水，必要时可采用高压注水（大于 10 MPa）。

14. C

【解析】提高煤层注水的措施包括：间歇注水，提高煤层透气性，使用湿润剂。

15. A

【解析】防止引燃煤尘爆炸的措施有：严格执行《煤矿安全规程》有关除明火的规定，防止瓦斯积聚和燃烧爆炸，消除爆破时产生的火焰，消除电气及其他火源。

16. B

【解析】超微粉尘（<0.25 μm）：用超倍显微镜才能观察到，可长时间悬浮于空气中，并随空气分子作布朗运动。

17. C

【解析】影响矿尘产生量的因素包括：①采掘机械化（炮、普、综采）；②地质构造及煤层赋存条件；③煤岩的物理性质；④环境温度和湿度；⑤产尘点通风状况；⑥采煤方法和割煤参数；⑦围岩的性质。

18. C

【解析】煤矿粉尘的主要尘源是：采掘，运输和装载，锚喷等作业场所。

19. A

【解析】由于吸入含游离二氧化硅含量较高的岩尘而引发的尘肺病称为硅肺病。

20. D

【解析】原因有 3 点：①固体破碎成微细粉尘后，它与氧气接触面积大大地增加；②尘粒表面能吸附氧气；③某些粉尘（如煤尘）加热时，能迅速放出大量可燃气体。

21. A

【解析】《煤矿安全规程》第六百四十条规定，作业场所空气中粉尘（总粉尘、呼吸性粉尘）浓度应当符合下表的要求。不符合要求的，应当采取有效措施。

作业场所中粉尘浓度要求

粉尘种类	游离二氧化硅含量/%	时间加权平均容许浓度/(mg·m^{-3})	
		总粉尘	呼吸性粉尘
煤尘	<10	4	2.5
矽尘	10~50	1	0.7
	50~80	0.7	0.3
	≥80	0.5	0.2
水泥尘	<10	4	1.5

注：时间加权平均容许浓度是以时间加权数规定的 8 h 工作日、40 h 工作周的平均容许接触浓度。

22. B

【解析】具体安设位置为：

(1) 矿井总入风流净化水幕，距井口 20~100 m 巷道内。

(2) 采区入风流净化水幕，距风流分叉口支流内侧 20~50 m 巷道内。

(3) 掘进回风流净化水幕，距工作面 30~50 m 巷道内。

(4) 巷道中产生尘源净化水幕，距尘源下风侧 5~10 m 巷道内。

(5) 采煤回风流净化水幕，距工作面回风口 10~20 m 回风巷道内（避开组合开关位置）。

(6) 主要进回风巷、采区进回风巷每 200 m 安装一组净化水幕；采掘工作面进回风巷每 100 m 安装一组净化水幕。

23. C

【解析】通常，注水量或煤的水分增量变化在 50%~80% 之间。

24. B

【解析】在个体防尘口罩的使用与维护中应做到：

(1) 使用前，领取的口罩整体及零部件应齐全、良好。

(2) 佩戴时，口罩要包住口鼻与面部接触良好。

(3) 使用后应清洗干净，特别是简易型防尘口罩。

(4) 带换气阀的专用防尘口罩再次使用前应更换滤料，常检查口罩是否完好。

25. B

【解析】本题考查的是粉尘的分类。

A 选项错误，应是游离 SiO_2 含量在 10% 以上的矿尘是引起硅肺病的主要因素，而不是"以下"。

B 选项正确。

C 选项错误，煤尘中呼吸性粉尘的时间加权平均容许浓度为 2.5 mg/m^3，属于数字性错误。

D 选项错误，超微粉尘的粒径小于 0.25 μm，用电子显微镜才能观察到，在空气中作布朗运动，而不是在静止空气中呈等速沉降。

26. D

【解析】 本题考查的是影响煤尘爆炸的因素。

影响煤尘爆炸的因素，如煤中挥发分的含量、煤尘中水分的含量、灰分、粒度、瓦斯的存在等。故 D 选项煤尘的光学特性不是影响煤尘爆炸的因素。

27. B

【解析】 本题考查的是通风排尘。

采煤工作面、掘进中的煤巷和半煤岩巷的允许风速最低为 0.25 m/s，掘进中的岩巷最低为 0.15 m/s，故 A 选项错误。

B 选项正确。

在不受扰动的情况下，干燥巷道中煤尘的扬尘风速为 1.5~2.0 m/s，潮湿巷道中扬尘风速可达到 6 m/s 以上，故 C 选项错误。

采掘工作面的最高允许风速为 4 m/s，故 D 选项错误。

28. C

【解析】 本题考查的是粉尘安置角的影响因素。

粉尘的安置角与粉尘的粒径、含水率、尘粒形状、尘粒表面光滑程度、粉尘的黏附性等因素有关，故选择 C 选项。

29. A

【解析】 本题考查的是粉尘的产生及性质。A 选项正确。井田内如有火成岩侵入，矿体变脆变酥，则产尘量将增加，故 B 选项错误。游离二氧化硅是引起硅肺病的主要因素，故 C 选项错误。湿润角小于 60°的，表示湿润性好，为亲水性的；湿润角大于 90°时，说明湿润性差，属憎水性的，故 D 选项错误。

30. B

【解析】 本题考查的是用水捕捉悬浮矿尘的说法。

水滴与尘粒的荷电性也能够促进尘粒的凝集，故 B 选项错误。

31. A

【解析】 本题考查的是湿式作业。A 选项正确。

水分子与尘粒分子间的吸引力越大，湿润边角越小，越易于湿润。相反，如水分子之间的吸引力增大，即水的表面张力系数增大，则湿润边角变大，使粉尘难于湿润，故 B 选项错误。

用水湿润、冲洗初生矿尘，常见于湿式凿岩、湿式钻眼等作业；用水湿润、冲洗沉积矿尘，俗称洒水降尘，多用于煤岩的装运作业和井巷的防爆措施，故 C 选项错误。

低分散度雾体水粒大，水滴数量少，尘粒与大水滴相遇时，会因旋流作用而从水滴边绕过，不被捕获。过高分散度的雾体，水滴十分细小，容易汽化，捕尘率也不高，故 D 选项错误。

32. D

【解析】 本题考查的是煤层注水可注性判定指标。

当煤层测试结果同时满足原有水分 $W \leq 4\%$、孔隙率 $\eta \geq 4\%$、吸水率 $\delta \geq 1\%$、坚固性系数 $f \geq 0.4$，则判定取样煤层为可注水煤层，否则判定为可不注水煤层。

33. A

【解析】本题考查的是防尘口罩的基本要求。

A 选项正确。

B 选项错误，一般要求在没有粉尘、流量为 30 L/min 条件下，吸气阻力应不大于 50 Pa，呼气阻力不大于 30 Pa，阻力过大将引起呼吸肌疲劳。

C 选项错误，口罩面具与人面之间的空腔，应不大于 180 cm³。

D 选项错误，妨碍视野角度应小于 10°，主要是下视野。

34. D

【解析】本题考查的是煤尘爆炸。煤尘爆炸要比可燃物质及可燃气体复杂，故 A 选项错误。

煤尘有无爆炸危险，必须通过煤尘爆炸性试验鉴定，故 B 选项错误。

有时即使粉体的平均粒度大于 400 μm，但其中往往也含有较细的粉体，这少部分的粉体也具备爆炸性，故 C 选项错误。

D 选项正确。

35. B

【解析】A 选项错误，当采用封孔器封孔时，应按封孔器的要求确定注水钻孔直径，以便使封孔器处于最大工作压力。

C 选项错误，实践证明，长时间进行小流量的注水方式更有利于增强煤层湿润的效果。

D 选项错误，煤层注水影响因素不包括注水钻孔长度。

36. D

【解析】根据《煤矿安全规程》第一百八十六条，开采有煤尘爆炸危险煤层的矿井，必须有预防和隔绝煤尘爆炸的措施。矿井的两翼、相邻的采区、相邻的煤层、相邻的采煤工作面间，掘进煤巷同与其相连的巷道间，煤仓同与其相连的巷道间，采用独立通风并有煤尘爆炸危险的其他地点同与其相连的巷道间，必须用水棚或者岩粉棚隔开。

37. C

【解析】细微粉尘增大了表面能，即增强了尘粒的结合力，一般尘粒间相互结合形成一个新的大尘粒的现象叫作凝聚。粉尘的凝聚是在粒子间距离非常近时，由于分子间引力的作用而产生的。一般尘粒间距较大，需要有外力作用使尘粒间碰撞、接触，促进其凝聚，这些外力有粒子热运动（布朗运动）、静电力、超声波、紊流脉动速度等。尘粒的凝聚有利于对粉尘的捕集和分离。

38. B

【解析】防尘口罩的基本要求：

（1）一般要求在没有粉尘、流量为 30 L/min 条件下，吸气阻力应不大于 50 Pa，呼气阻力不大于 30 Pa。

（2）对粒径小于 5 μm 的粉尘，阻尘率应大于 99%。

（3）妨碍视野角度应小于 10°，主要是下视野。

（4）自吸过滤式防尘口罩又可分简易式防尘口罩和复式防尘口罩。简易式防尘口罩适用于氧气浓度不低于 18% 且无其他有害气体的作业环境。复式防尘口罩对作业环境空气的要求与简易式防尘口罩相同。简易式防尘口罩多为一次性产品，复式防尘口罩可重复使用。

第八章　机电运输安全技术

1. A

【解析】电气火源类型：带电作业、电缆火花、喷灯、信号照明通信系统、防爆设备失爆、爆破母线短路、非防爆电气设备、电机车火花、开关冒火、摩擦、静电。

2. C

【解析】属于供电系统不完善的隐患：

(1) 单电源、单回路供电。

(2) 中性点接地的变压器向井下供电。

(3) 井下供电线路未使用检漏继电器。

(4) 井下电缆敷设、悬挂不合理。

(5) 井下电器设备外壳保护接地装置不规范。

(6) 埋深不够。

(7) 接地线截面过小。

3. D

【解析】不符合《煤矿安全规程》要求的隐患有：

(1) 提升绞车未按规定定期进行性能检测。

(2) 钢丝绳及连接装置未进行检查或检查不到位。

(3) 钢丝绳有锈蚀现象。

(4) 钢丝绳作业时不规范（缠绕、运送人、货）。

(5) 提升绞车保护不全，有失效现象（过卷、过速等）。

(6) 提升装置未按要求配备正、副司机。

4. D

【解析】运输系统问题及隐患：

(1) 井下轨道铺设质量差。

(2) 井下掘进斜井未设置"一坡三挡"装置。

(3) 井下机电运输机车未按要求配备安全装备、司机操作不规范。

(4) 带式输送机未进行阻燃试验。

(5) 井下刮板输送机未设置停止和启动信号装置。

5. D

【解析】信号系统缺陷的隐患：

(1) 井下、井口提升系统信号不全（如缺发光信号）。

(2) 井口井底安全门未与提升信号实现电气闭锁。

(3) 井口信号房设置不合理。

6. D

【解析】电源正极和负极之间的电位差，称为电压。

7. D

【解析】矿井供电系统的构成：
（1）双回路电网→矿井地面。
（2）变电所→井筒→井下中央变电所→采区变电所→工作面用电点。

8. B

【解析】供电安全要求：
（1）供电安全可靠：采用双回路供电网，确保不间断地对矿井供电。
（2）供电技术合理：矿井供电系统简单，供电质量高。

9. C

【解析】矿井配电额定电压等级：
（1）高压不应超过 10000 V。
（2）低压不应超过 1140 V。
（3）照明、手持式电气设备的额定电压和电话、信号装置的额定供电电压都不应超过 127 V。
（4）远距离控制线路的额定电压不应超过 36 V。

10. A

【解析】矿井电气设备的种类：
（1）高低压配电柜：用于接受和分配电能，并实施供电保护控制。
（2）矿用变压器：用于将矿井供电网电压降至动力设备及照明所需的电压等级。
（3）矿用低压开关：用于矿井低压供电系统配电控制。
（4）矿用隔爆型磁力启动器：用于矿井低压动力设备。
（5）隔爆移动变电站：作为采区、工作面动力设备供电源及控制设备。

11. D

【解析】矿井电气设备的标志：
（1）矿用一般型电气设备标志："KY"。
（2）矿用防爆型电气设备标志："EX" 和 "MA"。
（3）矿用隔爆型电气设备标志："ExdI"。

12. D

【解析】漏电保护类型：漏电跳闸保护、漏电闭锁保护和选择性漏电保护。

13. D

【解析】D 选项为防漏电保护。

14. C

【解析】矿井供电安全管理：
（1）不准带电检修。
（2）不准甩掉无压释放器、过电流保护装置。
（3）不准甩掉漏电继电器、煤电钻综合保护和局部通风机风电、瓦斯电闭锁装置。
（4）不准明火操作、明火打点、明火爆破。

196

(5) 不准用铜、铝、铁丝等代替保险丝。

(6) 停风、停电的采掘工作面，未经检查瓦斯，不准送电。

(7) 有故障的供电线路，不准强行送电。

(8) 电气设备的保护装置失灵后，不准送电。

(9) 失爆设备、失爆电器、不准使用。

15. D

【解析】"三无"：电气接线无"鸡爪子"、无"羊尾巴"、无明接头。

16. D

【解析】"四有"：电气系统与设备有过电流和漏电保护装置；有螺钉和弹簧垫；有密封圈和挡板；有接地装置。

17. D

【解析】"三全"：防护装置全、绝缘用具全、图纸资料全。

18. D

【解析】"三坚持"：坚持使用检漏继电器；坚持使用煤电钻、照明和信号综合保护；坚持使用风电和瓦斯电闭锁。

19. B

【解析】《煤矿安全规程》第四百四十五条规定，井下各级配电电压和各种电气设备的额定电压等级，应当符合下列要求：

(1) 高压不超过 10000 V。

(2) 低压不超过 1140 V。

(3) 照明和手持式电气设备的供电额定电压不超过 127 V。

(4) 远距离控制线路的额定电压不超过 36 V。

(5) 采掘工作面用电设备电压超过 3300 V 时，必须制定专门的安全措施。

20. B

【解析】对井下各水平中央变（配）电所、主排水泵房和下山开采的采区排水泵房供电的线路，不得少于两回路。

21. B

【解析】主要通风机、提升人员的立井绞车、抽放瓦斯泵等主要设备房，应各有两回路直接由变（配）电所馈出的供电线路。

22. A

【解析】矿用高压配电箱分为两种，即矿用一般型和隔爆型。

23. D

【解析】隔爆型电气设备的防爆标志为 ExdI，其含义 Ex 为防爆总标志；d 为隔爆型代号；I 为煤矿用防爆电气设备。

24. A

【解析】井下电气保护的类型：

(1) 过电流保护。包括短路保护、过流（过负荷）保护。

(2) 漏电保护。包括选择性和非选择性漏电保护、漏电闭锁。

（3）接地保护。包括局部接地保护、保护接地系统。

（4）电压保护。包括欠电压保护、过电压保护。

（5）单相断线（断相）保护。

（6）风电闭锁、瓦斯电闭锁。

（7）综合保护。电动机综保和煤电钻（照明）综保等。

25. A

【解析】（1）欠电压保护。煤矿井下高低压防爆开关都具有欠电压保护功能。磁力起动器的控制回路就兼有欠电压装置的功能。

（2）过电压保护包括内部和外部过电压保护。

内部过电压保护：主要采用压敏电阻（高压隔爆配电箱）、阻容吸收装置（馈电开关、磁力起动器）进行防护。

外部过电压保护：主要采用避雷针、避雷器、接地等措施进行防护。

26. C

【解析】井上、下必须装设防雷电装置，并遵守下列规定：

（1）经由地面架空线路引入井下的供电线路和电机车架线，必须在入井处装设防雷电装置。

（2）由地面直接入井的轨道及露天架空引入（出）的管路，必须在井口附近将金属体进行不少于2处的良好的集中接地。

（3）通信线路必须在入井处装设熔断器和防雷电装置。

27. D

【解析】漏电故障的类型、原因和危害：

（1）集中性漏电。供电系统中某一处或某一点的绝缘受到破坏，其绝缘阻值低于规定值，而供电系统中其余部分的对地绝缘仍保持正常。

（2）分散性漏电。供电系统网络或某条线路的对地绝缘阻值均匀下降到规定值以下。

28. B

【解析】常见漏电故障的原因：

（1）电缆和设备长期过负荷运行，促使绝缘老化。

（2）电缆芯线接头松动后碰到金属设备外壳。

（3）运行中的电缆和电气设备受潮或进水，使供电系统绝缘性能降低。

（4）在电气设备内部随意增设电气元件，使元器件间的电气间隙小于规定值，导致放电而接地。

（5）导电芯线与地线错接。

（6）电缆和电气设备受到机械性冲击或炮崩。

（7）人身直接触及一相导电芯线。

29. B

【解析】各种漏电保护装置的优点和存在的缺陷：

（1）检漏继电器能保护所有漏电故障，但无选择性，一旦动作会导致整个低压电网停电。

· 198 ·

（2）零序功率方向式漏电保护选择性好，停电范围小，却不能保护对称性漏电故障。

（3）旁路接地式漏电保护方式安全性较高，但保护范围单一，只能保护单相漏电或人体触电。

（4）漏电闭锁只在开关断开时对负荷一侧进行检测，开关合闸后不起作用。

30. D

【解析】井下"十不准"制度：

（1）不准带电检修。

（2）不准甩掉无压释放器、过电流保护装置。

（3）不准甩掉漏电断电器、煤电钻综合保护装置和局部通风机风电、瓦斯电闭锁装置。

（4）不准明火操作、明火打点、明火爆破。

（5）不准用铜、铝、铁等代替保险丝。

（6）停风、停电的采掘工作面，未经检查瓦斯，不准送电。

（7）有故障的线路不准强行送电。

（8）电气设备的保护装置失灵后，不准送电。

（9）失爆设备、失爆电器，不准使用。

（10）不准在井下拆卸矿灯。

31. B

【解析】防过速装置的种类：

（1）机械式防过速装置：提升容器到达井口时的速度超过 2 m/s 时，通过装置叉形体受力倾斜的作用，断开串联保护回路中的开关触点，使保险闸电磁线圈失电，立即动作保护。

（2）电磁式防过速装置：主要由测速发动机构成，利用测速发电机的电压与提升机转速成正比的关系，实施防止提升机过速保护工作。

32. D

【解析】（1）闸间隙保护装置保护作用：制动闸瓦与闸轮或闸盘的间隙超过安全规定值时，自动报警和断电。

（2）松绳保护装置保护作用：提升钢丝绳出现松弛时，自动报警和断电。

（3）满仓保护装置保护作用：箕斗提升井口煤仓满仓时，自动报警和断电。

（4）安全保护回路保护装置保护作用：安全接触器断电时，使换向器和线路接触器线圈电路断电，提升机自动停车；安全制动电磁线路断电，实施提升绞车断电停车。

33. A

【解析】提升钢丝绳事故的预防技术措施：

（1）加强提升钢丝绳的检查与维护，有专人每天负责检查一次。

（2）及时对提升钢丝绳除污、涂油。

（3）定期对提升钢丝绳性能检查实验，防止疲劳运行。

（4）严格控制提升负荷，防止钢丝绳过负荷运行。

34. C

【解析】矿井巷道运输特点：

（1）矿井运输受到空间限制：①井下巷道线路长，断面狭小；②光线不足，潮湿，作业条件差，作业困难，容易造成事故。

（2）矿井运输设备流动性大。运输设备安装、移动频繁，因而对安装质量提出了更高要求。

（3）运输设备运行速度很快。机车运输发生危险情况时，即便刹车，也不能立即停住，惯性继续向前滑行。

（4）矿井运输网络呈多水平的立体交叉状态。运输线路复杂分支多，易发生事故；提升系统会发生坠落事故。

（5）矿井运输中货载变换环节多。斜巷串车提升，最易发生跑车事故。

35. A

【解析】矿井平巷运输事故的预防措施：

（1）开车前必须发出开车信号。

（2）行车时必须在列车前端牵引行驶，严禁顶车行驶（调车除外）。

（3）机车运人时，列车行驶速度不得超过 4 m/s。

（4）机车在下坡道、弯道、交叉口、道岔、风门、两车相会处，以及交接班人多时，应减速行驶，并在 40 m 以外响铃示警。

36. A

【解析】斜巷运输事故的预防措施：

（1）把钩工必须按操作规程正确摘挂钩。

（2）运输前必须检查牵引车数和各车连接情况，牵引车数超过规定不得发开车信号。

（3）矿车之间、矿车和钢丝绳之间的连接，都必须使用不会自行脱落的连接装置。

（4）巷道倾角超过 12°应加装保险绳。

（5）上部和中部的各个停车场都必须设阻车器，阻车器必须经常关闭，只准在放车时打开。

（6）斜巷必须装设自动防跑车装置，当发生跑车时，防跑车装置能自动放下挡车门，阻止跑车。

37. A

【解析】巷道带式输送机运输事故的预防措施：

（1）安装防跑偏和防撕裂保护装置。

（2）安装防滑保护装置，及时清除胶带滚筒上的水或调整胶带长度。

（3）带式输送机的机头传动部分、机尾滚筒、液力偶合器等处都要装设保护罩或保护栏杆。

（4）安装输送机的巷道，两侧要有足够的宽度，输送机距支柱或碹墙的距离不得小于 0.5 m，行人侧不得小于 0.8 m。

38. B

【解析】工作面刮板输送机运输事故的预防措施：

（1）电动机与减速器的液力偶合器、传动链条、链轮等运转部件应设保护罩或保护栏杆，机尾设护板。

(2) 工作面刮板输送机沿线装设能发出停车或开车信号的装置，间距不得超过 12 m。

(3) 机槽接口要平整，机头、机尾紧固装置要牢靠；无紧固装置要用顶柱撑牢。

(4) 刮板输送机运长料和长工具时，必须采取安全措施。

39. A

【解析】提升运输的安全设施：

(1) 井口安全门。在使用罐笼提升的立井井口及各水平的井底车场靠近井筒处，必须设置防止人员、矿车及其实他物品坠落到井下的安全门。井口安全门必须和提升信号系统相闭锁。

(2) 罐笼防坠器。《煤矿安全规程》规定，升降人员或升降人员和物料的单绳提升罐笼、带乘人间的箕斗，必须设置可靠的防坠器。当提升绳或连接装置一旦发生断裂，防坠器可使罐笼安全而平稳地支承在井筒的罐道上，起到保护作用。

(3) 防过卷保护装置。立井提升时，当容器超过正常终端停止位置 0.5 m 时，该装置能使提升系统实现安全制动。

(4) 满仓和松绳保护装置。立井或斜井箕斗提升时，当煤仓满或箕斗卡住造成松绳，该装置能自动发出警告信号并进行安全保护。

(5) 斜井平台阻车器。在斜井上部的水平车场设置。目的是防止因推车工失误时，造成矿车自行下滑。

(6) 防跑车装置。所有轨道斜井必须设置"一坡三挡"。

(7) 斜井人车断绳防坠装置。

(8) 斜井带式输送机安全装置。

40. C

【解析】本题考查的是电力负荷分类。主要通风机、瓦斯泵属于一类负荷；生产辅助设备属于三类负荷；压风机属于二类负荷，故 C 选项正确。

41. B

【解析】本题考查的是矿井电压等级。

A 选项错误，照明和手持式电气设备的供电额定电压不超过 127 V，煤电钻属于手持式电气设备。

B 选项正确。

C 选项错误，低压不超过 1140 V。

D 选项错误，采掘工作面用电设备电压超过 3300 V 时，必须制定专门的安全措施。

42. C

【解析】本题考查的是电气设备操作与停送电安全技术。

A 选项错误，专用变压器最多可向 4 个不同掘进工作面的局部通风机供电。

B 选项错误，凡停电设备必须把各方面的电源断开，禁止在只经开关断开的设备上工作，必须拉开刀闸，使各方面至少有一个明显的断开点。

C 选项正确，依据《煤矿安全规程》的规定，检修或者搬迁前，必须切断上级电源，检查瓦斯，在其巷道风流中甲烷浓度低于 1.0% 时，再用与电源电压相适应的验电笔检验；检验无电后，方可进行导体放电。0.6% 小于 1.0%，故符合规定。

D 选项错误，应是每天必须对低压漏电保护进行 1 次跳闸试验，而不是每周。

43. C

【解析】本题考查的是矿井三大保护。

根据题干中场景描述，可知设备线路中发生了短路，短路会引起线路中的电流急剧增大，则短路保护会起作用。

44. C

【解析】本题考查的是电缆不合格接头。

"鸡爪子"：

（1）橡套电缆的连接不采用硫化热补或同等效能的冷补。

（2）电缆（包括通信、照明、信号、控制电缆）不采用接线盒的接头。

（3）高压铠装电缆的连接不采用接线盒或不灌注绝缘充填物，或绝缘充填物没有灌到三岔口以上，或绝缘胶有裂纹，或充填物不严密漏出芯线的接头。

A 选项属于"羊尾巴"，B 选项属于明接头，D 选项属于电缆破口。

45. D

【解析】本题考查的是采用滚筒驱动带式输送机运输应当遵守的规定。

D 选项错误，带式输送机应当具备沿线急停闭锁功能，而不是在巷道中间段设置急停闭锁。

其他选项正确。

46. B

【解析】本题考查的是失爆现象。一个进线嘴使用多个密封圈的属于失爆现象，故选择 B 选项。

47. B

【解析】本题考查的是轨道运输管理。B 选项错误，新建高瓦斯矿井不得使用架线电机车运输。高瓦斯矿井在用的架线电机车运输，必须遵守下列规定：

（1）沿煤层或者穿过煤层的巷道必须采用砌碹或者锚喷支护。

（2）有瓦斯涌出的掘进巷道的回风流，不得进入有架线的巷道中。

（3）采用碳素滑板或者其他能减小火花的集电器。

其他选项正确。

48. D

【解析】本题考查的是斜巷运输及绞车安装使用。在变坡点下方略大于 1 列车长度的地点，设置能够防止未连挂的车辆继续往下跑车的挡车栏，故 A 选项错误。

所有导向轮生根顶锚、圆钢直径不得小于 16 mm，长度不得小于 300 mm，拉绳用直径 10~12.5 mm 的钢丝绳，故 B 选项错误。

绞车缠绳严禁超量，滚筒余绳至少 5 圈，故 C 选项错误。

49. B

【解析】A 选项错误，运送电雷管时，罐笼内只准放置 1 层爆炸物品箱，不得滑动。

C 选项错误，在装有爆炸物品的罐笼或者吊桶内，除爆破工或者护送人员外，不得有其他人员。

D 选项错误，可以将装有炸药或者电雷管的车辆直接推入罐笼内运送，但车辆必须符合《煤矿安全规程》第三百四十条（二）的规定。

50. C

【解析】A 选项错误，在设备线路上进行工作时，必须到上一级开关办理停送电手续，并悬挂"有人工作，禁止送电"的警告牌，其他人员不得更改摘牌。

B 选项错误，掘进供电必须执行"三专""两闭锁"，即专用变压器、专用开关、专用线路供电，风与电、瓦斯与电闭锁。

D 选项错误，在降配电硐室更换、检修设备时，必须到上一级降配电硐室办理停送电手续，并悬挂"禁止合闸，有人工作"的警告牌。

51. B

【解析】B 选项错误，巷道内安设带式输送机时，输送机距支护或硐墙的距离不得小于 0.5 m。

52. D

【解析】接地保护是将正常情况下不带电，而在绝缘材料损坏后或其他情况下可能带电的电器金属部分（即与带电部分相绝缘的金属结构部分）用导线与接地体可靠连接起来的一种保护接线方式。

53. C

【解析】必须在刮板输送机机头、机尾人行道一侧 2 m 内各安装 1 套组合信号装置。刮板输送机司机必须在机头两侧 1.5 m 外操作刮板输送机，严禁在刮板输送机机头正前方开动刮板输送机。刮板输送机与转载搭接时要保证搭接高度在 0.3 m 以上，前后交错距离不小于 0.5 m。运转中发现断链、刮板严重变形、机头掉链、溜槽拉坏，以及出现异常声音和温度过高等情况，都应立即停机检查处理，防止事故扩大。

54. B

【解析】短路是指电流不流经负载，而是两根或三根导线直接短接形成回路。

漏电是指当电气设备或导线的绝缘损坏或人体触及一相带电体时，电源和大地形成回路。漏电故障可分为集中性漏电和分散性漏电。集中性漏电是指漏电发生在电网的某一处或某一点，其余部分的对地绝缘水平仍保持正常；分散性漏电是指某条电缆或整个网络对地绝缘水平均匀下降或低于允许绝缘水平。

煤电钻打钻时，由于掘进工作面地质条件复杂，顶板岩块冒落造成煤电钻一根芯线导线裸露，因此为集中性漏电。裸露的带电体必须加装护罩或者遮挡等防护设施。

第九章 露天煤矿灾害防治技术

1. A

【解析】露天煤矿应当进行专门的边坡工程、地质勘探工程和稳定性分析评价。应当定期巡视采场及排土场边坡，发现有滑坡征兆时，必须设明显标志牌对设有运输道路、采运机械和重要设施的边坡，必须及时采取安全措施。

2. A

【解析】在生产过程中，必须采用从上到下的开采顺序，应选用从上盘到下盘的采剥推进方向。

3. A

【解析】滑坡事故防治技术：

（1）合理确定边坡参数。合理确定台阶高度和平台宽度。合理的台阶高度对露天开采的技术经济指标和作业安全都具有重要意义。平台的宽度不但影响边坡角的大小，也影响边坡的稳定。正确选择台阶坡面角和最终边坡角。

（2）选择适当的开采技术。选择合理的开采顺序和推进方向。在生产过程中必须采用从上到下的开采顺序，应选用从上盘到下盘的采剥推进方向。合理进行爆破作业，减少爆破震动对边坡的影响。

（3）制定严格的边坡安全管理制度。合理进行爆破作业必须建立健全边坡管理和检查制度。

4. A

【解析】在生产过程中，必须采用从上到下的开采顺序，应选用从上盘到下盘的采剥推进方向。

5. A

【解析】露天开采时，通常是把矿岩划分成若干水平分层，自上而下逐层开采。在开采中各分保持一定的超前关系，在空间上形成阶梯状，这个阶梯称为台阶。

6. B

【解析】工作帮的水平部分叫工作平盘。它是用以安装设备进行穿孔爆破、采矿和运输工作的场所。通过工作帮最上一个台阶的坡底线与最下一个台阶的坡底线的假想斜面，叫露天矿场的工作边坡。工作边坡与水平面的夹角称为工作边坡角，一般为8°~12°，最多不超过15°~18°，人工开采可适当大一些。

7. D

【解析】露天开采与地下开采相比，有如下突出优点：

（1）受开采空间限制小，可采用大型机械设备，有利于实现自动化生产，从而可大大提高开采强度和矿石产量。例如目前世界上最大的露天铁矿年产量已超过6 Mt。

（2）资源回收率高。一般矿石损失率为3%~5%，贫化率为5%~8%。

（3）劳动生产率高。露天开采由于作业条件好，机械化程度高，其劳动生产率比地下开采高。

（4）生产成本低。露天开采的成本一般比地下开采低50%~75%，因而有利于大规模开采低品位矿石。

（5）开采条件好，作业比较安全。

（6）建设速度快，单位矿石基建投资较低。我国大中型露天煤矿基建时间一般为3~4年，而大型地下煤矿基建时间要7~10年。一般大型露天煤矿单位矿石基建投资比地下煤矿要低25%~50%。

8. D

【解析】排土场形成滑坡和泥石流灾害主要取决于基底承载能力、排土工艺、岩土物理力学性质、地表水和地下水等因素的影响。

9. C

【解析】排土场稳定性首先要分析基底岩层构造、地形坡度及其承载能力。一般矿山排土场滑坡中，基底不稳引起的滑坡占排土场滑坡总数的32%~40%。当基底坡度较陡，接近或大于排土场物料的内摩擦角时，易产生沿基底接触面的滑坡。如果基底为软弱岩层而且力学性质低于排土场物料的力学性质时，则软弱基底在排土场荷载作用下必产生底鼓或滑动，然后导致排土场滑坡。

10. C

【解析】本题考查的是爆破安全警戒距离。

爆破安全警戒距离应符合的要求：

（1）抛掷爆破（孔深小于45 m）：爆破区正向不得小于1000 m，其余方向不得小于600 m。

（2）深孔松动爆破（孔深大于5 m）：距爆破区边缘，软岩不得小于100 m，硬岩不得小于200 m。

（3）浅孔爆破（孔深小于5 m）：无充填预裂爆破，不得小于300 m。

（4）二次爆破：炮眼爆破不得小于200 m。

C选项错误，其他选项正确。

11. B

【解析】本题考查的是爆破安全作业。

A选项错误，浅孔爆破（孔深小于5 m），无充填预裂爆破，安全警戒距离不得小于300 m，故在200 m处实施警戒工作，不安全。

B选项正确。

C选项错误，浅孔及二次爆破时，挖掘机、钻孔机距松动爆破区外端的安全距离为40 m，35 m处不符合规定。

D选项错误，起爆后，确认无危险时，应是爆破区负责人和起爆人员进入爆区进行检查，无问题后，向各警戒人员发出解除警戒信号。

12. C

【解析】本题考查的是单斗挖掘机应遵守的规定。

A选项错误，物料最大块度不得超过 $3\ m^3$。

B选项错误，严禁高吊勺斗装车。

C选项正确，列车驶入工作面100 m内，驶出工作面20 m内，挖掘机必须停止工作。

D选项错误，严禁用勺斗直接救援任何设备。

13. D

【解析】本题考查的是挖掘机的操作作业。

A选项错误，正常作业时，天轮距离高压线的距离不得小于1 m，距回流线和通信线的距离不得小于0.5 m。

B选项错误，操作单斗挖掘机进行作业，运转中严禁维护和加油。

C选项错误，遇坚硬岩体时，严禁强行挖掘。

D 选项错误，工作面有伞檐或大块物料，可能砸坏挖掘机时，必须停止作业，退到安全地点，报告有关部门检查处理。

14. B

【解析】本题考查的是排土作业管理。

A 选项错误，排土场工作线必须全线留有安全挡土墙，而不是间断。

B 选项正确。

C 选项错误，推土机、装载机排土严禁平行于坡顶线作业。

D 选项错误，车型小于 240 t 时，安全挡墙高度不得低于轮胎直径的 0.4 倍；车型大于 240 t 时，安全挡墙高度不得低于轮胎直径的 0.35 倍。

15. C

【解析】本题考查的是轮斗挖掘机的操作。

A 选项错误，严禁斗轮工作装置带负荷启动。

B 选项错误，严禁挖掘卡堵和损坏输送带的异物。

C 选项正确。

D 选项错误，采用轮斗挖掘机—带式输送机—排土机连续开采工艺系统时，各单机间应当实行安全闭锁控制，单机发生故障时，必须立即停车，同时向集中控制室汇报。严禁擅自处理故障。

16. D

【解析】本题考查的是滑坡事故防治技术。A 选项属于不稳定边坡治理方法；B 选项减震爆破属于常用边坡治理方法；C 选项属于制定严格的边坡安全管理制度。D 选项符合题意。

17. A

【解析】本题考查的是露天边坡事故滑坡事故的发生原因。露天边坡滑坡的影响因素与自然因素和人为因素有关。

自然因素包括：岩层岩性、岩体结构、风化程度、水文地质、气候与气象、地震；人为因素包括：坡体开挖形态（露天边坡角设计偏大）、坡体内部或下部开挖扰动、工程爆破、坡顶堆载、降水或排水、破坏植被。

其中 A 选项应为露天边坡角设计偏大，故选择 A 选项。

18. D

【解析】本题考查的是排土场事故类型与原因。

沿排土场与基底接触面的滑坡原因：当山坡形排土场的基底倾角较陡，排土场与基底接触面之间的抗剪强度小于排土场的物料本身的抗剪强度时，易产生沿基底接触面的滑坡。或者换一种说法，当基底坡度较陡，接近或大于排土场物料的内摩擦角时，易产生沿基底接触面的滑坡。故选择 D 选项。

19. B

【解析】排土场形成滑坡和泥石流灾害主要取决于以下因素：基底承载能力、排土工艺、岩土力学性质、地下水和地表水的影响等。故选择 B 选项。

20. D

【解析】本题考查的是排土场事故防治技术。D选项错误，防治排土场滑坡和泥石流的主要技术措施有：①选择最合适的场址建设排土场；②改进排土工艺，如铁路运输时可增大移道步距；③处理软弱基底；④疏干排水，如在排土场上方山坡设截洪沟；⑤修筑护坡挡墙和泥石流消能设施；⑥排土场复垦，即在已结束施工的排土场平台和斜坡上进行复垦（植树和种草），可以起到固坡和防止雨水对排土场表面侵蚀和冲刷作用。

21. B

【解析】设备设施距松动爆破区外端的安全距离见下表。

m

设 备 名 称	深孔爆破	浅孔及二次爆破	备 注
挖掘机、钻孔机	30	40	司机室背向爆破区
风泵车	40	50	小于此距离应当采取保护措施
信号箱、电气柜、变压器、移动变电站	30	30	小于此距离应当采取保护措施
高压电缆	40	50	小于此距离应当拆除或者采取保护措施

22. D

【解析】根据《煤矿安全规程》第三百七十二条，处理拒爆时，必须遵守下列规定：

（1）由于连线不良造成的拒爆，可重新连线起爆。

（2）在距拒爆炮眼0.3m以外另打与拒爆炮眼平行的新炮眼，重新装药起爆。

（3）严禁用镐刨或者从炮眼中取出原放置的起爆药卷，或者从起爆药卷中拉出电雷管。不论有无残余炸药，严禁将炮眼残底继续加深；严禁使用打孔的方法往外掏药；严禁使用压风吹拒爆、残爆炮眼。

（4）处理拒爆的炮眼爆炸后，爆破工必须详细检查炸落的煤、矸，收集未爆的电雷管。

（5）在拒爆处理完毕以前，严禁在该地点进行与处理拒爆无关的工作。

23. A

【解析】警戒哨与爆破工之间应执行"三联系制"。也就是爆破区负责人向警戒人员发出第一次信号，确认警戒人员到达警戒地点，所有与爆破无关人员撤出警戒区，设备撤至安全地带，然后警戒人员向爆破区负责人发回安全信号，爆破区负责人命令起爆人员作起爆预备；起爆预备完成后，爆破区负责人向警戒人员发出第二次信号，得到警戒人员发回的安全信号后，再向起爆人员发出起爆命令，进行起爆；起爆后，确认无危险时，爆破区负责人和起爆人员进入爆区进行检查，无问题后，向各警戒人员发出解除警戒信号。

爆破安全警戒距离：深孔松动爆破（孔深大于5 m），距爆破区边缘，软岩不得小于100 m、硬岩不得小于200 m。

高压电缆设施距深孔松动爆破区外端的安全距离小于40 m时应当拆除或者采取保护措施。

24. B

【解析】雨水下渗浸润岩土体内，加大土石重力密度，降低其凝聚力及内摩擦角，抗

·207·

滑力减少，使边坡变形。应当定期巡视采场及排土场边坡，发现有滑坡征兆时必须设明显标志牌。露天矿不稳定边坡治理方法中，疏干排水适用条件：边坡岩体内含水多，滑床岩体渗透性差的；在滑体下部修筑挡墙适用条件：滑体较松散的浅层滑坡，要求有足够的施工场地。

第十章 矿 山 救 护

1. A

【解析】矿山救护队在侦察时，应判定遇险人员位置、涌水通道、水量、水的流动线路、巷道及水泵设施受水淹程度、巷道冲坏和堵塞情况、有害气体浓度及巷道分布和通风情况等。

2. B

【解析】《煤矿安全规程》规定，任何人不得调动矿山救护队、救援装备和救护车辆从事与应急救援无关的工作，不得挪用紧急避险设施内的设备和物品。

3. B

【解析】《煤矿安全规程》第六百九十四条规定，矿山救护大队应当由不少于2个中队组成，矿山救护中队应当由不少于3个救护小队组成，每个救护小队应当由不少于9人组成。

4. B

【解析】采煤工作面发生煤与瓦斯突出事故后，首先到达事故地下矿山的矿山救护队，应派1个小队从回风侧、另1个小队从进风侧进入事故地点救人。

5. C

【解析】处理地下矿山火灾事故时，应遵循以下基本技术原则：控制烟雾的蔓延，不危及井下人员的安全；防止火灾扩大，防止引起瓦斯、煤尘爆炸；防止火风压引起风流逆转而造成危害；保证救灾人员的安全，并有利于抢救遇险人员；创造有利的灭火条件。

6. B

【解析】地下矿山水灾事故救援时，对于被围在井下的人员，其所在地点高于透水后水时，可利用打钻等方法供给新鲜空气、水及食物。其所在地点低于透水后水位时，则禁止打钻，防止泄压扩大灾情。

7. B

【解析】《煤矿安全规程》第六百九十六条规定，矿山救护大队指挥员年龄不应超过55岁，救护中队指挥员不应超过50岁，救护队员不应超过45岁，其中40岁以下队员应当保持在2/3以上。指战员每年应当进行1次身体检查，对身体检查不合格或者超龄人员应当及时进行调整。

8. A

【解析】《煤矿安全规程》第六百九十七条规定，新招收的矿山救护队员，应当具有高中及以上文化程度，年龄在30周岁以下，从事井下工作1年以上。新招收的矿山救护队员必须通过3个月的基础培训和3个月的编队实习，并经综合考评合格后，才能成为正

· 208 ·

式队员。

9. C

【解析】本题考查的是主要灾害自救和互救。

严禁盲目潜水逃生等冒险行为，故 A 选项错误。

发生煤与瓦斯突出后，切断灾区和受影响区的电源，但必须在远距离断电，防止产生电火花引起爆炸。若有被水淹的危险时，应加强通风，特别是加强电气设备处的通风，做到"送电的设备不停电，停电的设备不送电"，故 B 选项错误。

C 选项正确。

遇有大块矸石、木柱、金属网、铁架、铁柱等物压人时，可使用千斤顶、液压起重器、液压剪刀等工具进行处理，严禁用镐刨、锤砸等方法扒人或破岩，故 D 选项错误。

10. A

【解析】本题考查的是重大灾害事故抢险决策要点。据灾区通风情况和风机房水柱计数值变化情况作出判断。数值比正常通风时数值大，说明灾区内巷道冒顶，主要通风巷道被堵塞。数值比正常通风时数值小，说明灾区风流短路，其产生原因可能是：①风门被摧毁；②人员撤退时未关闭风门；③回风井口防爆门（盖）被冲击波冲开；④反风进风闸门被冲击波冲击落下堵塞了风硐，风流从反风进风口进入风硐，然后由风机排出；⑤爆炸后引起明火火灾，高温烟气在上行风流中产生火风压，使主要通风机风压降低。故 A 选项符合题意。

11. C

【解析】本题考查的是矿山救护。矿山救护队在接到事故报告电话、值班人员发出警报后，必须在 1 min 内出动救援，故 A 选项错误。

抢救遇险人员是矿山救护队的首要任务，故 B 选项错误。

C 选项正确。

当遇有多名遇险人员待救时，矿山救护队应根据"先活后死、先重后轻、先易后难"的原则进行抢救，故 D 选项错误。

12. B

【解析】本题考查的是现场自救与互救。

当灾区风流中一氧化碳浓度特别高，如果佩戴过滤式自救器，极有可能因为一氧化碳浓度过高而使自救器失效。入井人员必须随身携带额定防护时间不低于 30 min 的隔绝式自救器，故 A 选项错误。

B 选项正确。

对二氧化硫和二氧化氮的中毒者只能进行口对口人工呼吸，不能进行压胸或压背法的人工呼吸，以免加重伤情，故 C 选项错误。

对受挤压的肢体，不得按摩、热敷或绑止血带，故 D 选项错误。

13. C

【解析】本题考查的是煤与瓦斯突出事故的应急处置。

A 选项错误，发生煤（岩）与瓦斯突出事故，不得停风和反风，防止风流紊乱扩大灾情。

B 选项错误，回风井口 50 m 范围内不得有火源，并设专人监视。

C 选项正确。

D 选项错误，切断灾区和受影响区的电源，必须在远距离处断电，而不是在近距离处断电，以防止产生电火花引起爆炸。

14. B

【解析】本题考查的是停电应急处置措施。

A 选项、C 选项错误，主要通风机停止运转时，必须立即停止工作、切断电源，工作人员先撤到进风巷道中。

B 选项正确。

D 选项错误，局部通风机停止运转的掘进工作面经瓦检员检查巷道内各点瓦斯浓度不超限时，且局部通风机及其开关附近 10 m 内风流中瓦斯浓度不超过 0.5% 时，可直接由电工启动局部通风机恢复正常通风。

15. D

【解析】D 选项错误。爆炸后，要迅速按规定佩戴好自救器，弄清方向，沿着避灾路线，赶快撤退到新鲜风流中，非回风巷道。

16. C

【解析】事故矿井调度室必须及时做到：

（1）通知监测队监控中心通过手控措施切断各采掘工作面及回风系统中的所有动力电源。

（2）通知井下各采掘工作面的跟班干部、安监员和瓦检员将所有人员撤至主要进风大巷中，瓦斯检查工设置警戒，严禁人员进入无风区域。

（3）通知机电队、通风机司机及时打开风井的防爆盖，利用自然风压通风。

（4）保证风机房的通信畅通，并备有值班车。

第十一章 煤矿安全类案例

案例 1

1. C

【解析】根据生产安全事故（简称事故）造成的人员伤亡或者直接经济损失，事故一般分为以下等级：

（1）特别重大事故，是指造成 30 人以上死亡，或者 100 人以上重伤（包括急性工业中毒，下同），或者 1 亿元以上直接经济损失的事故。

（2）重大事故，是指造成 10 人以上 30 人以下死亡，或者 50 人以上 100 人以下重伤，或者 5000 万元以上 1 亿元以下直接经济损失的事故。

（3）较大事故，是指造成 3 人以上 10 人以下死亡，或者 10 人以上 50 人以下重伤，或者 1000 万元以上 5000 万元以下直接经济损失的事故。

（4）一般事故，是指造成 3 人以下死亡，或者 10 人以下重伤，或者 1000 万元以下直接经济损失的事故。

2. A

【解析】《安全生产事故报告和调查处理条例》规定：

特别重大事故由国务院或者国务院授权有关部门组织事故调查组进行调查。

重大事故、较大事故、一般事故分别由事故发生地省级人民政府、设区的市级人民政府、县级人民政府负责调查。省级人民政府、设区的市级人民政府、县级人民政府可以直接组织事故调查组进行调查，也可以授权或者委托有关部门组织事故调查组进行调查。

未造成人员伤亡的一般事故，县级人民政府也可以委托事故发生单位组织事故调查组进行调查。

3. ABDE

【解析】1. 基本定义

（1）伤亡事故经济损失：指企业职工在劳动生产过程中发生伤亡事故所引起的一切经济损失，包括直接经济损失和间接经济损失。

（2）直接经济损失：指因事故造成人身伤亡及善后处理支出的费用和毁坏财产的价值。

（3）间接经济损失：指因事故导致产值减少、资源破坏和受事故影响而造成其他损失的价值。

2. 直接经济损失的统计范围

（1）人身伤亡后所支出的费用：①医疗费用（含护理费用）；②丧葬及抚恤费用；③补助及救济费用；④歇工工资。

（2）善后处理费用：①处理事故的事务性费用；②现场抢救费用；③清理现场费用；④事故罚款和赔偿费用。

（3）财产损失价值：①固定资产损失价值；②流动资产损失价值。

3. 间接经济损失的统计范围

（1）停产、减产损失价值。

（2）工作损失价值（工作损失价值=被害者损失工作日×企业全年人均日净产值）。

（3）资源损失价值。

（4）处理环境污染的费用。

（5）补充新职工的培训费用。

（6）其他损失费用。

4. AB

【解析】事故调查组成员的基本条件：①具有事故调查所需要的知识和专长，包括专业技术知识、法律知识等；②与所调查的事故没有利害关系，主要是为了保证事故调查的公正性。

5. AC

【解析】根据《煤矿安全规程》的规定，矿井总回风巷或者一翼回风巷中甲烷或者二氧化碳浓度超过0.75%时，必须立即查明原因，进行处理。采区回风巷、采掘工作面回风巷风流中甲烷浓度超过1.0%或者二氧化碳浓度超过1.5%时，必须停止工作，撤出人员，采取措施，进行处理。采掘工作面及其他作业地点风流中甲烷浓度达到1.0%时，必须停止用电钻打眼;爆破地点附近 20 m 以内风流中甲烷浓度达到 1.0%时,严禁爆破。采掘工作面及其他作业地点风流中、电动机或者其开关安设地点附近 20 m 以内风流中的甲烷浓度达到 1.5%时,必须停止工作,切断电源,撤出人员,进行处理。采掘工作面及其他巷道内,体积大于 0.5 m^3 的空间内积聚的甲烷浓度达到 2.0%时,附近 20 m 内必须停止工作,撤出人员,切断电源,进行处理。对因甲烷浓度超过规定被切断电源的电气设备,必须在甲烷浓度降到 1.0%以下时,方可通电开动。

案例 2

1. A

【解析】根据生产安全事故造成的人员伤亡或者直接经济损失,事故一般分为以下等级:

(1) 特别重大事故,是指造成 30 人以上死亡,或者 100 人以上重伤(包括急性工业中毒,下同),或者 1 亿元以上直接经济损失的事故。

(2) 重大事故,是指造成 10 人以上 30 人以下死亡,或者 50 人以上 100 人以下重伤,或者 5000 万元以上 1 亿元以下直接经济损失的事故。

(3) 较大事故,是指造成 3 人以上 10 人以下死亡,或者 10 人以上 50 人以下重伤,或者 1000 万元以上 5000 万元以下直接经济损失的事故。

(4) 一般事故,是指造成 3 人以下死亡,或者 10 人以下重伤,或者 1000 万元以下直接经济损失的事故。

2. C

【解析】安全生产监督管理部门和负有安全生产监督管理职责的有关部门接到事故报告后,应当依照下列规定上报事故情况,并通知公安机关、劳动保障行政部门、工会和人民检察院。

(1) 特别重大事故、重大事故逐级报至国务院安监部门和有关部门。

(2) 较大事故逐级报至省级安监部门和有关部门。

(3) 一般事故逐级报至设区的市级安监部门和有关部门。

3. ABCDE

【解析】事故上报内容包括:

(1) 事故发生单位概况。

(2) 事故发生的时间、地点以及事故现场情况。

(3) 事故的简要经过。

(4) 事故已经造成或者可能造成的伤亡人数(包括下落不明的人数)和初步估计的直接经济损失。

(5) 已经采取的措施。

(6) 其他应当报告的情况。

4. CE

【解析】按照顶板一次冒落的范围及造成伤亡的严重程度,一般可分为局部冒顶和大型冒顶事故两大类。当顶板破碎、节理发育时,不进行支护就会发生冒顶。在地质条件变化的区域,也易发生冒顶。有时尽管顶板比较稳定,但忽视支架规格质量,违反操作规程,也会引起局部冒顶。

5. BD

【解析】冒顶事故的探测方法主要包括"敲帮问顶"法、仪器探测法、木楔探测法等。"敲帮问顶法"是最常用的方法,又分为锤击判断声法和振动探测法两种。木楔探测法是指在工作面顶板(围岩)的裂缝中打入小木楔,过一段时间进行一次检查,如发现木楔松动或者掉渣,表明顶板(围岩)裂缝受矿压影响在逐渐增大,可能发生冒顶事故。大面积冒顶可以用微震仪、地音仪和超声波地层应力仪等仪器探测法进行预测。

案例3

1. C

【解析】根据生产安全事故造成的人员伤亡或者直接经济损失,事故一般分为以下等级:

(1)特别重大事故,是指造成30人以上死亡,或者100人以上重伤(包括急性工业中毒,下同),或者1亿元以上直接经济损失的事故。

(2)重大事故,是指造成10人以上30人以下死亡,或者50人以上100人以下重伤,或者5000万元以上1亿元以下直接经济损失的事故。

(3)较大事故,是指造成3人以上10人以下死亡,或者10人以上50人以下重伤,或者1000万元以上5000万元以下直接经济损失的事故。

(4)一般事故,是指造成3人以下死亡,或者10人以下重伤,或者1000万元以下直接经济损失的事故。

2. D

【解析】1. 基本定义

(1)伤亡事故经济损失:指企业职工在劳动生产过程中发生伤亡事故所引起的一切经济损失,包括直接经济损失和间接经济损失。

(2)直接经济损失:指因事故造成人身伤亡及善后处理支出的费用和毁坏财产的价值。

(3)间接经济损失:指因事故导致产值减少、资源破坏和受事故影响而造成其他损失的价值。

2. 直接经济损失的统计范围

(1)人身伤亡后所支出的费用:①医疗费用(含护理费用);②丧葬及抚恤费用;③补助及救济费用;④歇工工资。

(2)善后处理费用:①处理事故的事务性费用;②现场抢救费用;③清理现场费用;④事故罚款和赔偿费用。

(3)财产损失价值:①固定资产损失价值;②流动资产损失价值。

3. 间接经济损失的统计范围

(1)停产、减产损失价值。

(2)工作损失价值(工作损失价值=被害者损失工作日×企业全年人均日净产值)。

· 213 ·

(3) 资源损失价值。

(4) 处理环境污染的费用。

(5) 补充新职工的培训费用。

(6) 其他损失费用。

3. ABC

【解析】可将瓦斯爆炸的条件概括为：①瓦斯在空气中必须达到一定的浓度；②必须有高温火源；③必须有足够的氧气。以上3个条件同时存在时瓦斯才能发生爆炸。

4. ABDE

【解析】(1) 特种作业的范围：电工作业、焊接与热切割作业，高处作业，制冷与空调作业，煤矿安全作业，金属非金属矿山安全作业、石油天然气安全作业，冶金（有色）生产安全作业、危险化学品安全作业、烟花爆竹安全作业，安全监管总局认定的其他作业。

(2) 特种作业人员的安全技术培训、考核、发证、复审工作实行统一监管、分级实施、教考分离的原则。

(3) 特种作业人员应接受与其所从事的特种作业相应的安全技术理论培训和实际操作培训。

(4) 跨省、自治区、直辖市从业的特种作业人员，可以在户籍所在地或者从业所在地参加培训。

(5) 特种作业操作证有效期为6年，在全国范围内有效。

(6) 特种作业操作证由安全监管总局统一式样、标准及编号。

(7) 特种作业操作证每3年复审1次。

(8) 特种作业人员在特种作业操作证有效期内，连续从事本工种10年以上，严格遵守有关安全生产法律法规的，经原考核发证机关或者从业所在地考核发证机关同意，特种作业操作证的复审时间可以延长至每6年1次。

(9) 特种作业操作证申请复审或者延期复审前，特种作业人员应当参加必要的安全培训并考试合格。

(10) 安全培训时间不少于8个学时。

5. AB

【解析】事故调查组成员的基本条件：①具有事故调查所需要的知识和专长，包括专业技术知识、法律知识等；②与所调查的事故没有利害关系，主要是为了保证事故调查的公正性。

案例 4

1. C

【解析】根据生产安全事故造成的人员伤亡或者直接经济损失，事故一般分为以下等级：

(1) 特别重大事故，是指造成30人以上死亡，或者100人以上重伤（包括急性工业中毒，下同），或者1亿元以上直接经济损失的事故。

(2) 重大事故，是指造成 10 人以上 30 人以下死亡，或者 50 人以上 100 人以下重伤，或者 5000 万元以上 1 亿元以下直接经济损失的事故。

(3) 较大事故，是指造成 3 人以上 10 人以下死亡，或者 10 人以上 50 人以下重伤，或者 1000 万元以上 5000 万元以下直接经济损失的事故。

(4) 一般事故，是指造成 3 人以下死亡，或者 10 人以下重伤，或者 1000 万元以下直接经济损失的事故。

2. C

【解析】安全生产监督管理部门和负有安全生产监督管理职责的有关部门接到事故报告后，应当依照下列规定上报事故情况，并通知公安机关、劳动保障行政部门、工会和人民检察院。

(1) 特别重大事故、重大事故逐级报至国务院安监部门和有关部门。

(2) 较大事故逐级报至省级安监部门和有关部门。

(3) 一般事故逐级报至设区的市级安监部门和有关部门。

3. AB

【解析】事故调查组成员的基本条件：①具有事故调查所需要的知识和专长，包括专业技术知识、法律知识等；②与所调查的事故没有利害关系，主要是为了保证事故调查的公正性。

4. ABCD

【解析】"四不放过"的原则，即事故原因没有查清楚不放过，事故责任者没有受到处理不放过，群众没有受到教育不放过，防范措施没有落实不放过。这四条原则互相联系，相辅相成，成为一个预防事故再次发生的防范系统。

5. ABC

【解析】瓦斯爆炸的条件可概括为：①瓦斯在空气中必须达到一定的浓度；②必须有高温火源；③必须有足够的氧气。以上 3 个条件同时存在时瓦斯才能发生爆炸。

案例 5

1. B

【解析】依据《生产安全事故报告和调查处理条例》（国务院令第 493 号）根据生产安全事故（以下简称事故）造成的人员伤亡或者直接经济损失，事故一般分为以下等级：

(1) 特别重大事故，是指造成 30 人以上死亡，或者 100 人以上重伤（包括急性工业中毒，下同），或者 1 亿元以上直接经济损失的事故。

(2) 重大事故，是指造成 10 人以上 30 人以下死亡，或者 50 人以上 100 人以下重伤，或者 5000 万元以上 1 亿元以下直接经济损失的事故。

(3) 较大事故，是指造成 3 人以上 10 人以下死亡，或者 10 人以上 50 人以下重伤，或者 1000 万元以上 5000 万元以下直接经济损失的事故。

(4) 一般事故，是指造成 3 人以下死亡，或者 10 人以下重伤，或者 1000 万元以下直接经济损失的事故。

国务院安全生产监督管理部门可以会同国务院有关部门，制定事故等级划分的补充性规定。

本条第一款所称的"以上"包括本数,所称的"以下"不包括本数。

自事故发生之日起 30 日内,事故造成的伤亡人数发生变化的,应当及时补报。道路交通事故、火灾事故自发生之日起 7 日内,事故造成的伤亡人数发生变化的,应当及时补报。故最终该火灾事故的伤亡人数为:9 人死亡、18 人重伤(其中 10 名重伤人员抢救无效死亡时间超过事发 7 日),且直接经济损失为 1300+400+140+2000+500+450=4790 万元,故综合上述判定指标,该起事故为较大事故。

2. E

【解析】依据《安全生产许可证条例》,企业取得安全生产许可证,应当具备下列安全生产条件:

(1) 建立、健全安全生产责任制,制定完备的安全生产规章制度和操作规程。

(2) 安全投入符合安全生产要求。

(3) 设置安全生产管理机构,配备专职安全生产管理人员。

(4) 主要负责人和安全生产管理人员经考核合格。

(5) 特种作业人员经有关业务主管部门考核合格,取得特种作业操作资格证书。

(6) 从业人员经安全生产教育和培训合格。

(7) 依法参加工伤保险,为从业人员缴纳保险费。

(8) 厂房、作业场所和安全设施、设备、工艺符合有关安全生产法律、法规、标准和规程的要求。

(9) 有职业危害防治措施,并为从业人员配备符合国家标准或者行业标准的劳动防护用品。

(10) 依法进行安全评价。

(11) 有重大危险源检测、评估、监控措施和应急预案。

(12) 有生产安全事故应急救援预案、应急救援组织或者应急救援人员,配备必要的应急救援器材、设备。

(13) 法律、法规规定的其他条件。

故 E 选项正确。

3. BDE

【解析】A 选项错误,井下消防管路系统应当敷设到采掘工作面,每隔 100 m 设置支管和阀门,但在带式输送机巷道中应当每隔 50 m 设置支管和阀门。C 选项错误,主要煤层大巷每隔 200 m 设置三通和阀门。其他选项正确。

4. BD

【解析】重大事故、较大事故、一般事故分别由事故发生地省级人民政府、设区的市级人民政府、县级人民政府负责调查。

根据事故的具体情况,事故调查组由有关人民政府、安全生产监督管理部门、负有安全生产监督管理职责的有关部门、监察机关、公安机关以及工会派人组成,并应当邀请人民检察院派人参加。事故调查组可以聘请有关专家参与调查。

5. ABE

【解析】出现火灾时，需要分析判断高温烟气在上行风流中是否产生火风压。必须作出决定并下达的命令：

(1) 切断灾区电源。

(2) 撤出灾区和可能影响区的人员。

(3) 向上级汇报并召请救护队。

(4) 制订切实可行的救灾方案，尤其要根据灾情妥善进行灾区风流调度。

(5) 保证主要通风机和空气压缩机正常运转。

(6) 保证升降人员的井筒正常提升。

(7) 清点井下人员、控制入井人员。

(8) 矿山救护队到矿后，按照救灾方案部署救护队抢救遇险人员、侦察灾情、扑灭火灾、恢复通风系统，防止再次爆炸。

(9) 命令有关单位准备救灾物资，医院准备抢救伤员。

故 A、B、E 选项正确。C、D 选项错误（不能冒险作业）。

案例 6

1. D

【解析】煤炭生产企业安全费用应当按照以下范围使用：

(1) 煤与瓦斯突出及高瓦斯矿井落实两个"四位一体"综合防突措施支出，包括瓦斯区域预抽、保护层开采区域防突措施、开展突出区域和局部预测、实施局部补充防突措施、更新改造防突设备和设施、建立突出防治实验室等支出。

(2) 煤矿安全生产改造和重大隐患治理支出，包括"一通三防"（通风，防瓦斯、防煤尘、防灭火）、防治水、供电、运输等系统设备改造和灾害治理工程，实施煤矿机械化改造，实施矿压（冲击地压）、热害、露天矿边坡治理、采空区治理等支出。

(3) 完善煤矿井下监测监控、人员定位、紧急避险、压风自救、供水施救和通信联络安全避险"六大系统"支出，应急救援技术装备、设施配置和维护保养支出，事故逃生和紧急避难设施设备的配置和应急演练支出。

(4) 开展重大危险源和事故隐患评估、监控和整改支出。

(5) 安全生产检查、评价（不包括新建、改建、扩建项目安全评价）、咨询、标准化建设支出。

(6) 配备和更新现场作业人员安全防护用品支出。

(7) 安全生产宣传、教育、培训支出。

(8) 安全生产适用新技术、新标准、新工艺、新装备的推广应用支出。

(9) 安全设施及特种设备检测检验支出。

(10) 其他与安全生产直接相关的支出。

2. B

【解析】"现场管理"要素包括：设备设施管理、作业安全、职业健康、警示标志；A、C、D 选项属于"安全风险管控及隐患排查治理"要素；E 选项属于"应急管理"要素。

3. AB

【解析】A 选项错误，其他从业人员的初次安全培训时间为 72 学时，每年再培训为 20 学时。B 选项错误，《煤矿安全培训规定》第三十六条规定，煤矿企业新上岗的井下作业人员安全培训合格后，应当在有经验的工人师傅带领下，实习满四个月，并取得工人师傅签名的实习合格证明后，方可独立工作。

4. ABDE

【解析】提供的自救器应为隔绝式自救器。

5. ACD

【解析】带式输送机应设置下列安全保护装置：

（1）应设置防止输送带跑偏、驱动滚筒打滑、纵向撕裂和溜槽堵塞等保护装置；上行带式输送机应设置防止输送带逆转的安全保护装置，下行带式输送机应设置防止超速的安全保护装置。

（2）在带式输送机沿线应设连锁停车装置。

（3）在驱动、传动和自动拉紧装置的旋转部件周围，应设防护装置。故选择 A、C、D 选项。

案例 7

1. D

【解析】煤与瓦斯突出矿井，未依照规定实施防突出措施属于重大事故隐患。

依据《中华人民共和国刑法》规定，强令他人违章冒险作业，或者明知存在重大事故隐患而不排除，仍冒险组织作业，因而发生重大伤亡事故或者造成其他严重后果的，处五年以下有期徒刑或者拘役；情节特别恶劣的，处五年以上有期徒刑。故上述行为属于强令、组织他人违章冒险作业罪。

2. D

【解析】被责令停产整顿的煤矿擅自从事生产的，县级以上地方人民政府负责煤矿安全生产监督管理的部门、煤矿安全监察机构应当提请有关地方人民政府予以关闭，没收违法所得，并处违法所得 1 倍以上 5 倍以下的罚款；构成犯罪的，依法追究刑事责任。

3. ABCE

【解析】依据《企业安全生产费用提取和使用管理办法》（财企〔2012〕16 号）规定，通风设备、瓦斯防治、重大隐患治理费用及井下人员定位系统支出的费用均属于煤炭生产企业安全费用的使用范围。而支护材料属于日常施工材料，不在此范围内。

4. ABE

【解析】依据《中华人民共和国安全生产法》（2021 年版）第八十三条，单位负责人接到事故报告后，应当迅速采取有效措施，组织抢救，防止事故扩大，减少人员伤亡和财产损失，并按照国家有关规定立即如实报告当地负有安全生产监督管理职责的部门，不得隐瞒不报、谎报或者迟报，不得故意破坏事故现场、毁灭有关证据。故 A 选项中描述的行为是不当的。B 选项，发生煤与瓦斯突出之后，不得停风和反风，以防止风流发生紊乱，故该行为不当。C 选项的行为是正确的。D 选项错误，不要求矿长赶赴井下。E 选项，应指派救护队下井进行侦察,而不是违章指挥通风区人员进入灾区查看。

5. ABDE

【解析】煤矿企业主要负责人考试应当包括下列内容:

(1) 国家安全生产方针、政策和有关安全生产的法律、法规、规章及标准。

(2) 安全生产管理、安全生产技术和职业健康基本知识。

(3) 重大危险源管理、重大事故防范、应急管理和事故调查处理的有关规定。

(4) 国内外先进的安全生产管理经验。

(5) 典型事故和应急救援案例分析。

(6) 其他需要考试的内容。

案例 8

1. D

【解析】较大事故,是指造成 3 人以上 10 人以下死亡,或者 10 人以上 50 人以下重伤,或者 1000 万元以上 5000 万元以下直接经济损失的事故。题干中造成的损失为 7 人死亡,1 人受伤,直接经济损失 496 万元,故综合判断为较大事故。较大事故逐级上报至省、自治区、直辖市人民政府安全生产监督管理部门和负有安全生产监督管理职责的有关部门。

2. E

【解析】依据《企业职工伤亡事故分类》(GB 6441) 的规定,上述事故类型属于瓦斯爆炸。

3. ACD

【解析】事故报告的内容包括:

(1) 事故发生单位概况。

(2) 事故发生的时间、地点以及事故现场情况。

(3) 事故的简要经过。

(4) 伤亡人数和初步估计的直接经济损失。

(5) 已经采取的措施。

(6) 其他应当采取的措施。

4. BCE

【解析】A 选项(瓦斯超限,浓度处于爆炸极限范围内)及 D 选项(强行截割产生了火花)均属于直接原因。其他选项均属于间接原因。

5. BCDE

【解析】重大事故隐患:

(1) 超能力、超强度或者超定员组织生产,包含的情形:①月原煤产量大于核定(设计)生产能力的 10% 的;②煤矿或其上级公司超过煤矿核定(设计)生产能力下达生产计划或者经营指标的。故 B 选项、E 选项属于重大事故隐患。

(2) 高瓦斯矿井未建立瓦斯抽采系统和监控系统,或者系统不能正常运行,包含的情形:①按照《煤矿安全规程》规定应当建立而未建立瓦斯抽采系统或者系统不正常使用的；②未按照国家规定安设、调校甲烷传感器，人为造成甲烷传感器失效，或者瓦斯超限后不能报警、断电或者断电范围不符合国家规定的。故 C 选项、D 选项属于重大事故隐患。

案例 9

1. D

【解析】事故发生后，事故现场有关人员应当立即向本单位负责人报告；单位负责人接到报告后，应当于 1 小时内向事故发生地县级以上人民政府安全生产监督管理部门和负有安全生产监督管理职责的有关部门报告。矿长于 9 月 28 日 22：52 接到事故报告，故其应于 1 小时内（即 9 月 28 日 23 时 52 分）报告。

2. A

【解析】依据《煤矿安全规程》的规定，煤矿企业应当根据矿井灾害特点，结合所在区域实际情况，储备必要的应急救援装备及物资，由主要负责人审批。故本题选择矿长，即主要负责人。

3. ACE

【解析】B 选项的做法错误，由于顶板异常破碎，且极易受到振动而引发顶板冒落，故敲击的方式可能会引发顶板冒落。D 选项的做法错误，严禁用镐刨、锤砸等方法扒人或破岩，防止对被困人员产生二次伤害。

4. CE

【解析】事故的直接原因为人的不安全行为（E 选项）或物的不安全状态（C 选项），其他选项为间接原因。

5. ACE

【解析】依据《生产经营单位安全培训规定》第十五条，车间（工段、区、队）级岗前安全培训内容应当包括：

（1）工作环境及危险因素。
（2）所从事工种可能遭受的职业伤害和伤亡事故。
（3）所从事工种的安全职责、操作技能及强制性标准。
（4）自救互救、急救方法、疏散和现场紧急情况的处理。
（5）安全设备设施、个人防护用品的使用和维护。
（6）本车间（工段、区、队）安全生产状况及规章制度。
（7）预防事故和职业危害的措施及应注意的安全事项。
（8）有关事故案例。
（9）其他需要培训的内容。

案例 10

1. B

【解析】《煤矿安全规程》规定，采用氮气防灭火时，应当遵守的规定有：氮气源稳定可靠，注入的氮气浓度不小于 97% 等。

2. B

【解析】采前预灌是在工作面尚未回采之前对其上部的采空区进行灌浆,其适用于开采特厚煤层,以及采空区多且极易自燃的煤层,该煤矿在开采前对其上部采空区进行灌浆,故属于采前预灌,选择 B 选项。

3. CD

【解析】当采掘工作面接近有积水的灌浆区时,应当立即停止施工,确定探水线,实施超前探放水,经确认无水害威胁后,方可施工。

4. ACDE

【解析】依据《生产安全事故应急演练基本规范》的规定,应急演练实施基本流程包括计划、准备、实施、评估总结、持续改进五个阶段。

5. ACE

【解析】为防止类似事故发生,该矿应在采煤前查清灌浆区内的浆水积存情况,明确灌浆时间、进度、灌浆浓度和灌浆量;加强员工的安全教育培训工作,而不是解聘。

案例 11

1. B

【解析】老空和钻孔位置不清楚时,探水钻孔成组布设,并在巷道前方的水平面和竖直面内呈扇形,钻孔终孔位置满足水平面间距不得大于 3 m,厚煤层内各孔终孔的竖直面间距不得大于 1.5 m。

2. D

【解析】煤矿企业其他从业人员的初次安全培训时间不得少于 72 学时,每年再培训时间不得少于 20 学时。

3. BCE

【解析】A 选项和 D 选项中的现象属于煤与瓦斯突出的征兆,不属于透水的征兆。透水的预兆:①煤层变潮湿、松软;煤帮出现滴水、淋水现象,且淋水由小变大;有时出现"挂红";②工作面气温降低,或出现雾气或硫化氢气味;③有时可听到水的"嘶嘶"声;④矿压增大,发生片帮、冒顶及底鼓。

4. ACD

【解析】B 选项错误,B 选项中的做法属于近探,极不安全(因工作面已经有透水征兆),应该另选安全地点进行探放水作业。E 选项错误,透水后,不能进入透水点附近及下方。

5. DE

【解析】依据《煤矿安全规程》第二百八十三条的规定,水文地质条件复杂、极复杂的煤矿,应当设立专门的防治水机构。故选择 D、E 选项。

案例 12

1. D

【解析】矿山单位安全生产管理人员中的中级及以上注册安全工程师的比例应达到

15%左右并逐步提高，故应配置的合理数量=60×15%=9（人）。

2. C

【解析】矿山单位，每3年应委托具备规定资质条件的专业技术服务机构对本企业的安全生产状况进行安全评价。

3. BD

【解析】安全风险管控及隐患排查治理包括：（1）安全风险管理（安全风险辨识、安全风险评估、安全风险控制、变更管理）。

（2）重大危险源辨识与管理。

（3）隐患排查治理（隐患排查，隐患治理，验收与评估，信息记录、通报和报送）。

（4）预测预警。

4. ABE

【解析】直接经济损失的范围：

（1）人身伤亡后所支出的费用，包括医疗费用（含护理费用）、丧葬及抚恤费用、补助及救济费用、歇工工资。

（2）善后处理费用，包括处理事故的事务性费用、现场抢救费用、清理现场费用、事故罚款和赔偿费用。

（3）财产损失价值，包括固定资产损失价值、流动资产损失价值。

5. BDE

【解析】综合防尘措施包括技术措施和组织措施两个方面。其中技术措施有通风排尘、湿式作业、密闭尘源与净化、个体防护、改革工艺及设备等。故B选项（湿式作业）、D选项（湿式作业）、E选项属于技术措施。

案例13

1. A

【解析】钻屑法是通过在煤层中打直径42~50 mm的钻孔，根据排出的煤粉量及其变化规律和有关动力效应鉴别冲击危险的一种方法，其基础理论是钻出煤粉量与煤体应力状态具有定量的关系。当单位长度的排粉率增大或超过标定值时，表示应力集中程度增加和冲击危险性提高。

2. E

【解析】在一定的采深条件下，比较强烈的冲击地压一般会出现在地层中具有高强度的岩层中，特别是当顶板中有坚硬厚层砂岩的情况下。超前爆破处理煤层上方顶板中的中砂岩可防止21303工作面再次发生类似事故。

3. BCD

【解析】开采冲击地压煤层时，在应力集中区内不得布置2个工作面同时进行采掘作业。2个掘进工作面之间的距离小于150 m时，采煤工作面与掘进工作面之间的距离小于350 m时，2个采煤工作面之间的距离小于500 m时，必须停止其中1个工作面，确保2个回采工作面之间、回采工作面与掘进工作面之间、2个掘进工作面之间留有足够的间距，以避免应力叠加导致冲击地压的发生。

4. ACD

【解析】 与本次事故发生有关的因素包括工作面顶板有厚度较大的坚硬岩层；煤层埋藏深，自重应力较大；工作面两巷留设了底煤。工作面底板为泥岩、顶板有淋水且未处理与本次冲击地压事故无关。

5. BCE

【解析】 根据《防治煤矿冲击地压细则》规定，进入严重（强）冲击地压危险区域的人员必须采取穿戴防冲服等特殊的个体防护措施；有冲击地压危险的采掘工作面必须设置压风自救系统；评价为强冲击地压危险的区域不得存放备用材料和设备；巷道内杂物应当清理干净，保持行走路线畅通。

案例 14

1. E

【解析】 根据《煤矿安全规程》，采用串联通风时，被串采煤工作面的进风巷和被串掘进工作面的局部通风机前必须设置甲烷传感器。甲烷传感器的最高允许浓度为 0.5%。

2. B

【解析】 间接经济损失包括：①停产、减产损失价值；②工作损失价值；③资源损失价值；④处理环境污染的费用；⑤补充新职工的培训费用；⑥其他损失费用。

故该事故间接经济损失包括补充新职工培训费用 90 万元、停产损失 11000 万元，共计 11090 万元。

3. BD

【解析】 造成 1201 进风巷瓦斯爆炸事故的直接原因：瓦斯异常涌出，浓度达到爆炸界限；带电维修，产生电火花。

4. BCE

【解析】 冲击地压的防范措施：①采用合理的开拓布置和开采方式；②开采保护层；③煤层预注水；④厚层坚硬顶板预处理；⑤冲击地压安全防护措施。

冲击地压的解危措施：①爆破卸压；②钻孔卸压；③定向水力裂缝法；④诱发爆破。

5. ACDE

【解析】 由于 1202 回风巷掘进工作面难以构成独立的通风系统，该矿制定了相应的安全技术措施，其回风串联进入 1201 回采工作面的运输巷，并安设了串联通风甲烷传感器，不属于违规、违章情形。

案例 15

1. C

【解析】 《煤矿安全规程》第七百零一条规定，煤矿企业应当根据矿井灾害特点，结合所在区域实际情况，储备必要的应急救援装备及物资，由主要负责人审批。

2. C

【解析】 造成事故的间接原因是当班人员未落实有关规章制度，其余选项为造成事故的直接原因。

3. AB

【解析】《企业安全生产费用提取和使用管理办法》（财企〔2012〕16号）第五条规定，煤炭生产企业依据开采的原煤产量按月提取。煤（岩）与瓦斯（二氧化碳）突出矿井、高瓦斯矿井吨煤30元。

此高瓦斯矿井2017年产煤3.0 Mt，因此当年应提取安全费用为 $3.0 \times 10^6 \times 30 \div 10^4 = 9000$ 万元。

4. ABD

【解析】《生产安全事故报告和调查处理条例》第十二条规定，报告事故应当包括下列内容：

（1）事故发生单位概况。

（2）事故发生的时间、地点以及事故现场情况。

（3）事故的简要经过。

（4）事故已经造成或者可能造成的伤亡人数（包括下落不明的人数）和初步估计的直接经济损失。

（5）已经采取的措施。

（6）其他应当报告的情况。

5. ABCD

【解析】冒顶事故发生前后，掘进工作面存在的隐患包括：

（1）前探梁伸出长度为0.6~0.8 m，不满足《35109工作面回风巷综掘工作面作业规程》中前探梁支护移出长度为2 m的要求。

（2）《煤矿安全规程》要求，采煤工作面必须及时支护，严禁空顶作业。乙、丙、丁进入空顶区作业违反规定。

（3）《煤矿安全规程》要求，锚杆钻车作业时必须有防护操作台，支护作业时必须将临时支护顶棚升至顶板。非操作人员严禁在锚杆钻车周围停留或者作业，丁为瓦检工，不应参与支护作业。

（4）严禁用锚杆机将网片顶向顶板，丙、丁违章操作。

案例16

1. Ⅰ采区3102煤层掘进工作面可能发生的事故类别有物体打击、机械伤害、触电、火灾、冒顶片帮、透水、爆破、火药爆炸、瓦斯爆炸、其他爆炸、中毒和窒息、其他伤害等。

2. A煤矿安全生产管理中存在的主要问题有：

（1）安全生产责任制、现场安全生产规章制度等不够完善，且未能有效落实。

（2）安全生产管理机构的建立和安全生产管理人员的配置不够完善，安全教育培训不到位。

（3）安全生产投入不足，安全生产缺乏保障。

（4）现场安全检查工作不力，发现事故隐患时，未能及时采取有效措施予以消除。

（5）应急救援预案的编制不够完善，且缺乏必要的应急演练。

(6) 设备设施缺乏必要的维护。

3. 矿长接到事故报告后应采取如下应急处置措施：

(1) 立即通知井下作业人员停止作业，并紧急升井。

(2) 下令停止全部井下生产活动，并停止送电。

(3) 启动事故应急预案，集结应急救援队伍和人员。

(4) 向矿山救援指挥中心、煤矿安全监察部门、应急管理部门、应急消防部门、卫生部门等相关部门报告。

(5) 加大通风力度，加强瓦斯的排除。

(6) 安排专人加强瓦斯的检查与监测。

(7) 现场严禁一切明火或电火花，加强对点火源的管理和控制。

4. A煤矿安全生产主体责任包括：

(1) 依法持有安全生产所需相关证件，保证具备相应的安全生产条件。

(2) 建立健全安全生产责任制，组织制定安全生产规章制度和操作规程。

(3) 建立健全生产安全事故隐患排查治理制度，督促、检查安全生产工作，及时消除生产安全事故隐患。

(4) 建立健全安全生产管理机构，配备足够数量的专职安全生产管理人员和满足安全生产工作需要的特种作业人员。

(5) 保证建设项目的安全设施与主体工程同时设计、同时施工、同时投入生产和使用。

(6) 按照规定提取和使用安全生产费用，保证安全生产投入的有效实施。

(7) 组织制定并实施安全生产教育和培训计划，对从业人员进行安全生产教育和培训。

(8) 教育和督促从业人员严格执行本单位的安全生产规章制度和安全操作规程；并向从业人员如实告知作业场所和工作岗位存在的危险因素、防范措施以及事故应急措施。

(9) 为从业人员提供符合国家标准或者行业标准的劳动防护用品，并监督、教育从业人员按照使用规则佩戴、使用。

(10) 依法参加工伤保险，为从业人员缴纳保险费；投保安全生产责任保险。

(11) 不得将生产经营项目、场所、设备发包或者出租给不具备安全生产条件或者相应资质的单位或者个人。

(12) 特种设备按照有关规定取得安全使用证或者安全标志，方可投入使用；对安全设备进行经常性维护、保养，并定期检测，保证正常运转。

(13) 对重大危险源应当登记建档，进行定期检测、评估、监控，并制定应急预案，告知从业人员和相关人员在紧急情况下应当采取的应急措施。

(14) 组织制定并实施生产安全事故应急救援预案。

(15) 建立应急救援组织，配备必要的应急救援器材、设备和物资，并进行经常性维护、保养，保证正常运转。

(16) 按要求及时、如实上报事故，做好事故应急处置。

(17) 其他安全生产责任。

5. A煤矿注册安全工程师应参与的安全生产工作包括：
(1) 制定安全生产规章制度、安全技术操作规程和作业规程。
(2) 排查事故隐患，制定整改方案和安全措施。
(3) 制定从业人员安全培训计划。
(4) 选用和发放劳动防护用品。
(5) 生产安全事故调查。
(6) 制定重大危险源检测、评估、监控措施和应急救援预案。
(7) 其他安全生产工作事项。

案例17

1. 该事故属于特别重大事故，应最终上报至国务院，由国务院或者国务院授权有关部门组织事故调查组进行调查。

2. 煤尘爆炸必须同时具备以下4个条件：
(1) 煤尘本身具有爆炸性。
(2) 煤尘必须悬浮于空气中，并达到一定的浓度。
(3) 有能引起爆炸的高温热源存在。
(4) 氧气浓度不低于18%。

3. 高瓦斯矿井应当将每年测定和计算矿井、采区、工作面瓦斯和二氧化碳涌出量的结果上报省级煤炭行业管理部门和省级煤矿安全监察机构。

4. (1) 主要隔爆棚在下列巷道设置：矿井两翼与井筒相连通的主要大巷；相邻采区之间的集中运输卷和回风巷；相邻煤层之间的运输石门和回风石门。
(2) 辅助隔爆相应在下列巷道设置：采煤工作面进风、回风巷道；采区内的煤和半煤巷掘进巷道；采用独立通风并有煤尘爆炸危险的其他巷道。

案例18

1. 与本次事故有关的安全技术问题有：
(1) 掘进工作面未形成独立通风系统。
(2) 工人检修电器设备时违章带电作业。
(3) 因冲击地压造成瓦斯异常涌出，又没有独立通风系统，导致瓦斯超限达到爆炸界限。
(4) 瓦斯监测系统传感器故障，信号传输不畅。

2. 存在的安全管理问题有：
(1) 超能力生产，导致采掘接替紧张。
(2) 生产安全值班负责人脱岗。
(3) 机电设备管理混乱。
(4) 未能教育工人自觉使用自救设备。
(5) 下井人员未佩戴自救器和瓦斯检测仪。

3. 应采取的整改措施有：

(1) 加强技术管理，保证采掘平衡，生产和通风系统完整、畅通。
(2) 完善瓦斯监控系统等技术装备并始终保持良好状态。
(3) 采取技术措施预测预报冲击地压等自然灾害。
(4) 加强对工人的培训教育，提高工人的技术水平和安全意识，自觉使用各种自救装备。
(5) 坚持"先抽后采、监测监控、以风定产"。

案例 19

1. 调查组应该由煤矿安全监察机构、监察部门、工会组织、公安、煤炭管理部门等组成。
2. 调查组成员应该符合以下条件：
(1) 具有事故调查所需要的某一方面的专长。
(2) 与所发生事故没有直接利害关系。
针对这起事故，主要应该聘请瓦斯、通风、机电等方面的专家进行技术鉴定。
3. 这是一起特别重大事故，应该按照《生产安全事故报告和调查处理条例》进行调查和处理，而不能按两起特大事故进行调查处理。主要教训是救援人员的安全没有得到保障。所以，应在矿井救灾计划中拟定保障救援人员安全的措施。

案例 20

1. 煤矿防治水工作应当坚持的原则包括"预测预报、有疑必探、先探后掘、先治后采"。
2. 透水预兆还包括煤层变湿、"挂红"、空气变冷、出现雾气、"水叫"、顶板来压、片帮、淋水加大、底板鼓起或者裂隙渗水、钻孔喷水、煤壁溃水、水色变浑、有臭味等。
3. 采掘工作面遇有下列情况之一的，必须进行探放水：
(1) 接近水淹或者可能积水的井巷、老空或者相邻煤矿。
(2) 接近含水层、导水断层、暗河、溶洞和导水陷落柱。
(3) 打开防隔水煤（岩）柱进行放水前。
(4) 接近可能与河流、湖泊、水库、蓄水池、水井等相通的断层破碎带。
(5) 接近有出水可能的钻孔。
(6) 接近水文地质条件复杂的区域。
(7) 采掘破坏影响范围内有承压含水层或者含水构造、煤层与含水层间的防隔水煤（岩）柱厚度不清楚均可能发生突水。
(8) 接近有积水的灌浆区。
(9) 接近其他可能突水的地区。
4. 《煤矿防治水细则》第三十九条规定，严格执行井下探放水"三专"要求。由专业技术人员编制探放水设计，采用专用钻机进行探放水，由专职探放水队伍施工。严禁使用非专用钻机探放水。
严格执行井下探放水"两探"要求。采掘工作面超前探放水应当同时采用钻探、物探两种方法，做到相互验证，查清采掘工作面及周边老空水、含水层富水性以及地质构造等情况。有条件的矿井，钻探开采用定向钻机，开展长距离、大规模探放水。

案例 21

1. 煤自然发火的条件：①煤具有自燃倾向性且成破碎状态堆积；②有连续的通风供氧条件；③热量易于堆积；④持续一定的时间。

2. 影响煤自燃的因素有：

（1）内在因素：煤化程度、煤的水分、煤岩成分、煤的含硫量、煤的粒度与孔隙结构、煤的瓦斯含量。

（2）外在因素：煤层地质赋存条件，采掘技术因素，通风管理因素。

3. 防治煤炭自燃的开采技术措施有：采用合理的矿井开拓和巷道布置；坚持合理的开采方法和开采顺序；控制矿山压力和减少煤体破碎；合理的通风系统。

4. 火区封闭的原则是：准备先行，行动果断，密闭墙要"密、少、快、小"（封闭"四字诀"："密、少、快、小"。"密"是指密闭墙要严密，尽量减少漏风；"少"是指密闭墙的道数要少；"快"是指封闭墙的施工速度要快；"小"是指封闭范围要尽量小），实施过程要加强监控。

5.《煤矿安全规程》第二百七十九条规定，封闭的火区，只有经取样化验证实火已熄灭后，方可启封或者注销。

火区同时具备下列条件时，方可认为火已熄灭：

（1）火区内的空气温度下降到 30 ℃以下，或者与火灾发生前该区的日常空气温度相同。

（2）火区内空气中的氧气浓度降到 5.0% 以下。

（3）火区内空气中不含有乙烯、乙炔，一氧化碳浓度在封闭期间内逐渐下降，并稳定在 0.001% 以下。

（4）火区的出水温度低于 25 ℃，或者与火灾发生前该区的日常出水温度相同。

（5）上述 4 项指标持续稳定 1 个月以上。

案例 22

1. 煤与瓦斯突出前常发生的预兆有：

（1）声响预兆。煤体中发出闷雷声、爆竹声、机枪声、嗡嗡声，这些声响在许多地方统称为"煤炮"。

（2）煤结构变化。煤质干燥，光泽暗淡，层理紊乱，煤尘增多。

（3）地压方面预兆。煤体和支架压力增大，煤壁移动加剧，煤壁向外鼓出，掉渣，煤块迸出。

（4）瓦斯方面预兆。瓦斯增大或忽大忽小，打钻时顶钻或夹钻。

（5）其他预兆。煤壁和工作面温度降低；特殊气味等。

2. 煤矿主要负责人的安全生产职责是：

（1）建立健全并落实本单位全员安全生产责任制，加强安全生产标准化建设。

（2）组织制定并实施本单位安全生产规章制度和操作规程。

（3）组织制定并实施本单位安全生产教育和培训计划。

（4）保证本单位安全生产投入的有效实施。

（5）组织建立并落实安全风险分级管控和隐患排查治理双重预防工作机制，督促、检查本单位的安全生产工作，及时消除生产安全事故隐患。

（6）组织制定并实施本单位的生产安全事故应急救援预案。

（7）及时、如实报告生产安全事故。

3. 从业人员安全生产职责是：

（1）自觉遵守安全生产规章制度，不违章作业，并随时制止他人的违章作业。

（2）不断提高安全意识，丰富安全生产知识，增加自我防范能力。

（3）积极参加安全学习及安全培训，掌握本职工作所需的安全生产知识，提高安全生产技能，增加事故预防和应急处理能力。

（4）爱护和正确使用机械设备、工具及个人防护用品。

（5）主动提出改进安全生产工作意见。

（6）从业人员有权对单位安全工作中存在的问题提出批评、检举、控告，有权拒绝违章指挥和强令冒险作业。

（7）从业人员发现直接危及人身安全的紧急情况时，有权停止作业或者在采取可能的应急措施后，撤离作业现场。

（8）从业人员在作业过程中，应当严格遵守本单位的安全生产规章制度和操作规程，服从管理，正确佩戴和使用劳动防护用品。

4. 预防煤（岩）与瓦斯突出的措施（以下简称防突措施）按作用范围来划分，有区域性防突措施和采掘工作面防突措施。

（1）区域性防突措施。目前采用的区域性防突措施主要有开采保护层、预抽煤层瓦斯。

（2）采掘工作面的防突措施。在突出危险煤层中，平巷掘进可采用大直径钻孔、超前钻孔、松动爆破、前探支架、水力冲孔或其他经试验证实有效的防突措施。

案例 23

1. D煤矿安全生产专项应急预案应补充的内容：危险性分析、可能发生的事故特征、预防措施等内容。

2. D煤矿专项应急预案管理中存在的问题：

（1）专项应急预案不能经企业内部评审后印发，应当组织专家对本单位编制的应急预案进行评审，评审应当形成书面纪要并附有专家名单。应急预案经评审后，由煤矿主要负责人签署公布。

（2）专项应急预案报当地人民政府备案不妥，应当报同级人民政府和上一级安全生产监督管理部门备案。

3. 调度员乙在接到甲报告后应采取的应对措施是：下达立即停止生产、撤离作业人员的调度指令，让职工在第一时间得知信息。然后根据规定向值班矿领导和矿长以及上级有关部门汇报，启动相应的应急措施。

4. 应急演练方案应明确演练目标、场景和情景、实施步骤、评估标准、评估方法、培训动员、物资保障、过程控制、评估总结、资料管理等。

案例 24

1. （1）直接原因（物的不安全状态、人的不安全行为）：通风不良造成瓦斯聚积；火区管理不善造成浮煤自燃；违章救灾导致事故扩大，由火灾造成瓦斯爆炸。

（2）间接原因（管理缺陷）：①安全管理制度不落实，现场管理混乱；②煤矿安全技术管理混乱，相关图纸不能反映井下实际，矿井没有编制防灭火安全技术措施；③矿井没有绘制瓦斯巡回检查路线图，没有建立完善的防火墙管理档案；④矿井组织救灾工作无序，没有按照规定及时向上级管理部门报告井下火灾情况，未召请救护队，多次自行组织人员冒险入井施救，使事故扩大；⑤新入职的人员，未经入井培训，便直接下井作业。

2. 防范措施：①加强通风，使矿井通风系统稳定可靠；②严格落实火区管理制度；③杜绝违章救灾，按应急预案进行救灾；④加强安全管理、技术管理等制度的完善与落实。

3. 防火墙位置的选择原则：封闭火区范围要小，防火墙的数量要少，封闭的时间要快，封闭的密封性要严。

4. 煤矿主要负责人的安全生产职责：

（1）建立健全并落实本单位全员安全生产责任制，加强安全生产标准化建设。

（2）组织制定并实施本单位安全生产规章制度和操作规程。

（3）组织制定并实施本单位安全生产教育和培训计划。

（4）保证本单位安全生产投入的有效实施。

（5）组织建立并落实安全风险分级管控和隐患排查治理双重预防工作机制，督促、检查本单位的安全生产工作，及时消除生产安全事故隐患。

（6）组织制定并实施本单位的生产安全事故应急救援预案。

（7）及时、如实报告生产安全事故。

案例 25

1. （1）直接原因：该矿某工作面开切眼遇到断层，煤层垮落，引起瓦斯涌出量突然增加；风流短路，造成开切眼瓦斯积聚；在作业时，产生摩擦火花引爆瓦斯，煤尘参与爆炸。

（2）间接原因：该煤矿管理混乱，违规建设、非法生产；"一通三防"管理混乱；采掘及通风系统布置不合理，无综合防尘系统，造成重大安全生产隐患。

2. 煤尘爆炸必须同时具备以下 4 个条件：

（1）煤尘本身具有爆炸性。

（2）煤尘必须悬浮于空气中，并达到一定的浓度。

（3）有能引起爆炸的高温热源存在。

（4）氧气浓度不低于 18%。

3. 高瓦斯矿井应当将每年测定和计算矿井、采区、工作面瓦斯和二氧化碳涌出量的结果上报省级煤炭行业管理部门和省级煤矿安全监察机构。

4. 此类事故的防范措施有：

（1）加强技术管理，保证采掘平衡，生产和通风系统完整、畅通。

（2）完善瓦斯监控系统等技术装备并始终保持良好状态。

（3）采取技术措施预测预报冲击地压等自然灾害。

（4）加强对工人的培训教育，提高工人的技术水平和安全意识，自觉使用各种自救装备。

（5）坚持"先抽后采、监测监控、以风定产"。

案例 26

1. 事故原因：

（1）忽视安全，追求进度。在绞车信号没处理好时停止局部通风机运料；局部通风机没安消声器；局部通风机无计划停风，造成瓦斯积聚。

（2）干部违章指挥。在没有对工作面积存的瓦斯进行排放的情况下，指挥工人带电作业，是造成事故的重要原因。

2. 《煤矿安全规程》规定，矿井必须有因停电和检修主要通风机停止运转或通风系统遭到破坏以后恢复通风、排除瓦斯和送电的安全措施。

恢复已封闭的停工区或采掘工作接近这些地点时，必须事先排除其中积聚的瓦斯；排除瓦斯工作必须制定安全技术措施。

局部通风机因故停止运转，在恢复通风前，必须首先检查瓦斯，只有停风区中甲烷浓度最高不超过 1.0% 和二氧化碳浓度最高不超过 1.5%，且局部通风机及其开关附近 10 m 以内风流中的甲烷浓度都不超过 0.5% 时，方可人工开启局部通风机，恢复正常通风。

停风区中甲烷浓度超过 1.0%，或二氧化碳浓度超过 1.5%，甲烷浓度和二氧化碳浓度最高超过 3.0% 时，必须采取安全措施，控制风流排放瓦斯。

停风区中甲烷浓度或二氧化碳浓度超过 3.0% 时，必须制定安全排放瓦斯措施，报矿总工程师批准。

在排放瓦斯过程中，排出的瓦斯与全风压风流混合处的甲烷和二氧化碳浓度均不得超过 1.5%，且混合风流经过的所有巷道内必须停电撤人，其他地点的停电撤人范围应在措施中明确规定。只有恢复通风的巷道风流中甲烷浓度不超过 1.0% 和二氧化碳浓度不超过 1.5% 时，方可人工恢复局部通风机供风巷道内电气设备的供电和采区回风系统内的供电。

3. 瓦斯发生爆炸的条件有：①瓦斯在空气中必须达到一定的浓度；②必须有高温火源；③必须有足够的氧气。以上 3 个条件同时存在时瓦斯才能发生爆炸。

【知识拓展】

（1）瓦斯浓度。在空气中，瓦斯浓度小于 5% 时没有爆炸性，但是这种低浓度瓦斯可以在火源周围燃烧，当火源消失时瓦斯不能继续燃烧；瓦斯浓度在 5%~16% 时有爆炸性，当瓦斯浓度为 9.5% 时爆炸威力最大；瓦斯浓度超过 16%（如果瓦斯在整个空间中的分布是均匀的）时，则既不能燃烧，也不能爆炸，但是这种高浓度瓦斯具有潜在的爆炸危险，混入新鲜空气之后有可能爆炸。

（2）高温热源。实验表明，瓦斯的引火温度为 650~750 ℃。煤矿井下有多种可能出现的火源都有引燃瓦斯的可能，如吸烟、电焊和气焊、外因火灾和自然发火、电火花、井下爆炸特别是违章爆破、摩擦碰撞以及静电放电产生的高温或火花等。

（3）氧气浓度。瓦斯爆炸的实质是瓦斯与氧气在一定条件下发生的化学反应，因此氧气浓度的高低对瓦斯爆炸必然产生一定的影响。实验证明，氧气浓度的高低决定着爆炸能否发生和爆炸威力的大小，氧气浓度小于 12% 时瓦斯就不再具有爆炸性。

4. 防范措施：

（1）加强干部职工安全生产教育，牢固树立安全第一思想。

（2）加强局部通风机的管理。

（3）加强瓦斯检查工责任心教育，现场交接班，认真按其职责检查处理瓦斯。

（4）加强井下电器失爆检查及电工的安全教育，杜绝带电违章作业。

（5）从设计入手，合理布置生产顺序。

案例 27

1. 煤层瓦斯含量受多种因素影响，其中主要影响因素如下。

（1）煤层露头。在煤层形成以后的地质年代里或者在现代，如果有露头长时间与大气相通，煤层中的瓦斯就容易通过露头逸散到大气中。

（2）煤层的埋藏深度。经验表明，煤层瓦斯含量与煤层的埋藏深度有关。在同一矿区的同一个煤层中，煤层瓦斯含量一般是随煤层的埋藏深度增加而增加。

（3）煤层倾角。瓦斯沿着煤层层面方向的流动相对容易，而沿着垂直于煤层层面方向的扩散相对困难。因此，在其他条件相同时，煤层倾角越小瓦斯含量越大。

（4）围岩性质。如果煤的围岩，特别是顶底板围岩致密完整，煤层中的瓦斯就容易被保存下来；反之，瓦斯则容易逸散。

（5）地质构造。地质构造是造成同一矿区内煤层瓦斯含量存在差别的重要因素之一。

（6）水文地质条件。地下水活跃的地区，通常煤层瓦斯含量较小。

2. 矿井必须采用机械通风。主要通风机的安装和使用应当符合下列要求。

（1）主要通风机必须安装在地面；装有通风机的井口必须封闭严密，其外部漏风率在无提升设备时不得超过 5%，有提升设备时不得超过 15%。

（2）必须保证主要通风机连续运转。

（3）必须安装 2 套同等能力的主要通风机装置，其中 1 套作备用，备用通风机必须能在 10 min 内开动。

（4）严禁采用局部通风机或者风机群作为主要通风机使用。

（5）装有主要通风机的出风口应当安装防爆门，防爆门每 6 个月检查维修 1 次。

（6）至少每月检查 1 次主要通风机。改变主要通风机转数、叶片角度或者对旋式主要通风机运转级数时，必须经过矿总工程师批准。

（7）新安装的主要通风机投入使用前，必须进行试运转和通风机性能的测定，以后每 5 年至少进行 1 次性能测定。

(8) 主要通风机技术改造及更换叶片后必须进行性能测试。

3. 瓦斯发生爆炸的条件有：①瓦斯在空气中必须达到一定的浓度；②必须有高温火源；③必须有足够的氧气。以上3个条件同时存在时瓦斯才能发生爆炸。

4. 事故整改和预防措施如下。

(1) 该采区左翼工作面要立即停产整顿，对通风系统进行调整，待系统稳定后，组织测风员和瓦斯检测员进行风量测定和瓦斯浓度测定，风量瓦斯浓度均符合《煤矿安全规程》后，方可移交生产。

(2) 加强瓦斯管理，健全瓦斯管理制度。

(3) 要加强重点瓦斯工作面管理工作。

(4) 要加强对采掘工作面的瓦斯鉴定工作。

(5) 要增加矿井安全投入，健全瓦斯监测的"二道防线"，确保安全生产。

(6) 加强安全技术培训工作。

(7) 加强矿井通风技术力量。

(8) 合理组织生产，杜绝违章指挥现象。

案例 28

1. 该起事故发生的原因有：

(1) 该矿矿长违章指挥工人越界开采，冒险进入积水老空区下作业。

(2) 在未采取有效探放水技术措施的情况下，工人在工作面爆破时，将积水采空区打透，导致透水事故发生。

(3) 该煤矿2003年安全评价为D类煤矿后，有关部门给该矿下达了停产整顿指令，该矿在不具备安全生产条件下，拒不执行有关部门下达的停产整顿指令，擅自恢复生产，违章冒险作业。

(4) 该煤矿安全管理机构不健全，没有制定符合实际的规章制度、作业规程、灾害预防计划，没有采取有效的井下探放水安全技术措施。

(5) 矿长及井下作业人员安全意识淡薄，工人安全技术素质差。

2. 事故调查处理应当按照实事求是、尊重科学的原则，及时、准确地查清事故原因，查明事故性质和责任，总结事故教训，提出整改措施，并对事故责任者提出处理意见。事故调查处理具体办法由国务院制定。

3. 局部透水征兆有：

(1) 巷道壁或煤壁"挂汗"。

(2) 煤层变冷。

(3) 淋水加大，顶板来压，或底板鼓起并有渗水。

(4) 出现压力水流（或称水线），表明离水源已较近，应密切注视水流情况，如果出水浑浊，说明水源很近；如果出水清澈则较远。

(5) 煤层有水挤出，并发出"嘶嘶"声。

(6) 工作面有害气体增加。

(7) 煤壁或巷道壁"挂红"，酸度大，水味发涩和有臭鸡蛋味。

(8) 煤发潮发暗。

4. 矿井必须做好水害分析预报，坚持"预测预报、有疑必探、先探后掘、先治后采"的探放水原则。煤矿生产属地下作业，地质和水文地质条件错综复杂，在很多情况下，由于勘探手段和客观认识能力的限制，对地下含水条件掌握不清，不能确保没有水害威胁，或者说还存在水灾"疑问区"。因此，在掘进施工过程中，必须分析推断前方是否有疑问区，有疑问区则采取超前钻探措施，探明水源位置、水压、水量及其与开采煤层的距离，以便采取相应的防治水措施，确保安全生产。

案例 29

1. 矿井火灾发生的三要素：
（1）存在热源。要具备一定温度和足够热量的热源才能引起火灾。
（2）存在可燃物。可燃物的存在是火灾发生的基础，无可燃物不能出现火灾。
（3）具有持续供给的足量的助燃气体。最常见的助燃气体为氧气。
火灾发生的三要素必须同时存在，互相结合，缺一不可。
2. 除明火外，还有爆破、电流短路、摩擦等外部火源引起的火灾。
外因火灾大多容易发生在井底车场、机电硐室、运输及回采巷道等机械、电气设备比较集中，而且风流比较畅通的地点。
3. 封闭的火区，只有经取样化验证实火已熄灭后，方可启封。火区同时具备下列条件时，方可认为火已熄灭：
（1）火区内的空气温度下降到30°C以下，或与火灾发生前该区的日常空气温度相同。
（2）火区内空气中的氧气浓度降到5%以下。
（3）火区内空气中不含有乙烯、乙炔，一氧化碳在封闭期间内逐渐下降，并稳定在0.001%以下。
（4）火区的出水温度低于25°C或与火灾发生前该区的日常出水温度相同。
（5）上述4项指标持续稳定的时间在1个月以上。
4. 采煤工作面发生火灾时，应做到：
（1）从进风侧利用各种手段进行灭火。
（2）在进风侧灭火难以取得效果时，可采取区域反风，从回风侧灭火，但进风侧要设置水幕，并将人员撤出。
（3）采煤工作面回风巷着火时，应防止采空区瓦斯涌出和积聚造成危害。
（4）急倾斜煤层采煤工作面着火时，不准在火源上方灭火，防止水蒸气伤人；也不准在火源下方灭火，防止火区塌落物伤人；而要从侧面利用保护台板和保护盖接近火源灭火。
（5）用上述方法灭火无效时，应采取隔绝方法和综合方法灭火。

案例 30

1. 事故上报内容有：
（1）事故发生单位概况。

（2）事故发生的时间、地点以及事故现场情况。

（3）事故的简要经过。

（4）事故已经造成或者可能造成的伤亡人数（包括下落不明的人数）和初步估计的直接经济损失。

（5）已经采取的措施。

（6）其他应当报告的情况。

2. 瓦斯爆炸的浓度范围称为瓦斯的爆炸界限。瓦斯爆炸的最高浓度为16%，称为爆炸上限。瓦斯爆炸的最低浓度为5%，称为爆炸下限。当瓦斯浓度达到9.5%时，遇有火源，混合气体中的瓦斯和氧气全部参加氧化反应，爆炸力最强，称为最强爆炸浓度。

3. 防止瓦斯爆炸的主要措施有：

（1）防止瓦斯积聚。

（2）防止瓦斯引燃。

（3）防止瓦斯事故扩大。

4. 应采取防范措施有：

（1）牢固树立"安全第一"思想，对上级有关安全生产的方针、政策、指令、规程、规定要不折不扣地认真贯彻执行，做到人人皆知、遵章守纪，并结合矿井实际制定行之有效的措施。

（2）全面落实"一通三防"齐抓共管的责任制，加强通风瓦斯管理。采掘工作面都应采取独立通风，局部通风机要有专人管理，不得随意关停，严禁工作面微风、无风、循环风、扩散风作业。严格执行"一炮三检"制度，防止瓦斯积聚，杜绝违章作业。工作面必须使用水炮泥，爆破前后喷雾洒水除尘。按规定设隔爆设施，定期清扫冲刷巷道。

（3）严格电气设备的管理，建立健全各项规章制度。特别是要建立防爆设备下井前的检查验收制度及井下电气设备定期检查维修制度，完善井下各种保护装置。

（4）改革采煤方法，采用长壁式采煤法。新工人到矿后，必须对其进行安全教育，按规定进行培训。特殊工种要持证上岗。

（5）各有关部门要认真履行监督和管理职责。督促煤矿要对存在的隐患进行认真整改，并按规定提取维简费，做到专款专用。安全设施费用必须提足管好，确实用到解决安全隐患上，提高矿井抗灾能力。

案例 31

1. （1）该起事故的等级为重大事故。依据《生产安全事故报告和调查处理条例》的规定，重大事故，是指造成10人以上30人以下死亡，或者50人以上100人以下重伤，或者5000万元以上1亿元以下直接经济损失的事故。

（2）该起重大事故由事故发生地省级人民政府负责调查。

2. 该矿安全副矿长属于安全生产管理人员，其职责有：

（1）组织或者参与拟订本单位安全生产规章制度、操作规程和生产安全事故应急救援预案。

（2）组织或者参与本单位安全生产教育和培训，如实记录安全生产教育和培训情况。

(3) 组织开展危险源辨识和评估，督促落实本单位重大危险源的安全管理措施。

(4) 组织或者参与本单位应急救援演练。

(5) 检查本单位的安全生产状况，及时排查生产安全事故隐患，提出改进安全生产管理的建议。

(6) 制止和纠正违章指挥、强令冒险作业、违反操作规程的行为。

(7) 督促落实本单位安全生产整改措施。

3. (1) 该起事故发生的直接原因有：①掘进工作面揭露的采空区中的瓦斯涌入到工作面，引起瓦斯浓度超限；②爆破产生的火花引起瓦斯爆炸。

(2) 该起事故发生的间接原因有：①现场违章指挥，冒险作业，违规采用风筒直吹瓦斯检测仪并冒险组织爆破作业；②安全意识薄弱，在瓦斯超限的情况下，依然组织违章作业；③该矿安全生产管理人员配备不足，由班长兼任安全管理人员，安全管理混乱；④地质探查工作不足，未准确及时探查掘进区域的采空区并提前采取抽放瓦斯措施。

4. 应采取的措施：

(1) 建立健全并落实安全生产责任制。

(2) 加强地质勘探工作，排查采掘区域的采空区，掘进工作面采取先探后掘的方式。

(3) 按照规定配备安全生产管理人员。

(4) 加强安全检查及隐患排查工作，消除事故隐患。

(5) 加强相关人员的安全生产教育培训工作。

(6) 严格执行"一炮三检"和"三人连锁爆破"制度。

(7) 发现瓦斯超限时应立即停止工作，进行瓦斯排放工作。

案例 32

1. (1) 关某应被认定为工伤。

(2) 职工有下列情形之一的，应当认定为工伤：①在工作时间和工作场所内，因工作原因受到事故伤害的；②工作时间前后在工作场所内，从事与工作有关的预备性或者收尾性工作受到事故伤害的；③在工作时间和工作场所内，因履行工作职责受到暴力等意外伤害的；④患职业病的；⑤因工外出期间，由于工作原因受到伤害或者发生事故下落不明的；⑥在上下班途中，受到非本人主要责任的交通事故或者城市轨道交通、客运轮渡、火车事故伤害的；⑦法律、行政法规规定应当认定为工伤的其他情形。

2. (1) 该矿的瓦斯等级为突出矿井。

(2) 判定依据，具备下列条件之一的矿井为突出矿井：①在矿井井田范围内发生过煤（岩）与瓦斯（二氧化碳）突出的煤（岩）层；②经鉴定、认定为有突出危险的煤（岩）层；③在矿井的开拓、生产范围内有突出煤（岩）层的矿井。

该矿井于 2021 年 1 月发生过一起煤与瓦斯突出事故，故其瓦斯等级为突出矿井。

3. 局部防突措施：

(1) 预抽煤层瓦斯。

(2) 排放钻孔。

(3) 金属骨架。

(4) 煤体固化。

(5) 水力冲孔。

4. （1）该矿井必须建立地面永久抽采瓦斯系统。

（2）建立抽采瓦斯系统的矿井条件如下：

突出矿井必须建立地面永久抽采瓦斯系统。

有下列情况之一的矿井，必须建立地面永久抽采瓦斯系统或者井下临时抽采瓦斯系统：

（1）任一采煤工作面的瓦斯涌出量大于 5 m^3/min 或者任一掘进工作面瓦斯涌出量大于 3 m^3/min，用通风方法解决瓦斯问题不合理的。

（2）矿井绝对瓦斯涌出量达到下列条件的：大于或者等于 40 m^3/min；年产量 1.0~1.5 Mt 的矿井，大于 30 m^3/min；年产量 0.6~1.0 Mt 的矿井，大于 25 m^3/min；年产量 0.4~0.6 Mt 的矿井，大于 20 m^3/min；年产量小于或者等于 0.4 Mt 的矿井，大于 15 m^3/min。

案例 33

1. 该矿在开采过程中，已知的矿井水害类型有：

（1）老空水水害：开采过程中形成的采空区。

（2）地表水水害：地表存在河流且通过导水裂隙带进入矿井。

（3）孔隙水水害：1 号煤层顶板处赋存的水害。

（4）裂隙水水害：2 号煤层顶板处赋存的水害。

（5）岩溶水水害：3 号煤层底板赋存的奥灰水。

2. 具备的条件包括：

（1）J 矿建立、健全了安全生产责任制。

（2）J 矿制定了完备的安全生产规章制度和操作规程。

（3）设置了安全生产管理机构，配备了专职安全生产管理人员。

（4）主要负责人和安全生产管理人员经考核合格。

（5）特种作业人员经有关主管部门考核合格，取得特种作业操作资格证书。

（6）依法参加工伤保险，为从业人员缴纳保险费。

3. 安全副矿长的安全培训内容：

（1）国家安全生产方针、政策和有关安全生产的法律、法规、规章及标准。

（2）安全生产管理、安全生产技术、职业卫生等知识。

（3）伤亡事故统计、报告及职业危害的调查处理方法。

（4）应急管理、应急预案编制以及应急处置的内容和要求。

（5）国内外先进的安全生产管理经验。

（6）典型事故和应急救援案例分析。

（7）其他需要培训的内容。

4. 具体措施：

（1）探放老空水前，应查明老空水体的空间位置、积水范围、积水量和水压等。

（2）探放水时，要撤出探放水点标高以下受水害威胁区域的所有人员。

（3）放水时，应当监视放水全过程核对放水量和水压等，直到老空水放完为止并进行检测验证。

（4）钻探接近老空时，应当安排专职瓦斯检查工或矿山救护队员在现场值班，随时检查空气成分。如果甲烷或者其他有害气体浓度超过有关规定，应当立即停止钻进，切断电源，撤出人员，并报告矿调度室，及时采取措施进行处理。

案例 34

1. 危险和有害因素：

（1）人的因素。包括：①指挥错误（遇有透水征兆，依然组织作业）；②监护失误（安全员发现征兆时未提出撤退建议）。

（2）物的因素。

物理性危险和有害因素包括：①防护缺陷（液压支架防护距离不够）；②电伤害（采煤机等）；③噪声（采煤机、刮板输送机等发出的机械性噪声）；④运动物伤害（煤岩等抛射物）。

化学性危险和有害因素，主要指粉尘与气溶胶，即煤尘和岩粉尘。

（3）环境因素。地下作业环境不良。包括：①矿井顶面缺陷（顶板破碎）。②地下水（顶板含水层）。

（4）管理因素。主要指职业安全卫生管理规章制度不完善，即 ZF202 工作面作业规程不完善。

2. 工作面冲积层水的突水预兆：

（1）突水部位发潮、滴水且滴水现象逐渐增大，仔细观察可以发现水中含有少量细砂。

（2）发生局部冒顶，水量突增并出现流砂，流砂常呈间歇性，水色时清时浊，总的趋势是水量、砂量增加，直至流砂大量涌出。

（3）顶板发生溃水、溃砂，上述现象可能影响到地表，致使地面出现塌陷坑。

3. 应急处置措施：

（1）关闭有关地区的防水闸门，切断灾区电源。

（2）撤出灾区和可能影响区的人员。

（3）召请救护队。

（4）制订切实可行的救灾方案，尤其要根据灾情妥善地采取应对措施。积极采取排、堵、截水的技术措施，启动全部排水设备加速排水。

（5）保证人员辅助运输，满足运输要求。

（6）核查井下人员，控制入井人数。

（7）命令有关单位准备救灾物资，医院准备抢救伤员。

（8）排水后进行侦察、抢险时，要防止冒顶、掉底和二次突水。

4. 矿长安全培训的内容：

（1）国家安全生产方针、政策和有关安全生产的法律、法规、规章及标准。

（2）安全生产管理基本知识、安全生产技术、安全生产专业知识。

（3）重大危险源管理、重大事故防范、应急管理和救援组织以及事故调查处理的有关规定。

（4）职业危害及其预防措施。

（5）国内外先进的安全生产管理经验。

（6）典型事故和应急救援案例分析。

（7）其他需要培训的内容。

案例 35

1.（1）该矿存在的重大事故隐患包括：①水文地质类型复杂的矿井未设置专门的防治机构；②擅自开采防隔水煤柱；③有突水征兆未撤出井下所有受水害威胁地点人员。

（2）重大事故隐患报告的内容包括：①隐患的现状及其产生原因；②隐患的危害程度和整改难易程度分析；③隐患的治理方案。

2. 突水预兆：

（1）工作面压力增大，底板鼓起，底鼓量有时可达 500 mm 以上。

（2）工作面底板产生裂隙，并逐渐增大。

（3）沿裂隙或煤帮向外渗水，随着裂隙的增大，水量增大，当底板渗水量增大到一定程度时，煤帮渗水可能停止，此时水色时清时浊，底板活动使水变浑浊，底板稳定使水色变清。

（4）底板破裂，沿裂隙有高压水喷出，并伴有"嘶嘶"声或刺耳水声。

（5）底板发生"底爆"，伴有巨响，地下水大量涌出，水色呈乳白色或黄色。

3.（1）该矿制定的综合预案包含的内容：①总则；②应急组织机构及职责；③应急响应；④后期处置；⑤应急保障。

（2）应急保障中包含的内容：①通信与信息保障；②应急队伍保障；③物资装备保障；④其他保障。

4. 底板灰岩水的防治方法：

（1）利用底板隔水层带压开采。

（2）加厚和加固隔水底板。

（3）利用构造切割，分区治理。

（4）用注浆帷幕封堵缺口。

（5）留设防水煤柱。

（6）局部注浆止水。

（7）地面防渗堵漏。

（8）改变采煤方法。

（9）深降强排或多井联合疏降。

案例 36

1. 危险和有害因素：

（1）机械伤害。

(2) 触电。
(3) 冒顶片帮。
(4) 瓦斯爆炸。
(5) 其他爆炸。
(6) 透水。
(7) 爆破。
(8) 中毒和窒息。
(9) 其他伤害。

2. （1）直接原因：顶板不稳定，存在危矸，人员未架设临时支护，违规进入空顶区域结果被砸伤。

（2）间接原因：①安全检查及隐患排查工作未落实到位；②现场班长及管理人员违章指挥；③员工安全教育培训工作未落实到位；④安全生产规章制度未严格执行并落实到位。

3. 一般原则：

（1）矿山救护队的主要任务是抢救遇险人员和恢复通风。

（2）处理前，矿山救护队应了解事故基本情况，必要时加固附近支架，保证退路安全畅通。

（3）抢救人员时，可用呼喊、敲击的方式听取回击声，与遇险人员保持联系。

（4）处理冒顶事故过程中，始终要有专人检查瓦斯和观察顶板情况，发现异常，立即撤人。

（5）清理堵塞物时，使用工具要小心，防止伤害遇险人员；遇有大块矸石等物压人时，严禁用镐刨、锤砸等方法扒人或破岩。

（6）救出的遇险人员，要用毯子保温，并迅速运至安全地点进行创伤检查，危重伤员要尽快送医院治疗。对长期被困井下人员，不得用灯光照射眼睛。

4. 技术措施：

（1）根据掘进工作面围岩性质，严格控制控顶距。

（2）严格执行"敲帮问顶"制度，严禁空顶作业。

（3）采用前探掩护支架，使工人在顶板有防护的条件下出矸、支护，防止冒顶伤人。

（4）掘进工作面炮眼布置及装药量必须合适，防止因爆破而崩倒棚子。

（5）当掘进工作面遇到断层等地质构造破坏带时，棚子应紧靠掘进工作面。

（6）在地质破坏带或层理裂隙发育区掘进巷道时要缩小棚距，在掘进工作面附近应采用拉条等把棚子连成一体，增强稳定性。

（7）掘进工作面冒顶区及破碎带必须背严接实。

案例 37

1. 安全评价的程序：

（1）前期准备。

(2) 辨识与分析危险、有害因素。
(3) 划分评价单元。
(4) 定性定量评价。
(5) 提出安全对策措施建议。
(6) 做出安全评价结论。
(7) 编制安全评价报告。

2. 局部防冲措施：
(1) 爆破卸压。
(2) 钻孔卸压。
(3) 煤层注水。
(4) 顶板爆破预裂。
(5) 顶板水力致裂。
(6) 底板钻孔爆破卸压。
(7) 定向水力裂缝法。
(8) 诱发爆破。

3. 应急处理措施：
(1) 切断灾区电源。
(2) 撤出灾区和可能影响区域的人员。
(3) 向上级汇报并召请救护队。
(4) 研究制订正确的救灾方案并根据灾情变化采取应对措施。
(5) 保证主要通风机和空气压缩机正常运转。
(6) 保证升降人员的井筒正常提升。
(7) 清点井下人员、控制入井人员。
(8) 矿山救护队到矿后，按照救灾方案部署抢救遇险人员、侦察灾情、扑灭火灾、恢复通风系统，防止再次爆炸。
(9) 命令有关单位准备救灾物资，医院准备抢救伤员。

4. 防范性措施：
(1) 加强采掘作业计划管理，保证采掘平衡，以风定产，严禁超能力生产。
(2) 采取冲击危险性预测、监测预警、防范治理、效果检验、安全防护等综合性防治措施。
(3) 完善通风安全监控系统等技术装备并加强使用、维护管理，使其始终保持良好状态。
(4) 加强机电设备检修作业的管理和监督，杜绝违章作业。
(5) 严格落实领导值班和带班下井制度。
(6) 加强入井检查，严禁未佩戴自救设备等防护装备人员下井作业。
(7) 开展全员安全教育培训，严禁未经安全培训以及考核不合格者下井作业。
(8) 加强应急管理，按规定开展应急演练。

案例 38

1. （1）该起事故等级为较大事故，较大事故是指造成 3 人以上 10 人以下死亡，或者 10 人以上 50 人以下重伤，或者 1000 万元以上 5000 万元以下直接经济损失的事故。

（2）应逐级上报至省级政府安全部门。

2. 具体原因：

（1）自然因素：该地区开采深度大，构造应力高，具有弱冲击倾向性。

（2）技术因素：①事故地点地处"半岛"形煤柱区，应力高度集中；②生产的集中化程度高，应力集中凸显；③开采设计、防治措施不到位；④回采工作面的影响导致应力集中叠加。

（3）管理因素：①区域防冲措施和局部防冲措施未到位；②未对员工进行专业知识的安全教育培训；③安全检查不到位。

3. 冲击地压的防范性措施：

（1）采用合理的开拓布置和开采方式。

（2）开采保护层。

（3）煤层预注水。

（4）厚层坚硬顶板预处理。

（5）冲击地压安全防护措施。

4. 间接损失的统计范围：

（1）停产、减产损失价值。

（2）工作损失价值。

（3）资源损失价值。

（4）处理环境污染的费用。

（5）补充新职工的培训费用。

（6）其他损失费用。

案例 39

1. 间接原因：

（1）作业规程和补充措施落实不到位。

（2）防尘管理工作不到位。

（3）未及时排查并维修设备故障。

（4）重大风险隐患管控治理不力。

（5）安全生产检查工作不到位。

（6）安全教育培训工作不到位，安全意识薄弱。

2. 以下 4 个条件同时具备时会发生煤尘爆炸：

（1）煤尘本身具有爆炸性。

（2）煤尘悬浮于空气中且达到爆炸浓度极限范围。

（3）有足够能量的点火源。

（4）有可供爆炸的助燃剂。
3. 综合防尘措施：
（1）技术措施：包括通风排尘、湿式作业、煤层注水、密闭尘源与净化、个体防护、改革工艺及设备。
（2）管理措施：科学管理、建立规章制度、加强宣传教育、定期进行测尘等。
4. 直接经济损失统计范围：
（1）人身伤亡后所支出的费用：①医疗费用（含护理费用）；②丧葬及抚恤费用；③补助及救济费用；④歇工工资。
（2）善后处理费用：①处理事故的事务性费用；②现场抢救费用；③清理现场费用；④事故罚款和赔偿费用。
（3）财产损失价值：①固定资产损失价值；②流动资产损失价值。

案例 40

1. 间接原因：
（1）掘进队领导违章指挥。
（2）安全技术措施落实不到位。
（3）安全生产规章制度、作业规程不完善。
（4）安全教育培训不到位。
（5）安全检查和隐患排查责任未落实到位。
（6）没有设置专职安全生产管理人员。
2. 自救和互救工作：
（1）应佩戴好自救器，千方百计疏通巷道，尽快撤到新鲜风流中。
（2）巷道难以疏通，应坐在支护良好的地点或建立临时避难硐室。
（3）人员之间相互安慰、稳定情绪，等待救援，并有规律发出求救信号。
（4）充分利用压风管道、风筒等改善避难地点的生存条件。
3. （1）主要隔爆棚：设置在地下矿山两翼与井筒相通的主要运输大巷和回风大巷，相邻煤层之间的运输巷和回风石门，相邻采区之间的集中运输巷和回风巷。
（2）辅助隔爆棚：在采煤工作面的进风巷、回风巷，采区内的煤及半煤岩掘进巷道，采用独立通风并有煤尘爆炸危险的其他巷道内设置。
4. 采取的技术措施：
（1）防尘措施：通风排尘、湿式作业、煤层注水、密闭尘源与净化、改革工艺等。
（2）杜绝着火源：①保持矿用电气设备完好的防爆性能，加强管理，防止出现电气设备失爆现象；②选用非着火性轻合金材料，避免产生危险的摩擦火花；③胶带、风筒、电缆等常用的非金属材料必须具有阻燃、抗静电性能；④采用阻化剂、凝胶或氮气防止煤柱、采空区残留煤发生自燃；⑤加强瓦斯管理。
（3）撒布岩粉法：定期向巷道周边撒布惰性岩粉。

案例 41

1. （1）该起事故的等级为重大事故。重大事故是指造成 10 人以上 30 人以下死亡，或者 50 人以上 100 人以下重伤，或者 5000 万元以上 1 亿元以下直接经济损失的事故。

（2）事故调查组由有关人民政府、安全生产监督管理部门、负有安全生产监督管理职责的有关部门、监察机关、公安机关以及工会派人组成，并应当邀请人民检察院派人参加，还可聘请有关专家参与调查。

2. 包含的情形：

（1）开采容易自燃和自燃煤层的矿井，未编制防灭火专项设计或者未采取综合防灭火措施的。

（2）高瓦斯矿井采用放顶煤采煤法不能有效防治煤层自然发火的。

（3）有自然发火征兆没有采取相应的安全防范措施继续生产建设的。

（4）违反《煤矿安全规程》规定启封火区的。

3. 自救的措施：

（1）首先要尽最大的可能迅速判明事故状况，通风情况以及自己所处位置，根据实际情况，确定撤退路线和避灾自救方法。

（2）撤退时，任何情况下都不要惊慌、不能狂奔乱跑。

（3）位于火源进风侧的人员应迎着新鲜风流撤退。

（4）位于火源回风侧的人员或是在撤退途中遇到烟气有中毒危险时，应迅速戴好自救器尽快通过捷径绕到新鲜风流中去。

（5）若距火源较近且越过火源无危险时，也可迅速穿过火区撤到火源的进风侧。

（6）不能安全撤出时，应寻找有压风管路系统的地点。

（7）谨防火风压可能造成的风流逆转。

（8）无法躲避着火巷道或火灾烟气可能造成的危害，则应迅速进入避难硐室。

（9）没有避难硐室时，应在烟气袭来之前，选择合适的地点就地利用现场条件，快速构筑临时避难硐室，进行避灾自救。

4. 风流控制技术：

（1）正常通风。

（2）减少风量。

（3）增加风量。

（4）火烟短路。

（5）反风，全矿性反风和局部反风。

案例 42

1. 排放瓦斯的规定：

（1）直接开启局部通风机的条件：停风区中甲烷最高浓度不超过 1.0% 和二氧化碳最高浓度不超过 1.5%，且局部通风机及其开关附近 10 m 以内风流中的甲烷浓度都不超过 0.5%。

（2）必须采取安全措施控制排放瓦斯的条件：停风区中甲烷浓度超过1.0%或者二氧化碳浓度超过1.5%，甲烷和二氧化碳最高浓度不超过3.0%时。

（3）必须制定安全排放瓦斯措施报矿总工程师批准的条件：停风区中甲烷浓度或者二氧化碳浓度超过3.0%时。

2. 影响煤矿瓦斯涌出量的因素主要有自然因素和开采技术因素：

（1）自然因素：煤层及围岩的瓦斯含量、开采深度、地面大气压力变化等。

（2）开采技术因素：开采顺序与回采方法、回采速度与产量、落煤工艺、基本顶来压步距、通风压力、采空区密闭质量、采场通风系统等。

3. 对矿井主要通风机的要求：

（1）主要通风机必须安装在地面。

（2）装有主要通风机的井口必须封闭严密。

（3）必须保证主要通风机连续运转。

（4）必须安装2套同等能力的主要通风机装置，其中1套备用，备用通风机必须能在10 min内开动。

（5）至少每月检查1次主要通风机。

（6）装有主要通风机的出风井口应当安设防爆门，防爆门每6个月检查维修1次。

（7）新安装的主要通风机投入使用前，必须进行试运转和通风机性能测定，以后每5年至少进行1次性能测定。

（8）主要通风机技术改造及更换叶片后必须进行性能测试。

4. 预防性措施：

（1）局部通风机由指定人员负责管理。

（2）配备安装同等能力的备用局部通风机，并能自动切换。

（3）正常工作的局部通风机必须采用"三专"（专用开关、专用电缆、专用变压器）供电。

（4）使用局部通风机供风的地点必须实行风电闭锁和瓦斯电闭锁。

（5）每15天至少进行一次风电闭锁和瓦斯电闭锁试验，每天应当进行1次正常工作的局部通风机与备用局部通风机自动切换试验。

（6）压入式局部通风机和启动装置安装在进风巷道，且距掘进巷道回风口不得小于10 m。

（7）采用抗静电、阻燃风筒，且吊挂平、直、顺，无漏风。

（8）掘进过程中，及时延接风筒，满足工作面供风量。

案例43

1. （1）矿井的绝对瓦斯涌出量=7000×0.7%=49（m^3/min）。

（2）矿井的相对瓦斯涌出量=49×60×24/3000=23.52（m^3/t）。

2. 队级岗前培训的内容：

（1）工作环境及危险因素。

（2）所从事工种可能遭受的职业伤害和伤亡事故。

(3) 所从事工种的安全职责、操作技能及强制性标准。
(4) 自救互救、急救方法、疏散和现场紧急情况的处理。
(5) 安全设备设施、个人防护用品的使用和维护。
(6) 本队的安全生产状况及规章制度。
(7) 预防事故和职业危害的措施及应注意的安全事项。
(8) 有关事故案例。
(9) 其他需要培训的内容。

3. 技术措施：
(1) 采用风障或风帘法。
(2) 采用尾巷法，排放上隅角瓦斯。
(3) 改变采空区的漏风方向。
(4) 利用瓦斯泵抽放上隅角瓦斯。
(5) 改变工作面的通风方式，变 U 形通风为 Y 形通风。
(6) 利用高位巷抽放瓦斯，控制采空区瓦斯涌出。

4. 瓦斯抽放主要设备设施：
(1) 瓦斯抽放泵。
(2) 瓦斯抽放管路。
(3) 瓦斯抽放施工用钻机。
(4) 瓦斯抽放参数测定仪表：孔板流量计、均速管流量计、皮托管等。
(5) 瓦斯抽放钻孔的密封。

案例 44

1. 危险和有害因素：
(1) 人的因素包括：①指挥错误（遇有透水征兆，依然违章指挥组织作业）；②操作错误（工人冒险进行作业）。
(2) 物的因素。
物理性危险和有害因素。包括：①电伤害（机电设备漏电）；②噪声（掘进机、皮带、锚杆机、凿岩机等发出的机械性噪声）；③振动（凿岩机等引起的机械性振动）；④信号缺陷（警铃信号不清）。
化学性危险和有害因素。主要指粉尘与气溶胶，即煤尘和烟粉尘。
(3) 环境因素。
地下作业环境不良。包括：①矿井顶面缺陷（顶板破碎）；②地下水（小窑老空水）。
(4) 管理因素包括：①职业安全卫生管理规章制度不完善（隐患排查制度等形同虚设）；②职业安全卫生组织机构不健全（未设置安全生产管理机构）；③职业安全卫生投入不足。

2. "三线"的含义：
(1) 积水线：调查核定的积水区边界线（即老空区的范围），其深部界线应据老窑的最深下山确定。

(2) 探水线：沿积水线外推 60~150 m 的距离画的一条线，当掘进巷道到达此线应开始探水。

(3) 警戒线：从探水线再外推 50~150 m（上山掘进时指倾斜距离），巷道进入此线后，应警惕积水的威胁，如发现有透水征兆应提前探水。

3. 应当留设防隔水煤（岩）柱的情形：

(1) 煤层露头风化带。

(2) 在地表水体、含水冲击层下或者水淹区域临近地带。

(3) 与富水性强的含水层间存在水力联系的断层、裂隙带或者强导水断层接触的煤层。

(4) 有大量积水的老空。

(5) 导水、充水的陷落柱、岩溶洞穴或者地下暗河。

(6) 分区隔离开采边界。

(7) 受保护的观测孔、注浆孔和电缆孔等。

4. 事故调查组应履行的职责：

(1) 查明事故发生的经过、原因、人员伤亡情况及直接经济损失。

(2) 认定事故的性质和事故责任。

(3) 提出对事故的责任者的处理建议。

(4) 总结事故教训，提出防范和整改措施。

(5) 提交事故调查报告。

案例 45

1. 出现的电压等级：

(1) 高压：下井电压 6 kV。

(2) 低压：①综采工作面的动力电压 1140 V；②井下掘进工作面综掘机的动力用电电压 660 V；③照明及信号装置的用电电压 127 V；④远距离控制线路的额定电压 36 V。

2. 应遵循的规定：

(1) 不准带电检修、搬迁电气设备，检修或搬迁时必须切断电源。

(2) 在检修或搬迁前，必须到所属配电室或分路总开关办理停电手续。

(3) 非专职人员或者非值班电气人员不得操作电气设备。

(4) 检修或者搬迁前，必须切断上级电源，检查瓦斯，在其巷道风流中甲烷浓度低于 1.0% 时，再用与电源电压相适应的验电笔检验；检验无电后，方可进行导体对地放电。

(5) 所有开关手把在切断电源时都应闭锁，并悬挂"禁止合闸，有人工作"的警告牌，只有执行此项工作的人员才有权摘下警告牌并送电。

(6) 掘进供电必须执行"三专""两闭锁"，即专用变压器、专用开关、专用线路供电，风与电、瓦斯与电闭锁。一台专用变压器只允许负担同一个采区内的 4 台局部通风机。专供系统必须专人负责，严禁随意停送专供系统，专供系统停电检修必须征得通风部门同意。

(7) 为保证安全，局部通风机必须由通风人员开停。机电人员因检修需试机时要有通风人员在场配合，机电人员不得开停局部通风机，在任何情况下风电、瓦斯电闭锁严禁甩掉不用。

（8）对于地面暂时不生产或不用的线路，必须从其供电的配电室切断电源，并挂警示牌。对于井下的采掘、开拓工作面不生产或不用的线路，必须将操作开关、分路总开关停电并加锁，但局部通风机不得停电。

（9）无论井上下，在检修或搬迁完毕后，必须对设备详细检查，确认无问题后方可结束工作票，发出送电命令，即认为线路或设备已经带电，严禁再在线路上进行任何工作。

（10）接受送电命令的人员必须清楚发令人的要求，不清楚不得执行停送电工作。

（11）在井下任何巷道密闭墙之内，不得留有任何电气设备和电缆线，必须留时，需将密闭墙之内一切电气设备或线路可靠地切断电源，没有特殊安全措施，任何人不得送电。

（12）在送电之前，地面降配电人员要详细检查工作票是否结束。井下地区电钳工要详细检查被送电的电气设备、线路是否有"三无""失爆"问题存在，风电、瓦斯电闭锁是否正确，瓦斯浓度是否允许，否则禁止送电。

3. 失爆现象：
（1）某开关设备的一个连接螺栓折断在螺孔中。
（2）两处馈电开关的螺孔与螺栓不匹配。
（3）一密封圈与电缆护套之间用包扎物进行了包裹。
（4）一线嘴的金属垫圈放在了挡板与密封圈之间。
（5）一电气开关外壳严重变形长度为 65 mm，凹坑深度为 5.6 mm。
（6）电缆有没有采用接线盒的接头。

4. 应采取的措施：
（1）使用合格的防爆电气设备，禁止非防爆电气设备入井。
（2）严格按照《煤矿安全规程》和有关要求安装，杜绝安装时出现失爆。
（3）检修时做到轻拿轻放，防止产生机械划痕。
（4）建立相关的规章管理制度，并严格执行。
（5）加强防爆电气设备的管理，做好检查督促工作。
（6）加强员工的教育培训工作。
（7）建立健全生产责任制。

案例 46

1. 瓦斯抽放的指标：
（1）反映瓦斯抽放难易程度的指标：煤层透气性系数、钻孔瓦斯流量衰减系数、百米钻孔瓦斯涌出量。
（2）反映瓦斯抽放效果的指标：瓦斯抽放量、瓦斯抽放率。

2. 安全防护措施：
（1）避难硐室。
（2）反向风门。

(3) 压风自救装置。
(4) 隔离式自救器。
(5) 远距离爆破。

3. 应符合的要求：
(1) 井巷揭穿突出煤层时，具有独立的、可靠的通风系统。
(2) 突出矿井应当有独立的回风系统，并实行分区通风。
(3) 开采有突出危险的煤层，严禁2个工作面之间串联通风。
(4) 突出煤层双巷掘进工作面不得同时作业。
(5) 突出矿井采煤工作面的进、回风巷内，以及煤巷、半煤岩巷和有瓦斯涌出的岩巷掘进工作面回风流中，采区回风巷及总回风巷，应当安设全量程或者高低浓度甲烷传感器。
(6) 突出矿井采煤工作面的进风巷内甲烷传感器应当安设在距工作面10 m以内的位置。
(7) 开采突出煤层时，工作面回风侧不得设置调节风量的设施。
(8) 严禁在井下安设辅助通风机。
(9) 突出煤层采用局部通风机通风时，必须采用压入式。

4. 应采取的措施：
(1) 严格落实煤矿企业主体责任及安全生产责任制。
(2) 加强安全检查及隐患排查工作，及时消除事故隐患。
(3) 加强职工的安全教育培训，提高员工的安全意识和业务能力。
(4) 建立健全安全生产规章制度并严格执行。
(5) 严格落实"两个四位一体"综合防突措施。
(6) 加强地质预测预报工作，科学分析地质构造，及时掌握地质变化情况及参数。

案例47

1. (1) 百万工时死亡率 = $\dfrac{2}{1200 \times 8 \times 330} \times 10^6 \approx 0.631$。

(2) 百万吨死亡率 = $\dfrac{2}{1200000} \times 10^6 \approx 1.67$。

2. 标准化要素内容：
(1) 理念目标和矿长安全承诺。
(2) 组织机构。
(3) 安全生产责任制及安全管理制度。
(4) 从业人员素质。
(5) 安全风险分级管控。
(6) 事故隐患排查治理。
(7) 质量控制。
(8) 持续改进。

3. 防灭火措施：

（1）采取开拓开采技术措施，提高采出率，加快回采速度。

（2）采取阻化剂防灭火措施。

（3）采取凝胶防灭火措施。

（4）采取均压防灭火措施。

（5）采取惰性气体防灭火措施。

（6）采取防止漏风的方法，如挂帘堵漏、水泥砂浆喷涂堵漏等。

4. 制浆材料应满足的要求：

（1）加入少量水即可成浆。

（2）浆液渗透力强，收缩率小，来源广泛，成本低。

（3）不含可燃、助燃成分。

（4）泥浆要易于脱水，且具有一定的稳定性，一般要求含砂量为25%~30%。

（5）泥土粒度不大于2 mm，细小粉粒（粒度小于1 mm）应占75%以上。

（6）主要物理性能指标：密度为2.4~2.8 t/m^3，塑性指数为9~14，胶体混合物为25%~30%，含砂量为25%~30%。

案例48

1. （1）该起事故为重大事故。重大事故是指造成10人以上30人以下死亡，或者50人以上100人以下重伤，或者5000万元以上1亿元以下直接经济损失的事故。该起事故造成11人死亡，10人重伤，直接经济损失1655万元，故属于重大事故。

（2）该企业负责人接到事故报告后，应在1 h内进行上报。

2. 井下安全避险"六大系统"：

（1）煤矿安全监测监控系统。

（2）煤矿井下人员定位系统。

（3）煤矿井下紧急避险系统。

（4）矿井压风自救系统。

（5）矿井供水施救系统。

（6）矿井通信联络系统。

3. 防治地面水措施：

（1）合理选择井口位置。确保矿井井口和工业场地内建筑物地面标高高于当地历年最高洪水水位，否则必须修筑堤坝、沟渠等防排水措施。

（2）河流改道。

（3）地面防渗、堵漏。

（4）排干积水，填平洼地。

（5）修筑排（截）水沟（渠）。

（6）地面打孔注浆。

（7）井下布置防治水工程。

（8）提高支护阻力。

(9) 降低采高及加快回采速度。

4. (1) 该矿办理安全生产许可证的时间不符合规定。

(2) 安全生产许可证的有效期为3年。安全生产许可证有效期满需要延期的，企业应当于期满前3个月向原安全生产许可证颁发管理机构办理延期手续。

案例49

1. 事故暴露出的问题：

(1) 企业安全生产主体责任未落实到位。

(2) 安全检查和隐患排查工作不到位；安全员未制止违章行为。

(3) 日常设备设施维护不到位；防尘管路长期处于故障状态。

(4) 安全教育培训工作未落实到位；爆破工等人员未接受安全培训。

(5) 爆破工等人员没有取得相应资质。

(6) 在爆破中，未将炮眼封堵严实，造成裸眼爆破。

(7) 未在爆破前进行洒水降尘。

(8) 出现干打眼等违章作业，造成现场粉尘浓度大。

2. 煤层注水设计应考虑的参数：

(1) 钻孔直径。

(2) 钻孔长度。

(3) 钻孔间距。

(4) 钻孔倾角。

(5) 钻孔数量。

(6) 注水量。

(7) 注水压力。

3. 基本要求：

(1) 呼吸空气量：一般在 20~30 L/min。

(2) 呼吸阻力：一般要求在没有粉尘、流量为 30 L/min 条件下，吸气阻力应不大于 50 Pa，呼气阻力不大于 30 Pa。

(3) 阻尘率：对粒径小于 5 μm 的粉尘，阻尘率大于 99%。

(4) 有害空间：口罩面具与人面之间的空腔，应不大于 180 cm³。

(5) 妨碍视野角度：应小于 10°，主要是下视野。

(6) 气密性：在吸气时，无漏气现象。

4. 基本要求：

(1) 煤尘爆炸性指数 V：①一般认为，$V<10\%$，基本上属于没有煤尘爆炸危险性煤层；②V 处于 10%~15% 之间，属于弱爆炸危险性煤层；③$V>15\%$，属于有爆炸危险性煤层。但其不能作为有无爆炸危险性的唯一依据。

(2) 煤尘有无爆炸危险性，必须通过煤尘爆炸性试验鉴定。

案例 50

1. 可能发生的事故类别：
（1）物体打击。
（2）车辆伤害。
（3）机械伤害。
（4）火灾。
（5）高处坠落。
（6）爆破。
（7）其他伤害。

2. 事故上报的时限要求：
（1）生产安全事故发生后，事故现场有关人员应当立即向本单位负责人报告。
（2）单位负责人接到报告后，应当于 1 h 内向事故发生地县级以上人民政府安全生产监督管理部门和负有安全生产监督管理职责的有关部门报告。
（3）安全生产监督管理部门和负有安全生产监督管理职责的有关部门逐级上报事故情况，每级上报的时间不得超过 2 h。
（4）自事故发生之日起 30 日内，事故造成的伤亡人数发生变化的，应当及时补报。道路交通事故、火灾事故自发生之日起 7 日内，事故造成的伤亡人数发生变化的，应当及时补报。

3. 存在的问题：
（1）安全生产主体责任未落实到位。
（2）安全生产投入不足。
（3）安全生产规章制度执行未落实到位。
（4）安全检查及隐患排查工作未落实到位，且未及时消除隐患。
（5）在边坡不稳的情况下，违规冒险作业。
（6）安全教育培训落实不到位。
（7）瞒报事故，未按照规定及时报告生产安全事故。

4. 防治技术措施：
（1）削坡与压坡脚：①缓坡清理；②上部减重，压坡脚。
（2）增大或维持边坡岩体强度：①疏干排水；②爆破滑面；③破坏弱面，回填岩石；④爆破减震；⑤预裂爆破；⑥注浆。
（3）锚固与支挡：①采用预应力锚杆加固；②在滑体下部修筑挡墙。

案例 51

1. （1）冲击危险性评价可采用综合指数法或其他经实践证实有效的方法。
（2）评价结果分为四级：无冲击地压危险、弱冲击地压危险、中等冲击地压危险、强冲击地压危险。

2. 煤矿总工程师冲击地压防治工作中的职责：

(1) 总工程师是冲击地压防治的技术负责人，对防治技术工作负责。
(2) 负责组织制定矿井冲击地压防治总体设计、技术方案和中长期规划。
(3) 划定矿井冲击危险范围及危险等级。
(4) 评价和审批冲击地压防治技术措施。
(5) 监督现场落实措施。

3. 煤矿矿长在冲击地压防治工作中的职责：
(1) 矿长是冲击地压防治的第一责任人，对防治工作全面负责。
(2) 负责召开专门会议听取煤矿冲击地压防治工作情况。
(3) 组织制定煤矿冲击地压防治的总体方案。
(4) 协调落实冲击地压防治工作开展所需的人力、物力和财力。

4. 暴露出的问题：
(1) A煤矿防治冲击地压职责未落实到位。
(2) 超人数作业，305综采工作面及两巷冲击危险区超前支护范围作业人员为31人，超过16人的规定。
(3) 305综采工作面运输巷内多段平行作业。
(4) 防冲管理制度修订不及时。
(5) 对防治冲击地压的监督检查及隐患排查工作未落实到位。
(6) A煤矿防冲安全教育培训效果差。
(7) 采取的防冲措施未能起到作用。

案例52

1. 老空发生透水前的征兆：
(1) 煤层发潮，"挂汗"。
(2) "挂红"，出现暗红色水锈。
(3) 煤壁变冷。
(4) 出现雾气。
(5) 有"嘶嘶"的水叫声。
(6) 水色发深，有臭鸡蛋味，酸性大。

2. 综合防治水措施的基本内容：
(1) 探：主要指巷道掘进之前，必须采用钻探、物探、化探等方法查清水文地质条件。
(2) 防：主要指合理留设各类防隔水煤（岩）柱和修建各类防水闸门或防水墙。
(3) 堵：主要指注浆封堵具有突水威胁的含水层或导水断层、裂隙和陷落柱等导水通道。
(4) 疏：主要指探放老空水和对承压含水层进行疏水降压。
(5) 排：主要指完善矿井排水系统，排水管路、水泵、水仓和供电系统等必须配套。
(6) 截：主要指截断水源和加强对地表水的截流治理。
(7) 主要指运用煤矿水害监测预报系统。

3. 应遵循的规定：

（1）加强钻孔附近的巷道支护，并在工作面迎头打好坚固的立柱和栏板，严禁空顶、空帮作业。

（2）清理巷道，挖好排水沟。探水钻孔位于巷道低洼处时，应当施工临时水仓，配备足够能力的排水设备。

（3）在钻探地点或附近安设专用电话。

（4）由测量人员依据设计现场标定探放水钻孔位置，与负责探放水工作的人员共同确定钻孔的方位、倾角、深度和钻孔数量。

（5）制定包括紧急撤人时避灾路线在内的安全措施，使作业区域的每个人员了解和掌握，并保持撤人通道畅通。

4. 应采取的措施：

（1）立即撤出所有受水患威胁地点的人员。

（2）在原因未查清、隐患未排除之前，不得进行任何采掘活动。

（3）另选安全地点，打探放水钻孔，探明老空情况。

（4）探放水过程中，必须打中老空水体，监视放水全过程。

（5）发现瓦斯或其他有害气体浓度超限时，应立即停止钻进，切断电源，撤出人员进行处置。

案例 53

1. 爆破前，爆破工将警戒牌交给生产班组长，由班组长派本班人员警戒，并检查顶板与支架情况，然后将自己携带的"爆破命令牌"交给瓦检员，瓦检员检查瓦斯浓度允许爆破后，将自己携带的爆破牌交给爆破工，爆破工发出爆破口哨进行爆破，爆破后，三牌各归其主。

2. 应遵守的规定：

（1）炮眼封泥必须使用水炮泥，水炮泥外剩余的炮眼部分应当用黏土炮泥或不燃性、可塑性松散材料制成的炮泥封实。

（2）严禁用煤粉、块状材料或者其他可燃性材料作炮眼封泥。

（3）无封泥、封泥不足或者不实的炮眼，严禁爆破。

（4）严禁裸露爆破。

（5）炮眼深度小于 0.6 m 时，不得装药、爆破；在特殊情况确需爆破的，必须制定安全措施并封满炮泥。

（6）炮眼深度为 0.6~1 m 时，封泥长度不得小于炮眼深度的 1/2。

3. 安全培训档案包括：

（1）学员登记表，包括学员的文化程度、职务、职称、工作经历、技能等级晋升等情况。

（2）身份证复印件、学历证书复印件。

（3）历次接受安全培训、考核的情况。

（4）安全生产违规违章行为记录，以及被追究责任、受到处分、处理的情况。

(5) 其他有关情况。

4. 安全技术要求：

(1) 必须在刮板输送机机头、机尾人行道一侧 2 m 内各安装 1 套组合信号装置。

(2) 禁止无信号开机，传递信号要求是"一声停、二声开、三声倒转"。

(3) 刮板输送机司机严禁在刮板输送机机头正前方开动刮板输送机。

(4) 禁止强行启动。

(5) 不允许向中部槽里装入大块煤或矸石，如发现应该立即处理，以防损坏刮板链或引起飘链、掉链等事故。

(6) 刮板输送机应尽可能在空载状态下停机。

(7) 刮板输送机与转载搭接时要保证搭接高度在 0.3 m 以上，前后交错距离不小于 0.5 m。经常保持机头机尾的清洁工作。

(8) 严格执行停机处理故障、停机检查制度。

(9) 刮板输送机发生飘链事故时，严禁在运行当中人力踩压或用工具撬、压。

案例 54

1. 常用锚杆支护理论方法：
(1) 悬吊理论。
(2) 组合梁作用。
(3) 组合拱作用。
(4) 围岩强度强化作用。
(5) 最大水平应力理论。
(6) 松动圈支护理论。

2. (1) 直接原因：班长卫某在未架设临时支护的情况下，进入空顶区域内作业，顶板不稳发生垮落将卫某砸伤致死。

(2) 间接原因：①现场作业人员未认真观察顶板，也未严格执行"敲帮问顶"制度；②现场安全检查工作落实不到位；③安全教育培训不到位，职工安全意识淡薄。

3. 存在的事故隐患：

(1) 临时支护未伸入到掘进工作面煤壁处。

(2) 瓦检员直接进入到空顶区域。

(3) 第二循环割煤结束后，现场人员未架设临时支护，违章进行空顶作业。

(4) 永久支护作业前，未进行"敲帮问顶"。

(5) 班长卫某违章指挥工人进行空顶作业。

4. 预防措施：

(1) 严格执行"敲帮问顶"制度，严格控制控顶距。

(2) 严禁空顶作业，进行永久支护前，严格执行临时支护的规定。

(3) 加强安全检查及隐患排查工作。

(4) 加强员工的安全教育培训工作，杜绝"三违"现象。

(5) 建立健全安全生产规章制度并严格执行。

案例 55

1. 煤炭生产企业依据开采的原煤产量按月提取。
（1）甲煤矿为高瓦斯矿井，提取标准为吨煤 30 元。
（2）乙煤矿为低瓦斯矿井，提取标准为吨煤 15 元。
（3）丙煤矿为露天矿，提取标准为吨煤 5 元。
（4）丁煤矿为突出矿井，提取标准为吨煤 30 元。

2. 重大事故隐患：
（1）甲煤矿的瓦斯抽采系统不能正常使用。
（2）甲煤矿一采煤工作面上隅角瓦斯浓度达到 2.0%，但仍继续作业。
（3）丁煤矿只建立了井下临时瓦斯抽采系统，而没有建立地面永久瓦斯抽采系统。
（4）丁煤矿未进行工作面突出危险性预测。
（5）丁煤矿一掘进工作面风量不足。
（6）丁煤矿一采煤工作面瓦斯超限后未能报警。

3. 安全费用的使用范围：
（1）落实"两个四位一体"综合防突措施支出。
（2）"一通三防"等设备改造支出。
（3）实施采空区治理支出。
（4）安全生产教育培训支出。
（5）配备安全帽及自救器等用品支出。
（6）开展重大事故隐患整改的支出。

4. 治理方案的内容：
（1）治理的目标和任务。
（2）采取的方法和措施。
（3）经费和物资的落实。
（4）负责治理的机构和人员。
（5）治理的时限和要求。
（6）安全措施和应急预案。

案例 56

1. 水害预测中多种探查手段综合应用较为成功的模式：
（1）以矿井地震法查构造，以多方位矿井瞬变电磁法查富水性异常，以矿井地球化学勘探方法查含水层间或不同水体之间的水力联系，以钻探技术进行验证和确认。
（2）在矿井地球物理勘探方法基础上，运用钻探技术对低阻异常区打钻验证。
（3）矿井地球物理勘探方法是突水水源探查技术的辅助手段，钻探技术是突水水源探查技术的根本手段。

2. 应遵循的规定：
（1）探水钻孔沿掘进方向的正前方及含水体方向呈扇形布置，钻孔不得少于 3 个，其中含水体方向的钻孔不得少于2个。

(2) 煤层内，原则上禁止探放水压高于1 MPa的充水断层水。如确实需要的，可以先构筑防水闸墙，并在闸墙外向内探放水。

3. 应留设防隔水煤（岩）柱的情况：

(1) 煤层露头风化带。

(2) 在地表水体、含水冲积层下或者水淹区域临近地带。

(3) 与富水性强的含水层间存在水力联系的断层、裂隙带或者强导水断层接触的煤层。

(4) 有大量积水的老空。

(5) 导水、充水的陷落柱、岩溶洞穴或者地下暗河。

(6) 分区隔离开采边界。

(7) 受保护的观测孔、注浆孔和电缆孔等。

4. (1) 与陷落柱有关的突水征兆：一般先突黄泥水，后突出黄泥和塌陷物；来势猛、突水量大，突出物总量很大且岩性复杂；塌陷物突出过程一般都是先突煤系中的煤、岩碎屑，后突奥灰碎块，在突出物的剖面上，常见下部是煤、岩碎屑，上部或表面是奥灰的碎块。

(2) 断层突水的征兆：断层沟通奥灰顶部溶洞的突水多是先突黄泥水，后突出大量的溶洞中高黏度黄泥和细砂或水泥砂同时突出；断层沟通奥灰强含水层发生的突水，很少有突出大量黄泥的现象；冲出大量突出物的现象在断层突水中很少见。

案例57

1. 矿井瓦斯等级鉴定的规定：

(1) 低瓦斯矿井必须每2年进行瓦斯等级和二氧化碳涌出量的鉴定工作。

(2) 高瓦斯矿井和突出矿井不再进行周期性瓦斯等级鉴定工作，但应当每年测定和计算矿井、采区、工作面瓦斯和二氧化碳涌出量。

(3) 经鉴定或者认定为突出矿井的，不得改定为非突出矿井。

2. (1) 直接原因：掘进工作面瓦斯浓度达到爆炸界限，遇到爆破产生的高温，发生了瓦斯爆炸。

(2) 该起事故的事故等级为较大事故。

3. 局部通风机及风筒存在的问题：

(1) 局部通风机距离巷道回风口为9 m，不足10 m的规定。

(2) 未配备安装同等能力的备用局部通风机。

(3) 局部通风机存在循环风，全风压提供的风量小于吸风量。

(4) 局部通风机未实行"三专""两闭锁"。

(5) 巷道沿线风筒漏风严重。

4. 可采取的措施：

(1) 使用足够通风能力的局部通风机通风，保证供风量。

(2) 局部通风机采用专用电源实行"三专"，保持通风稳定并指定专人管理。

（3）局部通风机安装风压遥信自动检测装置。
　　（4）保证风筒质量，吊挂平、直、顺，杜绝漏风。
　　（5）保证风筒末端距离工作面在风流的有效射程之内。
　　（6）对涌出量大的掘进工作面采取双巷掘进施工工艺。
　　（7）对掘进工作面进行瓦斯抽采。
　　（8）明确相关人员的安全生产责任。
　　（9）建立瓦斯防治安全管理制度。
　　（10）加强员工业务培训教育，提高安全意识。
　　（11）加强安全检查，及时消除事故隐患。

案例 58

　　1. 需考虑的因素：
　　（1）按产量计算。
　　（2）按每吨煤注氮量 5 m³ 计算。
　　（3）按瓦斯含量计算。
　　（4）按氧化带内氧含量计算。
　　（5）按作业场所氧含量计算允许最大注氮量。
　　2.（1）外因火灾的特点：①发生突然、来势凶猛；②往往在燃烧物的表面进行，容易发现，早期的外因火灾较易被扑灭；③多数发生在井口房、井筒、机电硐室、爆炸材料库、安装机电设备的巷道或采掘工作面等地点。
　　（2）4 项指标持续稳定的时间在 1 个月以上时，准予启封。
　　3. 带式输送机监测系统的测点布置及用途：
　　（1）安装在各滚筒的表面附近、滚筒表面法向距离 3 mm 处。作用：主要用于监测主动滚筒、压紧滚筒表面的温度变化，探测由于输送带卡死、滚筒打滑等引起的火灾。
　　（2）安装在托辊的轴上。作用：主要用于监测托辊的温度变化，探测由于托辊卡死后与输送带摩擦等引起的火灾。
　　（3）安装在带式输送机巷道的风流中。作用：主要用于监测环境温度的变化，以消除日温差和季节温差造成的影响。
　　4.（1）均压防灭火分为开区均压和闭区均压两大类。
　　（2）均压防灭火的原理：在建立科学合理的通风网络的基础上和保持矿井主要通风机运转工况合理的条件下，通过对井下风流有意识地进行调整，改变相关巷道的风压分布，均衡火区或采空区进回风两侧的风压差，减少或杜绝漏风，使火区或自燃隐患点处的空气不产生流动和交换，减弱或断绝氧气的供给，达到惰化、窒息火区或自燃隐患点，抑制煤炭自然发火的目的。

案例 59

　　1.（1）区域监测方法：微震法。
　　（2）局部监测方法：应力在线监测、钻屑法、电磁辐射法。

2. 建设项目安全预评价报告的内容：
(1) 主要危险、有害因素和危害程度以及对公共安全影响的定性、定量评价。
(2) 预防和控制的可能性评价。
(3) 建设项目可能造成职业危害的评价。
(4) 安全对策措施、安全设施设计原则。
(5) 预评价结论。
(6) 其他需要说明的事项。

3. 冲击地压的显现特征：
(1) 突发性：冲击地压一般没有明显的宏观预兆而突然发生。
(2) 瞬时震动性：冲击地压发生过程急剧而短暂，伴随有巨大的声响和强烈的震动。
(3) 巨大破坏性：发生时，顶板可能有瞬间明显下沉，但一般不冒落；有时底板突然开裂鼓起甚至接顶。大量岩块会被抛出，堵塞巷道，破坏支架。

4. 应急处置措施：
(1) 撤出灾区和可能影响区域的人员。
(2) 及时进行事故上报并召请矿山救护队。
(3) 成立抢险救灾指挥部，分析再次发生冲击地压灾害的可能性，制订救灾方案。
(4) 保证人员辅助运输，满足运输要求。
(5) 保证主要通风机的运转，迅速恢复灾区的通风。
(6) 救援时检查通风、瓦斯、煤尘，防止发生次生事故。
(7) 命令有关单位准备救灾物资，医院准备抢救伤员。

案例 60

1. 隐患治理方案应包含的内容：
(1) 治理的目标和任务：构成全风压通风，消除"剃头下山"开采。
(2) 采取的方法和措施：采取正规开采。
(3) 经费和物资的落实：落实到相关部门。
(4) 负责治理的机构和人员：落实到相关人员。
(5) 治理的时限和要求：按照规定时间完成。
(6) 安全措施和应急预案：制定并加强监控。

2. 煤矿安全生产主体责任：
(1) 设备设施（或物资）保障责任：具备安全生产条件，依法为从业人员提供劳动防护用品等。
(2) 资金投入责任：按规定提取和使用安全生产费用。
(3) 机构设置和人员配备责任：依法设置安全生产管理机构，配备专职安全管理人员，并配备注册安全工程师。
(4) 规章制度制定责任：建立、健全安全生产责任制和各项规章制度、操作规程、应急救援预案并督促落实。
(5) 安全教育培训责任：开展安全生产宣传教育，从业人员持证上岗。

(6) 安全生产管理责任：安全风险管控及隐患排查治理。

(7) 事故报告和应急救援责任：按规定报告生产安全事故，及时开展事故救援。

(8) 法律法规、规章规定的其他安全生产责任。

3. 根据《生产经营单位生产安全事故应急预案编制导则》（GB/T 29639—2020），编制专项应急预案的程序如下：

(1) 成立应急预案编制工作组。

(2) 资料收集。

(3) 风险评估。

(4) 应急资源调查。

(5) 应急预案编制。

(6) 桌面推演。

(7) 应急预案评审。

(8) 批准实施。

4. (1) 专项应急预案主要内容：①适用范围；②应急组织机构及职责；③响应启动；④处置措施；⑤应急保障。

(2) 风险评估的内容包括：①辨识生产经营单位存在的危险有害因素，确定可能发生的生产安全事故类别；②分析各种事故类别发生的可能性、危害后果和影响范围；③评估确定相应事故类别的风险等级。

5. 应采取的应急处置措施：

(1) 迅速了解顶板事故的发生位置、波及范围及人员伤亡情况并启动应急预案。

(2) 根据事故情况下达受灾区域撤人指令，通知救护队和医院。

(3) 按照事故汇报流程报矿相关领导，并通知安检员、瓦斯员，通知井口实施警戒。

(4) 监测监控部门对瓦斯等进行分析，变化异常及时汇报。

(5) 应急指挥根据通风系统破坏程度、冒顶和涌水情况，制定救援方案。

(6) 救护队按照救援方案携带相关设备入井展开救援。

(7) 抢救时，按照"三先三后"的原则处理，且必须有专人检查和监护顶板情况，加强支护防止发生冒顶。

案例 61

1. (1) 直接原因：该矿 20101 回风巷掘进工作面附近小煤窑老空区积水情况未探明，且在发现透水征兆后未及时采取撤出井下作业人员等果断措施，掘进作业导致老空区积水透出，造成巷道被淹和人员伤亡。

(2) "十六字"原则："预测预报、有疑必探、先探后掘、先治后采"；"五项综合防治措施"：防、堵、疏、排、截。

严格执行井下探放水"三专"要求。由专业技术人员编制探放水设计，采用专用钻机进行探放水，由专职探放水队伍施工。严禁使用非专用钻机探放水。

严格执行井下探放水"两探"要求。采掘工作面超前探放水应当同时采用钻探、物探两种方法，做到相互验证，查清采掘工作面及周边老空水、含水层富水性以及地质构造等情况。有条件的矿井,钻探可采用定向钻机,开展长距离、大规模探放水。

2. 透水的一般征兆:

(1) 煤层变潮湿、松软;煤帮出现滴水、淋水现象,且淋水由小变大;有时煤帮出现铁锈色水迹。

(2) 工作面气温降低,或出现雾气或硫化氢气味。

(3) 有时可听到水的"嘶嘶"声。

(4) 矿压增大,发生片帮、冒顶及底鼓。

3. 遇以下情况,应进行探放水工作:

(1) 接近水淹或者可能积水的井巷、老空或者相邻煤矿时。

(2) 接近含水层、导水断层、暗河、溶洞和导水陷落柱时。

(3) 打开隔离煤柱放水前。

(4) 接近可能与河流、湖泊、水库、蓄水池、水井等相通的导水通道时。

(5) 接近有出水可能的钻孔时。

(6) 接近水文地质条件不清的区域时。

(7) 接近有积水的灌浆区时。

(8) 接近其他可能突(透)水的区域时。

4. 在20101回风巷掘进工作面出现透水征兆时,应采取如下处置措施:

(1) 工作面应采取立即停止工作、撤人,并向调度室进行汇报。

(2) 迅速采取措施加固巷道顶帮。

(3) 增设巷道内排水设备、增大排水能力。

(4) 及时开展探放水工作,以物探为辅,钻探进行验证。

(5) 隐患消除前不得继续作业。

5. A公司对承包商的安全管理责任:

(1) 发包工程项目,应以生产经营单位名义进行,严禁以某一部门的名义进行发包。

(2) A公司应明确发包工程归口管理部门,统一对发包工程进行管理。

(3) A公司要建立完善承包商安全管理制度,明确有关职能部门的管理责任。

(4) 对承包商进行资质审查,选择具备相应资质、安全业绩好的企业作为承包商。

(5) 对进入本单位的承包商人员进行全员安全教育。

(6) 对承包商进行作业现场安全交底。

(7) 对承包商的安全作业规程、施工方案和应急预案进行审查,对承包商的作业进行全过程监督。

(8) 定期对承包商的安全业绩进行评价。

(9) 对不能履行安全职责,甚至发生安全事故的承包商,要予以相应考核直至清退。

案例62

1. 危险和有害因素:

(1) 冒顶片帮。

(2) 机械伤害。

(3) 瓦斯爆炸。
(4) 其他爆炸。
(5) 中毒和窒息。
(6) 火灾。
(7) 其他伤害。

2. 有下列情况之一的，应当进行煤岩冲击倾向性鉴定：
(1) 有强烈震动、瞬间底（帮）鼓、煤岩弹射等动力现象的。
(2) 埋深超过 400 m 的煤层，且煤层上方 100 m 范围内存在单层厚度超过 10 m 的坚硬岩层的。
(3) 相邻矿井开采的同一煤层发生过冲击地压的。
(4) 冲击地压矿井开采新水平、新煤层的。

3. 冲击地压的防治工作：
(1) 采取冲击危险性预测、监测预警、防范治理、效果检验、安全防护措施等综合性防治措施。
(2) 建立冲击地压防治安全管理体系，设置专门的防冲机构，配备专业技术人员。
(3) 编制中长期防冲规划与年度防冲计划，加强防治冲击地压的资金投入。
(4) 认真研究和确定适应本矿的冲击地压危险性预警临界指标，科学划定冲击危险区域。
(5) 按照"区域先行、局部跟进、分区管理、分类防治"原则，编制防治冲击地压专门设计。
(6) 合理安排采区间和采区内的开采顺序，科学留设煤柱，避免人为形成高应力集中区，选择适合的支护方式，提高巷道支护强度。
(7) 对形成冲击危险的局部区域实施爆破卸压、钻孔卸压等解危措施。
(8) 实施冲击地压的安全防护措施。

4. 双重预防机制的内容：
(1) 全面开展安全风险辨识。
(2) 科学评定安全风险等级。
(3) 有效管控安全风险。
(4) 实施安全风险公告警示。
(5) 建立完善隐患排查治理体系。

5. (1) 该矿井为高瓦斯矿井。
(2) 具备下列条件之一的矿井为高瓦斯矿井：①矿井相对瓦斯涌出量大于 10 m³/t；②矿井绝对瓦斯涌出量大于 40 m³/min；③矿井任一掘进工作面绝对瓦斯涌出量大于 3 m³/t；④矿井任一采煤工作面绝对瓦斯涌出量大于 5 m³/min。
该矿井绝对瓦斯涌出量为 69.4 m³/min，大于 40 m³/min，故为高瓦斯矿井。

案例 63

1. (1) 安全验收评价报告应当包括以下内容：①安全设施符合法律、法规、标准和规程规定以及设计文件的评价；②安全设施在生产或使用中的有效性评价；③职业危害防治措施的有效性评价；④建设项目的整体安全性评价；⑤存在的安全问题和解决问题的建议；⑥验收评价结论；⑦有关试运转期间的技术资料、现场检测、检验数据和统计分析资料；⑧其他需要说明的事项。

（2）验收评价结论中应包含的内容：①列出评价对象的危险、有害因素种类及其危险危害程度；②说明评价对象是否具备安全验收的条件；③对达不到安全验收要求的评价对象明确提出整改措施建议，明确评价结论。

2. 应采取的开采控制技术：

（1）合理确定边坡参数和开采技术：①合理确定台阶高度和平台宽度；②正确选择台阶坡面角和最终边坡角；③选择合理的开采顺序和推进方向，必须采用从上到下的开采顺序，应选用从上盘到下盘的采剥推进方向；④合理进行爆破作业，减少爆破震动对边坡的影响。

（2）制定严格的边坡安全管理制度：①合理进行爆破作业，必须建立健全边坡管理和检查制度；②有变形和滑动迹象的矿山，必须设立专门观测点，定期观测记录变化情况；③采取长锚杆、锚索、抗滑桩等加固措施。

3. 报告事故时，应包含的内容：

（1）事故发生单位概况。

（2）事故发生的时间、地点以及事故现场情况。

（3）事故的简要经过。

（4）事故已经造成或者可能造成的伤亡人数（包括下落不明的人数）和初步估计的直接经济损失。

（5）已经采取的措施。

（6）其他应当报告的情况。

4. 瓦斯爆炸必须同时具备以下3个条件：

（1）瓦斯含量在爆炸界限内5%~16%。

（2）混合气体中氧气含量不低于12%。

（3）有足够能量的点火源，温度不低于650 ℃，能量大于0.28 mJ，持续时间大于爆炸感应期。

5. 预防瓦斯爆炸的技术措施：

（1）防止瓦斯积聚和超限：①加大工作面的进风量；②利用挂风障引流法处理采煤工作面回风隅角瓦斯积聚；③适当提高工作面回风流中瓦斯允许浓度；④降低瓦斯涌出的不均匀系数。

（2）严格执行瓦斯检查制度。

（3）采取防止瓦斯引燃的措施：①严禁使用明火；②防止爆破火源；③防止电气火源和静电火源；④防止摩擦和撞击火花。

（4）采取防止瓦斯爆炸灾害扩大的措施：①保证通风系统稳定合理可靠；②建立完善可靠的防（隔）爆设施（定期撒布岩粉、设置隔爆水棚及自动式抑爆棚）及自救系统；③加强管理，严格遵守各项规定。

案例 64

1．（1）直接原因：忽视防灭火管理工作，措施严重不落实，-416 m 东采煤工作面上区段采空区漏风，煤炭自然发火，引起采空区瓦斯爆炸，爆炸产生的冲击波和大量有毒有害气体造成人员伤亡。

（2）封闭火区时，应当合理确定封闭范围，封闭的密闭性要严。必须指定专人检查甲烷、氧气、一氧化碳、煤尘以及其他有害气体浓度和风向、风量的变化，并采取防止瓦斯、煤尘爆炸和人员中毒的安全措施。

2．（1）同时具备下列 4 个条件，煤炭会发生自燃：①煤具有自燃倾向性；②有连续的通风供氧条件；③破碎状态堆积热量积聚；④持续一定的时间。

（2）煤炭自燃的预防技术如下：①提高采出率，减少煤柱和采空区遗煤；②灌浆防灭火；③阻化剂防灭火；④凝胶防灭火；⑤均压防灭火；⑥惰性气体防灭火；⑦采用砌筑密闭等方法防止漏风。

3．封闭的火区，只有经取样化验证实火已熄灭后，方可启封或者注销。火区同时具备下列条件时，方可认为火已熄灭：

（1）火区内的空气温度下降到 30 ℃ 以下，或者与火灾发生前该区的日常空气温度相同。

（2）火区内空气中的氧气浓度降到 5% 以下。

（3）火区内空气中不含有乙烯、乙炔，一氧化碳浓度在封闭期间内逐渐下降，并稳定在 0.001% 以下。

（4）火区的出水温度低于 25 ℃，或者与火灾发生前该区的日常出水温度相同。

（5）上述 4 项指标持续稳定 1 个月以上。

4．存在的主要问题：

（1）企业安全生产主体责任不落实，严重违章指挥、违规作业。

（2）安全生产管理不到位：严重忽视防灭火管理工作，措施严重不落实。

（3）未设置安全生产管理机构。

（4）事故处置方案错误，违规施工密闭，致使人员长时间滞留危险区。

（5）设备设施保障责任未落实：不具备安全生产条件。

（6）企业安全生产教育培训工作缺失，员工安全意识薄弱。

5．设计灌浆防灭火系统的工艺阶段：

（1）制浆材料的选择：选择满足加入少量水即可成浆，浆液渗透率强，收缩率低，不含可燃成分，易于脱水等要求的材料。

（2）泥浆的制备：①制备工艺采用机械制浆方法；②合理确定泥浆的水土比；③依据灌浆开采空间、采出率及地质条件，计算灌浆量。

（3）泥浆的输送：①采用泥浆的静压力作为输送动力；②根据泥浆流速选择灌浆管道直径；③泥浆的输送备线控制在 3~8。

（4）向采空区注浆。

案例 65

1. （1）C 煤矿透水专项应急预案中缺少的内容：①适用范围；②响应启动；③应急保障。

（2）应急处置卡应规定的内容：①重点岗位、人员的应急处置程序的措施；②相关联络人员和联系方式。

2. 存在的问题：

（1）不能仅仅进行论证，C 煤矿应对该应急预案进行评审，并形成书面评审纪要，且评审人员应当包括有关安全生产及应急管理方面的专家。

（2）应急预案不应由安全副矿长签署，应由主要负责人签署。

（3）应急预案应在公布之日起 20 个工作日内进行备案，C 煤矿在第 30 个工作日时才备案。

（4）应急预案的备案对象不是政府，而是县级以上人民政府应急管理部门，并抄送所在地的煤矿安全监察机构。

3. 展开自救和互救工作：

（1）透水后，迅速观察和判断透水情况，根据规定的撤退路线，迅速撤退升井。

（2）若不能及时升井，应迅速撤退到透水点以上的水平，不能进入透水点附近及下方的独头巷道。

（3）撤退过程中，若遇水，应靠近巷道一侧，抓牢支架或其他固定物体。

（4）如唯一的出口被水封堵无法撤退时，应有组织地在独头工作面躲避，严禁盲目潜水逃生等冒险行为。

（5）必须在避难硐室处建临时挡墙或吊挂风帘。

（6）避灾时，应用敲击的方式有规律的发出呼救信号。

（7）决不嚼食杂物充饥，应选择适宜的水源，并用纱布或衣服过滤。

（8）调整心态，互相鼓励、互相安慰。

4. 注册安全工程可参与的安全生产工作：

（1）制定安全生产规章制度、安全技术操作规程和作业规程。

（2）排查事故隐患，制定整改方案和安全措施。

（3）制定从业人员安全培训计划。

（4）选用和发放劳动防护用品。

（5）生产安全事故调查。

（6）制定重大危险源检测、评估、监控措施和应急救援预案。

（7）其他安全生产工作事项。

5. （1）安全设施设计审查申请报告及申请表。

（2）立项和可行性研究报告批准文件。

（3）安全预评价报告书。

（4）初步设计及安全专篇。

（5）其他需要说明的材料。

案例 66

1. 承托方应具备的条件：

（1）具有法人资格，营业执照合法有效。

（2）大型国有煤炭企业或具有煤矿生产专业运营管理经验且上一年度所托管煤矿未发生较大及以上生产安全事故的单位。

（3）具有满足需要的煤矿专业技术人员和技能熟练的员工队伍。

（4）无处于安全生产领域联合惩戒期限内的失信行为。

（5）承托高瓦斯、煤与瓦斯突出、煤层容易自燃、水文地质类型复杂极复杂、冲击地压等灾害严重矿井的，承托单位必须具有相应灾害类型矿井安全管理经验、技术水平和良好业绩。

2. 布置探放水钻孔时应遵循的规定：

（1）老空水位置清楚时，应当根据具体情况进行专门探放水设计，经煤矿总工程师组织审批后，方可施工。

（2）老空位置不清楚时，探水钻孔成组布设，并在巷道前方的水平面和竖直面内呈扇形，钻孔终孔位置满足水平面间距不得大于 3 m，厚煤层内各孔终孔的竖直面间距不得大于 1.5 m。

（3）老空积水范围、积水量不清楚的，近距离煤层开采的或者地质构造不清楚的，探放水钻孔超前距不得小于 30 m，止水套管长度不得小于 10 m。

（4）老空积水范围、积水量清楚的，根据水头值高低、煤（岩）层厚度、强度及安全技术措施等确定探放水钻孔超前距和止水套等长度。

3. 应急演练的基本内容：

（1）预警与报告。

（2）指挥与协调。

（3）应急通信。

（4）事故监测。

（5）警戒与管制。

（6）疏散与安置。

（7）医疗卫生。

（8）现场处置。

（9）社会沟通。

（10）后期处置。

（11）其他。

4. 存在的违规行为：

（1）煤矿托管必须采取整体托管方式，甲企业违规将该掘进工作面作为独立工程对外承包。

（2）乙公司不具有承托资格，且掘进队无防治水专业技术人员和专职探放水队伍。

（3）编制的探放水设计中钻孔数量不符合规定，且未按照设计进行探放水作业。

（4）超出允许掘进距离直接掘透废弃巷道。
（5）掘进作业员工未经过安全教育培训和应急演练。
（6）应急预案不健全。

5. 签订的托管合同（协议）应明确的内容为：
（1）明确托管的方式、时间和内容以及双方的安全生产权利和责任清单等，明晰安全、生产、技术等职责。
（2）明确保证安全生产条件、开展安全生产标准化建设（含风险分级管控、隐患排查治理、安全质量达标）的责任方及资金来源。

案例 67

1. 机巷与开切眼贯通过程中应采取如下措施：
（1）巷道贯通前应当制定贯通专项措施。
（2）机巷与开切眼在相距 50 m 前必须停止一个工作面作业，做好调整通风系统准备工作。
（3）停掘的工作面必须保持正常通风，设置栅栏及警标。
（4）每班必须检查风筒的完好状况和工作面及其回风流中的瓦斯浓度，瓦斯浓度超限立即处理。
（5）贯通时，必须由专人在现场统一指挥。
（6）贯通前，加强开切眼顶板支护。
（7）贯通后，必须停止采区内的一切工作，立即调整通风系统，稳定后方可恢复工作。

2. 贯通作业中存在的问题：
（1）贯通前，未能在两巷道相距 50 m 前停止开切眼的掘进。
（2）未制定贯通专项措施。
（3）未每班检查风筒的完好状态及工作面及其回风流中的瓦斯浓度。
（4）贯通时没有专人在现场统一指挥。
（5）未做好调整通风系统的准备工作。
（6）使用掘进机强行截割硬岩。

3. 工作面需风量计算方法：
（1）掘进工作面按照下列因素分别计算：①按排除炮烟所需风量的计算；②按稀释瓦斯所需风量的计算；③按同时工作的最多人数计算所需要的风量；④按巷道中同时运行的最多车辆数计算。
（2）取其最大值。
（3）最后按照最低风速（岩巷 0.15 m/s，煤巷或半煤岩巷 0.25 m/s）和最高风速（4 m/s）验算。

4. （1）该矿的瓦斯等级为低瓦斯矿井。
（2）同时满足下列条件的为低瓦斯矿井：①矿井相对瓦斯涌出量不大于 10 m³/t；②矿井绝对瓦斯涌出量不大于 40 m³/min；③矿井任一掘进工作面绝对瓦斯涌出量不大于

3 m³/min；④矿井任一采煤工作面绝对瓦斯涌出量不大于 5 m³/min。

该矿的相对瓦斯涌出量为 8.2 m³/t，小于 10 m³/t；矿井绝对瓦斯涌出量为 20.7 m³/min，小于 40 m³/min；掘进工作面绝对瓦斯涌出量均小于3 m³/min，采煤工作面绝对瓦斯涌出量均小于 5 m³/min，故为低瓦斯矿井。

5. 治理采空区瓦斯异常涌出的技术措施：
（1）加强采空区密闭，减少采空区瓦斯的涌出量（对已采空的采区和工作面而言）。
（2）提高工作面采出率，减少采空区遗煤。
（3）改变通风系统，防止采空区漏风。
（4）抽放采空区瓦斯等。
（5）采取均压措施，减少采空区的漏风量。

案例 68

1. 该矿水灾专项应急预案缺少应急指挥机构的职责和处置措施 2 项内容。
2. 该矿存在的重大事故隐患有：
（1）水文地质类型复杂但未配备防治水副总工程师。
（2）2 月生产原煤超过核定生产能力。
（3）8402 综采工作面超限员作业，生产班安排了 51 名职工作业。
（4）8402 综采工作面有 1 台电气开关失爆。
（5）8 号煤层 4 采区东翼有 2 个煤巷掘进面和 1 个半煤岩巷掘进面在同时掘进。
3. 《煤矿安全生产标准化管理体系基本要求及评分方法（试行）》规定，重点对井工煤矿瓦斯、水、火、煤尘、顶板、冲击地压及提升运输系统，露天煤矿边坡、爆破、机电运输等容易导致群死群伤事故的危险因素开展安全风险辨识评估。该矿 8402 综采工作面的重大安全风险有：火灾、水灾、瓦斯爆炸和冲击地压。

案例 69

1. 该矿井瓦斯等级为高瓦斯矿井。高瓦斯矿井等级的判定标准为具备下列条件之一即为高瓦斯矿井：
（1）矿井相对瓦斯涌出量大于 10 m³/t。
（2）矿井绝对瓦斯涌出量大于 40 m³/min。
（3）矿井任一掘进工作面绝对瓦斯涌出量大于 3 m³/min。
（4）矿井任一采煤工作面绝对瓦斯涌出量大于 5 m³/min。
2. 副斜井最高允许风速 8 m/s，采区回风石门最高允许风速 6 m/s，总回风巷最高允许风速 8 m/s，回风立井最高允许风速 15 m/s。风速超限的井巷为采区回风石门。
3. 该矿井构筑的通风设施有：永久性挡风墙、木板隔墙、调节风门、防爆盖、风硐。
4. （1）综采工作面的配风量：
按瓦斯涌出量为 $100×18.5×1.2 = 2220 (m³/min) = 37 (m³/s)$。
按人数计算为 $4×25 = 100$ m³/min $≈ 1.7 (m³/s)$。
取两者最大值为 37 m³/s。

(2) 按风速（综采工作面最低风速 0.25 m/s，最高风速 4.0 m/s）进行验算：
最小风速为 60×0.25×6.2×2.4×70%≈156（m³/min）≈2.6（m³/s）。
最大风速为 60×4.0×5.6×2.4×70%≈2258（m³/min）≈37.6（m³/s）。
2.6 m³/s<37 m³/s< 37.6 m³/s，符合风速要求。

案例 70

1. 煤矿防治水工作应坚持的"十六字"原则：预测预报、有疑必探、先探后掘、先治后采。

2. 13201 工作面回风顺槽探放水钻孔布置应考虑的参数有：超前距、帮距、钻孔密度、允许掘进距离。

3. 13201 工作面回风顺槽防治老空积水应监测的内容有：水量、水压、水温、水质、有害气体、煤柱、排水设施状况等。

4. 煤柱宽度 $L=0.5\ KM(3p/K_p)^{1/2}=0.5\times5\times7\times(3\times0.4/0.3)^{1/2}=35$（m）
煤柱宽度应不小于 35 m，因此 13201 工作面回风顺槽与邻近矿井采空区之间 21~25 m 的煤柱不安全。

5. 防治 13201 工作面透水事故应采取的措施：
（1）健全防治水机构和防治水制度。
（2）配备专业技术人员、专门探放水作业队伍、专项探放水设备。
（3）采用勘探放水技术，建立可靠的排水系统。
（4）留设安全的防隔水煤柱。
（5）加强巷道支护。
（6）监测有毒有害气体，发现情况及时撤出人员。

案例 71

1. 自然风压：$H_N = Zg(\rho_{m1} - \rho_{m2}) = (50+350)\times 9.8 \times (1.25-1.20) = 198$（Pa）。
石门测风站风量：$Q_{石} = ksv = 1.2 \times 10 \times 5 = 60$（m³/s）。
矿井总风阻：$Q = 7200/60 = 120$（m³/s）；
$$R = \frac{h}{Q^2} = \frac{2880}{120^2} = 0.2\ (\text{N}\cdot\text{s}^2/\text{m}^8)。$$
故该矿自然风压为 196 Pa，石门测风站风量为 60 m³/s，矿井总风阻 0.2 N·s²/m⁸。

2. 3211 回采工作面通风阻力：$h_{3211} = 44+60+40 = 144$（Pa）。
3211 回采工作面风阻：$Q_{3211} = 1200/60 = 20$（m³/s）；
$$R_{3211} = \frac{h_{3211}}{Q_{3211}^2} = \frac{144}{20^2} = 0.36\ (\text{N}\cdot\text{s}^2/\text{m}^8)。$$
3211 回采工作面等积孔：$A_{3211} = \frac{1.19}{\sqrt{R_{3211}}} = \frac{1.19}{\sqrt{0.36}} \approx 1.98$（m²）。
故通风阻力为 144 Pa，风阻为 0.36 N·s²/m⁸，等积孔 1.98 m²。

3. 降低局部通风阻力的技术措施：
(1) 尽量避免直角拐弯。
(2) 减少风流调控设施，如风帘等。
(3) 减少矿车停留时间。
(4) 清理巷道堆积物。

4. 煤矿发生火灾可采取的风流控制措施：
(1) 正常通风。
(2) 减少风量。
(3) 增加风量。
(4) 火烟短路。
(5) 反风。
(6) 停止主要通风机运转。

案例 72

1. 可能发生的事故类型：机械伤害、触电、火灾、高处坠落、其他爆炸。

2. 甲不能被认定为工伤。应视同工伤的情形有：
(1) 在工作中时间和工作岗位，突发疾病死亡或者在 48 h 之内经抢救无效死亡的。
(2) 在抢险救灾等维护国家利益、公共利益活动中受到伤害的。
(3) 职工原在军队服役，因战、因公负伤致残，已取得革命伤残军人证，到用人单位旧伤复发的。

3. 应急预案编制的程序：
(1) 成立预案编制小组。
(2) 法律法规、矿井等资料收集。
(3) 井下煤尘风险和事故后果分析和评估。
(4) 应急能力评估。
(5) 编制应急预案。
(6) 应急预案评审。

4. 矿长的安全管理职责：
(1) 建立健全并落实本单位全员安全生产责任制，加强安全生产标准化建设。
(2) 组织制定并实施本单位安全生产规章制度和操作规程。
(3) 组织制定并实施本单位安全生产教育和培训计划。
(4) 保证本单位安全生产投入的有效实施。
(5) 组织建立并落实安全风险分级管控和隐患排查治理双重预防工作机制，督促、检查本单位的安全生产工作，及时消除生产安全事故隐患。
(6) 组织制定并实施本单位的生产安全事故应急救援预案。
(7) 及时、如实报告生产安全事故。

案例 73

1. 煤矿主要负责人是冲击地压防治的第一责任人；煤矿总工程师是冲击地压防治的技术负责人；煤矿其他负责人对分管范围内冲击地压防治工作负责。

2. 此次冲击地压事故发生的客观影响因素：
（1）煤层上方有较厚的坚硬岩层。
（2）采煤工作面为孤岛工作面。
（3）采煤工作面两侧留有较大煤柱。
（4）地质构造（断层）。

3. 冲击地压矿井的冲击危险性监测方法：
（1）微震监测法。
（2）钻屑法。
（3）应力监测法。
（4）电磁辐射法。
（5）声发射（地音）监测法。

4. 区域防冲措施：合理开拓方式；优化采掘部署；合理开采顺序；合理煤柱留设；减小地质构造影响。

局部防冲措施：煤层钻孔卸压；煤层爆破卸压；煤层注水；顶板爆破预裂（水力致裂）；底板钻孔或爆破卸压。

5. 冲击地压安全防护措施：
（1）加强支护。
（2）采取防底鼓措施。
（3）对区域内使用的设备、管线、物品采取固定措施。
（4）严格执行人员准入制度，做好个体防护。
（5）设置压风自救系统。
（6）制定避灾路线。
（7）制定应急救援预案。

案例 74

1. 该矿瓦斯等级为高瓦斯矿井。

矿井瓦斯等级判定依据：

突出矿井是指具备下列条件之一的矿井为突出矿井：
（1）在矿井井田范围内发生过煤（岩）与瓦斯（二氧化碳）突出的煤（岩）层。
（2）经鉴定、认定为有突出危险的煤（岩）层。
（3）在矿井的开拓、生产范围内有突出煤（岩）层的矿井。

高瓦斯矿井是指具备下列条件之一的矿井为高瓦斯矿井：
（1）矿井相对瓦斯涌出量大于 10 m^3/t。
（2）矿井绝对瓦斯涌出量大于 40 m^3/min。

(3) 矿井任一掘进工作面绝对瓦斯涌出量大于 3 m³/min。
(4) 矿井任一采煤工作面绝对瓦斯涌出量大于 5 m³/min。
低瓦斯矿井是指同时满足下列条件的矿井为低瓦斯矿井：
(1) 矿井相对瓦斯涌出量不大于 10 m³/t。
(2) 矿井绝对瓦斯涌出量不大于 40 m³/min。
(3) 矿井任一掘进工作面绝对瓦斯涌出量不大于 3 m³/min。
(4) 矿井任一采煤工作面绝对瓦斯涌出量不大于 5 m³/min。
低瓦斯矿井必须每2年进行瓦斯等级和二氧化碳涌出量的鉴定工作。高瓦斯矿井和突出矿井不再进行周期性瓦斯等级鉴定工作，但应当每年测定和计算矿井、采区、工作面瓦斯和二氧化碳涌出量。经鉴定或者认定为突出矿井的，不得改定为低瓦斯矿井或高瓦斯矿井。

2. 掘进工作面按照下列因素分别计算，取其最大值，最后按照最低风速（岩巷 0.15 m/s，煤巷或半煤岩巷 0.25 m/s）和最高风速（4 m/s）验算：
(1) 按排除炮烟所需风量的计算。
(2) 按稀释瓦斯所需风量的计算。
(3) 按人数计算所需要的风量。
(4) 按巷道中同时运行的最多车辆数计算。

3. 在开切眼恢复正常通风前，必须检查瓦斯，就本工作面情况，应采取安全措施，控制风流、排放瓦斯。在排放瓦斯过程中，应确保排出的瓦斯与全风压风流混合处的瓦斯和二氧化碳浓度均不得超过1.5%，且混合风流经过的所有巷道必须停电撤人，只有当开切眼及巷道中瓦斯浓度不超过1%，二氧化碳浓度不超过1.5%时，方可人工恢复局部通风机供风巷道内的电气设备的供电和采区回风巷道的供电。

4. 该矿在3301回风巷掘进工作面贯通时通风安全管理存在的问题：
(1) 未制定专项措施。
(2) 措施未包含停止开切眼掘进，并设置栅栏及警标。
(3) 未保持开切眼处局部通风机正常运行。
(4) 未在两个掘进工作面入口处设专人警戒。
(5) 每次爆破前未按规定检查掘进工作面及回风流瓦斯。
(6) 贯通时，未设置专人在现场指挥。

案例 75

1. 该矿已具备的安全生产条件：
(1) 建立、健全安全生产责任制，制定完备的安全生产规章制度和操作规程。
(2) 设置安全生产管理机构，配备专职安全生产管理人员。
(3) 主要负责人和安全生产管理人员经考核合格。
(4) 特种作业人员经有关业务主管部门考核合格，取得特种作业操作资格证书。
(5) 从业人员经安全生产教育和培训合格。
(6) 厂房、作业场所和安全设施、设备、工艺符合有关安全生产法律、法规、标准和规程的要求。

(7) 有重大危险源检测、评估、监控措施和应急预案。

2. 运输暗斜井掘进工作面存在的危险有害因素：

(1) 人的因素：超负荷作业，违章指挥，违章作业，干式打眼。

(2) 物的因素：电火花，逆断层。

(3) 环境因素：顶板破碎，淋水大，遇到地质构造。

(4) 管理因素：对地质构造可能存在的异常情况估计不足。

3. 管理方面：

(1) "三违"现象严重。

(2) 未按规定组织生产作业。

(3) 对事故隐患（多次瓦斯超限）未及时整改。

(4) 未及时制止违章指挥、违章作业行为。

(5) 对安全隐患的整改未落实"四不放过"原则。

(6) 对作业人员的安全教育培训不到位，员工应知应会知识掌握不足。

(7) 对矿井通风系统的脆弱性认识不到位。

技术方面：

(1) 对地质构造（逆断层）瓦斯异常涌出认识不足。

(2) 隔爆、抑爆措施设施不起作用。

(3) 通风系统不稳定、不可靠，出现风流逆转现象。

重大事故隐患的治理方案：①治理的目标和任务；②采取的方法和措施；③经费和物资的落实；④负责治理的机构和人员；⑤治理的时限和要求；⑥安全措施和应急预案。

4. 初次安全生产培训内容应包括：

(1) 国家安全生产方针、政策和有关安全生产的法律、法规、规章及标准。

(2) 安全生产管理、安全生产技术、职业健康等知识。

(3) 伤亡事故报告、统计及职业危害的调查处理方法。

(4) 应急管理的内容及其要求。

(5) 国内外先进的安全生产管理经验。

(6) 典型事故和应急救援案例分析。

(7) 其他需要考试的内容。

5. 安全副矿长张某的安全生产职责：

(1) 组织或者参与拟订本单位安全生产规章制度、操作规程和生产安全事故应急救援预案。

(2) 组织或者参与本单位安全生产教育和培训，如实记录安全生产教育和培训情况。

(3) 督促落实本单位重大危险源的安全管理措施。

(4) 组织或者参与本单位应急救援演练。

(5) 检查本单位的安全生产状况，及时排查生产安全事故隐患，提出改进安全生产管理的建议。

(6) 制止和纠正违章指挥、强令冒险作业、违反操作规程的行为。

(7) 督促落实本单位安全生产整改措施。